自分史

いのちの磁場に生きる

北の農民自伝

星 寛治

Living in a Web of Life:
The Autobiography of
a Northern Japanese Farmer

アサヒグループホールディングス株式会社発行■清水弘文堂書房編集発売

自分史　いのちの磁場に生きる

目次

北の農民自伝

Living in a Web of Life:
The Autobiography of a Northern Japanese Farmer

Kanji Hoshi

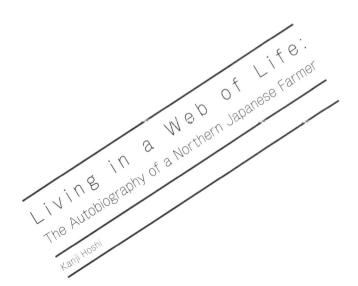

STAFF

PRODUCER 礒貝日月（清水弘文堂書房）
CHIEF IN EDITOR & ART DIRECTOR 二葉幾久
EDITOR 吉川成美　渡辺 工
SPECIAL THANKS 有本仙央　遠藤周次　佐藤充男
PROOF READER 上村祐子
DTP EDITORIAL STAFF 中里修作
COVER DESIGNERS 深浦一将　黄木啓光・森本恵理子（裏面ロゴ）

□

アサヒグループホールディングス株式会社「アサヒ・エコ・ブックス」
総括担当者　勝木敦志（常務取締役）
担当責任者　近藤佳代子（サステナビリティ部門　ゼネラルマネジャー）
担当者　廣瀬貴之（サステナビリティ部門）

最上川
最上地方
庄内地方
月山
船形山
村山地方
朝日岳
山形市
上山市
蔵王
(最高峰熊野岳)
南陽市
置賜地方
川西町
高畠町
飯豊山
米沢市
西吾妻山
安達太良山

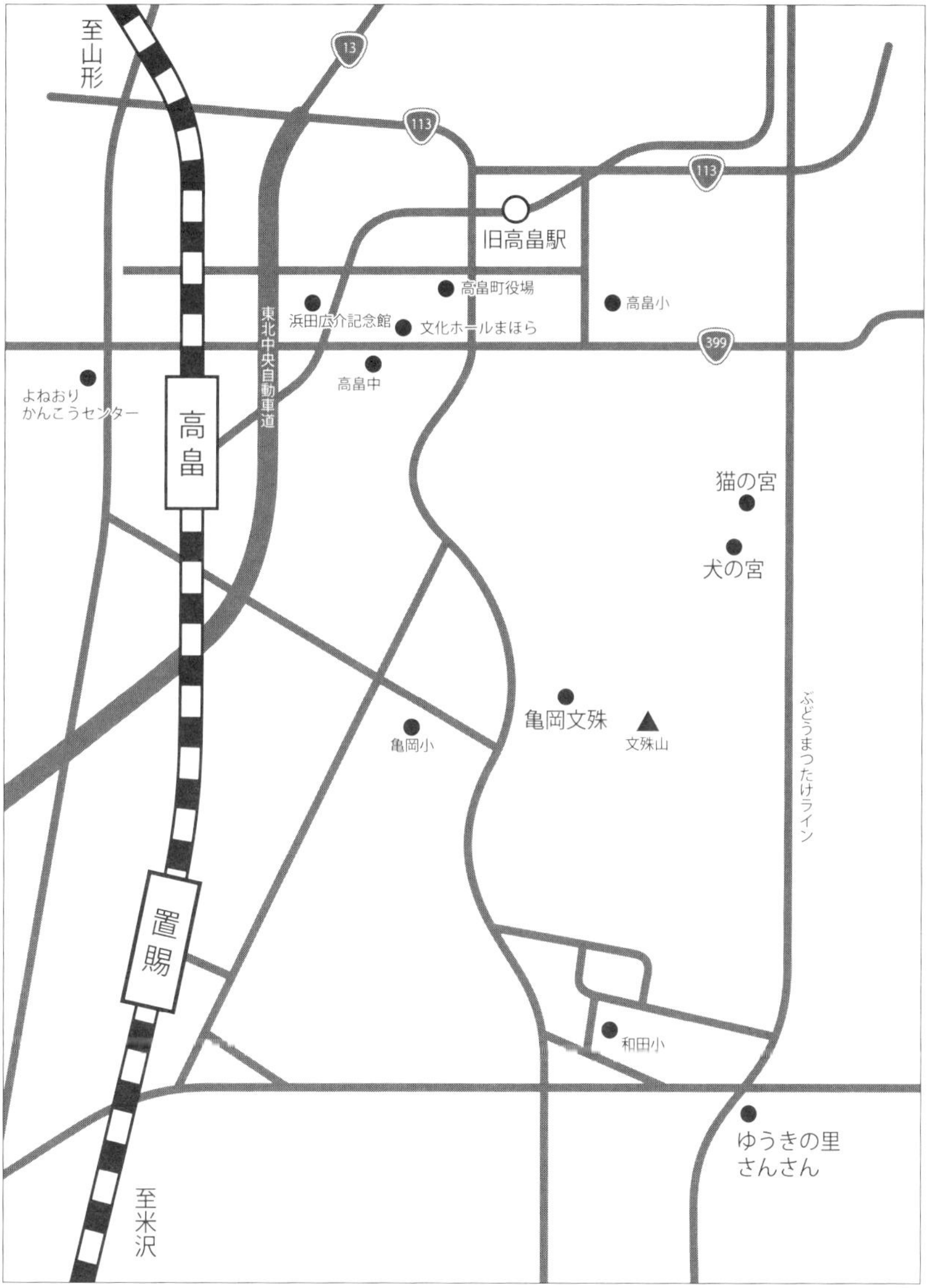
至山形
13
113
113
旧高畠駅
高畠町役場
高畠小
浜田広介記念館
文化ホールまほら
399
高畠中
東北中央自動車道
よねおり
かんこうセンター
高畠
猫の宮
犬の宮
亀岡文殊
文殊山
亀岡小
ぶどうまつたけライン
置賜
和田小
ゆうきの里
さんさん
至米沢

自分史　いのちの磁場に生きる

北の農民自伝

星　寛治

アサヒグループホールディングス株式会社発行　清水弘文堂書房編集発売

まえがき

物心ついてからの、おぼろな記憶をたぐり寄せ、これまでの生の軌跡をたどろうと思って何年になるだろうか。一介の農民の生きざまなど、記録に留めなければ、跡形もなく消えていくばかりだと気づいた頃からである。

まず、時系列を追って、生い立ちと暮らしの節目を拾い出し、それをベースに、一株々々田植えする仕草で、枡目を埋めていった。その中で、家族が紡ぐいのちの縦糸と、他と深く関わった横糸が織りなす磁場が、わが人生の総体であることを悟った。

厳しい時代の波に翻弄されながらも、友人知人、地域住民、都市市民などの厚い支援の輪の中で、生かされてきたのだと痛感する。

思えば、入院中のベッドの上から綴り始め、日常の寸暇を惜しんでペンを握り、気がつくと600枚にもなっていた。わが家のくらしや農の営みに留まらず、高畠町の戦後史や、地域づくりなども、言及しようと心がけた。

とりわけ、有機農業前史を成す青年運動、文化活動は、わが青春のるつぼと重なり合う。思いだけが先行し、ひ弱な体躯と、ハードな日常に克てず、若くして4度も大病に臥し、生死の境をさ迷った。その際に、友人、知人の励ましと、鮮血を頂いて甦った生命であれば、自己中心ではなく、できる限り利他のためにと願いつつ生きてきた。

その後、敬愛する人生の師に導かれ、地べたを這う虫の目だけでなく、俯瞰《ふかん》する鳥の目も併せ持つようになった。人間も、地球の生命系の一端に過ぎぬことを自覚し、自然と調和する有機農業の道を、ひたすら歩き続けた。仲間と共に、手探りの中から掴んだものを携えて、あたかも伝道師のごとく列島を駆けめぐった。目覚めた消費者と提携し、さらにメディアや大学と共働し、世直しの一助になればと念じ、東奔西走した。

また、農と教育は、育てることの意味において、地下茎のようにつながっていると考え、町の教育行政に四半世紀関わってきた。真の生きる力を養う「耕す教育」を促し、その延長の所で県の5教振の策定に関わり、「いのちの教育」への広がりを求めてきた。

併せて、詩やエッセイ、評論などの表現活動も、内面の土壌を耕す欠かせぬ営みである。幸い、それぞれの場で親密な関係が生まれ、その共鳴によって、先へと歩むことができた。

80年の愚直な足跡を綴り終えてみると、一介の農民の、波乱にみちた絵巻のようだ。全て実在したドキュメントであり、激動する時代状況を切り取った証言でもある。だから、初めての方にも、読み物として受容していただけるような、平易な表現を心がけた。また、本文の背景に添って、詩と写真を挿入し、ソフトな構成にしていただいた。

ただ、固有名詞なども、ご本人や関係者のご諒解なしに、引用、記載させていただき、失礼をご容赦下さい。

永い道程を、淡々と綴った拙文に、最後まで寄り添っていただきますようお願いいたします。

星家のルーツは

わが家の家紋は、三鱗《みつうろこ》である。その由来は解らないが、北条家の家紋と同じである。奥羽山脈から張り出した里山の峡、上和田の林間に、ひっそりと先祖の墓地があって、中心に五輪塔の石碑が立っていた。屋号は、星重郎左衛門と称し、山村の小地主のような時期があったのかも知れない。菩提寺が二度も焼失し、過去帳も残っていないので、そのルーツをたどることは難しい。

言い伝えによれば、元は越後の名主で、村々を襲った飢饉に喘ぐ住民の窮状を見過ごせず、領主の許可を得ずに郷倉を開放し、脱れて御領地をめざしたという。当時、置賜《うきたむ》の屋代郷（現高畠町）は徳川幕府の御領地（直轄地）で、藩主の権限が及ばず、政治犯などの逃避地の趣があったといわれる。いくつも峠を越えて、御領和田にたどり着いた一族は、寒村の一隅に根を張り、新たな「むら」を拓くことに傾注したものと伺える。

その子孫に、女剣士於国《おくに》の物語が口承されている。於国は、元和田金沢の峠越えの高安街道を歩いて、高畠小郡山の武田軍太夫師範の道場に通っていた。ある夜、村の若衆が数名で待ち伏せをし、娘に襲いかかったが、於国は木刀でバッタバッタと薙ぎ倒し、涼しい顔で帰宅したという。わが家には、師範直筆の免許皆伝の書が保管されており、あながち空想のエピソードでもないのかも知れない。

明治維新以降は、山林、水田、養蚕、乳牛などを組み合わせた家族農業を営んで、くらしを支えてきた。昭和になっても、平地の雑木林は薪炭の供給源として重きをなした。けれど、戦後の農地解放で、開拓地に変わり、食料増産の一助となった。

幼少の頃

わが家は、３５０年も前に建てられた萱葺きの曲り屋だった。手斧《ちょうな》削りの柱はいろりの焚火の煤で光っていて、縄文人の暮らしを偲ばせる。幼少の記憶は、３~４歳の頃までしか溯れないが、そのおぼろな記憶の糸の幾筋かをたぐってみたい。

まず思い浮かぶのは、郷社高房神社の夏祭りに、浴衣を着た父の背におんぶされて連れてもらった場面である。螢の翔び交う野道を、笛や太鼓の音とガス灯の淡い明りに誘われて、心せいて向かった折の背中のぬくもりは忘れられない。兵役から一時帰宅した日の一コマであろうか。昭和12年、父出征の日、庭先の橅《ブナ》の側で撮った写真が残っている。

また、しばれる冬の日、高熱を出した私を箱ぞりに乗せて7㎞もの雪道を街の病院まで急いでくれた小柄な母の姿が、ふと甦ってくる。途中、立ったま

写真１　生後60日の筆者（筆者提供。以下、特記しないものは同様）

ま冷えたおにぎりを食べていたイメージが、鮮明に浮かぶのである。

少し生い立つと、子どもの遊び場は広い田畑や野山であった。めくるめく四季の巡りの中で、近所の少年たちと周囲《まわり》が全てわが世界のように駆けめぐった。泥鰌《どじょう》や鮒《ふな》を捕り、トンボ釣ることに夢中になり、桑の実やグミ、野苺、岩梨の実を頬張った。そのために、祖父からは筊《ドウ》つくりのわざを教わり、祖母からは山菜や木の実の旬や食べ方などを習った。世代を超えて暮らしの知恵が伝わる家族の絆が生きていた。祖父仁五郎は、手わざにすぐれ大工仕事や藁細工は、玄人はだしの腕前だった。桐下駄などは自分で作り、クゴで編んだ蓑《みの》は工芸品のように美しかった。また赤牛に曳かせた荷馬車で野辺に行くときは、一端《いっぱし》の馭者の風情で、きまって乗せてもらうぼくは楽しく風を切っていた。一方で祖父には剽軽《ひょうきん》な一面があり、手製の木刀で子どもたちを相手に剣術《チャンバラ》の真似をして遊んだ。高齢になってからは、庭木の手入れや、遠州流の生け花に趣味と生きがいを見出していた。

祖母きみは養蚕の主役で、夜中にも起きて、蚕の飼養に当たっていた。無事に良い繭《まゆ》を収納した後は、屑繭を煮て真綿を紡ぎ、糸を取って家族の衣装をしつらえた。ぼくたち孫のことを慮《おもんぱか》り、細々《こまごま》と世話してくれた慈愛が肌にしみたままである。

１９４２年（昭和17年）

戦時下の小学生

１９４１（昭和16）年12月8日、日本は真珠湾攻撃を端緒に太平洋戦争に突入した。ぼくが和田村立国民学校（小学校）に入学したのは翌42年4月のことである。まさに戦時下の学校生活が始まった。生活物資や教材は年を追って乏しくなり、ワラぞうりで通学した。たまに配給の長靴などもすぐに折り切れ、冬はワラ靴を履いて登校した。大雪の朝は、早起きをして、大人と一緒に道踏みに出て、朝《あさ》餉《げ》を済ませ、マントをかぶって学校へと急いだ。昇降口から屋体（体育館）まで、真白に吹雪が吹き込んでいて、まず箒《ほうき》で雪を掃くことから日課は始まった。教室はダルマストーブで暖をとり、周りに置いて温めた弁当からタクアンの匂いが立ちこめた。春、陽炎の立つグラウンドでは、木製の戦車が置かれ、毎日のように軍事教練がおこなわれていた。やがて本土空襲がおこなわれると、米沢のような地方都市にも警報のサイレンが鳴り、学童疎開が始まった。たちまち教室はあふれ、防空頭巾を着けたままでの授業も多くなった。いつでも校舎の裏の林に避難する非常時の態勢である。けれど、下校時になると、ぼくらは野生の生き物のように自由だった。夏、喉が渇くと、道端の清水に腹這いになって、ゴクゴクと水を飲んだ。また、グミやクワゴや李《すもも》が熟れると、木に登って頬張った。帰宅すると鞄や風呂敷包みを放り出し、まず飼育している兎や鶏や山羊に餌を与え、後は一目散に野良へと飛び出した。

当時、春の五月《さつき》と秋の稲刈りの季節に農繁休暇があり、子どもたちの仕事もあてにされていた。上級生は、常時勤労奉仕の日時が組まれ、畑仕事やヌカボ狩り（軍馬の飼料）、薪出し、はては八幡原飛行場の整地などにも汗を流した。

そうした戦時下の暮らしにピリオドを打つ終戦を迎えたのは、ぼくらが小学校4年生のときである。ラジオで玉音放送を聞き、子どもなりに敗戦のショックを体で受け止めていた。すぐに坂道を駆けて、遊んでいた仲間にその現実を伝えた場面が記憶に残っている。

しばらく敗戦の悲しみは尾を引いたが、一方で憑物《つきもの》から解放されたように学校や村の空気は一変した。「欲しがりません勝つまでは」と諭してきた校長先生が、朝礼で「ヤミ屋は太る、正直者はバカをみる」と語る豹変ぶりだった。教室では、これまでの教材は一掃され、ザラ用紙の教科書に行間を墨で塗り潰した綴りが配られた。戦後になっても、食料は極端に乏しく、育ち盛りの子どもたちは、みな栄養失調気味であった。現に弁当を持てない級友が何人もいた。

さらに、地域社会には大きな変化が訪れた。戦地から復員の若者たちが続々と帰還してきたのだ。村は一気に活気づいた。当然食料の消費量も増加するわけで、国をあげて食糧増産に取り組むこととなった。一坪の空地も無駄にせず、畑に起こして芋や野菜、大豆などを作った。「空地利用建設畑」である。今日の災害復旧と同様に、復興の土台は食糧の自給と確保であった。さらに、生活のインフ

写真２　小学６年時のクラス集合写真

ラの整備と併せ、人びとの渇望は娯楽演芸などの文化的なニーズを呼び醒した。ちなみに上和田地区には、「かつら楽団」が結成され、玄人はだしの演奏や唄声を披露し、近隣に名を響かせた。地元のお祭りには、屋外に舞台を設え、演じられる村芝居や楽団の華やかな世界を楽しんだ。また、村の中心地中和田には若衆が営む「タコ八食堂」と称する店があって、焼鳥やうどん、おでんなどを売りつつ、バンドの音色を奏でていた。ぼくらは、それを横目で見ながら家路を急いだ。民主化の新しい風が吹き寄せる簡素で豊かな村の風情が懐かしい。

1948年（昭和23年）

中学生活

あまりに変容の激しかった小学校での課程を終え、新制中学に進んだが、未だ校舎や教室は整わず、一年次は小学校の家事室だった部屋で学ぶことになった。床はコンクリートだが、教室の空気は温かく、壁にミレーの「晩鐘」の複製画が掲げてあった。ぼくにとって毎日眺めるその絵は、遠くフランスの大地に生きる若い農民夫婦の魂の波動を伝えてきて、やがて農に生きる源流になったといまは思う。

そして昼食時に、クオレ物語など世界の名作を読み聞かせて下さった渡部一雄先生や、日本の口承文学をやさしい語りで伝えて下さった鈴木慶子先生の感性の琴線は、いまも活きている。また、俳句や詩の習作の糸口を開いて下さった師岡和彦先生、平皓先生のご教示も忘れられない。

温和で実直な真木斎校長先生の時代、新校舎の建築が始まった。中2の時に、建物の土台を固める胴突《どうづき》の網をぼくらも握り、掛声とともに渾身の力を込めた。工事は、村の名匠の指揮の下、順調に進み、一年足らずで木の香も新しい校舎に入ることができた。

その頃、ぼくらは草野球に夢中で、布のグローブと手製のバットで軟式の球を追いかけた。近所の空地や、稲刈り後の田んぼが球場で、大人も地下足袋でゲームに加わった。その延長で、ぼくは中3の時に遅れて野球部に入った。体躯に劣るぼくのポジションはリリーフの投手と内野手で、横手投げのスローカーブを武器とした。意外に重い球らしく、ほとんど内野ゴロに打ち取った。主戦投手の戸田正男君は、長身から投げおろす速球で、「和田のスタルヒン」と呼ばれていた。たまたま郡大会で調子を乱し、後を継いだぼくが真逆の軟投で勝利投手になった。応援に駆けつけた村の人たちの歓喜の声は、いまも耳目に焼きついている。

写真3　中学1年時のクラス集合写真。ミレー「晩鐘」の複製画が写っている（右上）

ぼくは、生徒会長も務めていたので、校内の自治活動の他に、近隣の他校との交流などもおこなった。一方で、家族農業の一端を担う役目もあり、帰宅するとすぐに田畑に出た。小学生の頃から代掻きのサセゴはやっていたが、中2からは田植えの仲間入りで、大人に追いつこうと必死だった。他に年3回掃き立てる養蚕の桑こきや、乳牛の世話も日課だった。

高校時代

そんな風に、学業とくらしが渾然一体となって、青春前期の中学生活は過ぎていった。そして、卒業を前に進路についてひとつの選択の場面が訪れた。農家の長男のぼくは、当然農業高校に入るものと思われていたのだが、担任の渡部先生と平先生が何度もわが家を訪れ、やがて農業を継ぐにしても、高校時代は広く切磋琢磨できる米沢興譲館に進学を促して下さった。親たちも納得し、ぼくも小躍りしたのだが、当時新制高校の学区制は厳しく、米沢市内の親戚に寄留の手続きが必要だった。入学した一年次は、米沢高等学校と称し、米沢高女と合流した共学校だった。未だ舗装もされてない12kmの砂利道を、片道約1時間、自転車を漕いで通学した。ただ、冬は市内に下宿した。当初、英語にハンディがあったが、授業は面白く、教諭の人間性にも引き込まれることが多かった。たとえば社会科の菊地英一先生は、スローモーというニックネームのごとく、目を細めて訥々と語られるので、つい眠くなり授業が終わると一斉に外に出て、井戸水で顔を洗った。けれど、菊地先生が毎日の宿題として課

写真4　高校時代の筆者

した新聞の社説を書き写す行為は、のちに物事を論理的に考える力や文章表現の土壌を養ってくれたように思う。

部活は、文芸部に入り、遠藤綺一郎先生（東大出）の薫陶を受けた。機関誌『世代』に、習作の短篇や詩を書いた。また、級友の杉山徹君が、新聞部で編む『興譲』に詩を掲載してくれた。

2年次に、校名が米沢西高校となり、伝統の旧校舎に移った。上杉の藩校として建学された興譲館は、300年の歴史と文武両道の校風を有し、幾多の偉才を産んだとされる。講堂には、上杉謙信と鷹山公の大きな顔絵が掲げられて、入ると身が引き締まった。創立記念日に、民法の我妻栄博士と、哲学者の高橋里美氏（東北大総長）の講演を聞いた。

担任の伊賀仁先生は、わが家の遠縁に当たり、教科は日本史と世界史を担われた。授業は抜群に面白く、板書は実に美しかった。級友に、後に南海ホークスのエースとして活躍した皆川睦男君や、NHKのアナウンサーとして足跡を残す杉山徹君がいた。3年次、夏の高体連が終わると、大学受験をめざし、みなパワーを全開した。模擬試験の結果が容赦なく廊下に貼り出された。就職予定者はごく少数で、まして就農予定はふたりしかいなかった。そうした空気感の中で、農家の長男として家業を継ぐべき既成事実と、ぼくも大学に行きたいという渇望のはざまで、日に日に苦悩は深まるばかりだった。父は何回も職員室に足を運び、担任の伊賀先生に、進学を諦めて農を継ぐように説得して欲しいと懇願したようだ。伊賀先生は、密かに願書類を取り寄せた私を職員室に呼んで、苦渋の表情を浮かべて、農の営みの意味と、若者が新しい村づくりに情熱を注ぐことの大事さを説かれた。

とうとうぼくは、自分の背負う運命の重さに屈し、進学を諦めた。教室の片隅で、次々と志望校に入っていく級友の姿が眩しかった。そして、卒業後の離散会でも、不覚にも涙を落とす自分がいた。

座礁の春～新米百姓の頃

敗北から生まれた若い百姓は、無性に悲しかった。けれど容赦なく時は流れ、雪が消えるともう種籾の準備が始まった。親しい級友が２人、３人と訪ねてきて、塩水選（種数を適切な比重の塩水に入れて浮いた未熟粒を取り除く選別法）などを手伝ってくれた。春の日差しと友の気配りが身に沁みた。もう待ったなしで田畑の耕作にかからなければならない。だが、焼きの入っていない身体は、すぐに疲れて、息が続かない。枯れ草に寝ころんで空を仰ぐと、白い雲が目に痛かった。ふと、啄木の「不来《こ》方《かた》のお城の草に寝ころびて／空に吸われし十五の心」という一首が、がらんどうの胸に飛び込んできた。

親たちは、そんな気力の乏しい息子を見かねてか、あるいは新たな農業に立ち上がる期待を込めてか、はしりの耕耘機を購入してくれた。手作業と牛馬耕に頼っていた在来の農法に、石油エンジンで稼働する機械化は、目を見張る出来事だった。当時、中学校の職業科を担当されていた佐藤富次郎先生の要請を受けて学校田の耕耘に出向いた。そこで3年生全員に小型耕耘機のハンドルを握らせ、ようやく緒についたばかりの近代化のリズムを体感してもらった。あの60年も昔の一コマが、ふしぎに鮮やかに浮かんでくる。

先駆けた農機の導入で、わが家の耕作はずいぶん楽になったはずなのに、小区画の散在する田畑のままでは、飛躍的な能率向上にはつながらなかった。同様に私の内面も中途半端で、閉ざされた村の中で苦吟したままだった。ただ家族は、それぞれの持ち場に立って精一杯仕事をこなし、暮らしを支えてやまなかった。父は稲作と乳牛の飼育の達人で、品評会などでの受賞歴も際立った。30代から町議や民生委員を担い、帰宅するとすぐに作業着に着替え、牛の世話をし、田んぼを見まわった。祖母と母は、養蚕を受け持ち、年3回掃き立て、夜中まで世話をし、立派な繭に仕上げる主任だった。自給野菜を何十種もつくり、調理して家族の健康を支えてくれた。祖父は、手わざにすぐれ、農具や生活用品を作りこなした。中には民芸品と呼べるような作品を残した。そこに私ども5人の子どもたちが加わり、家族の一体感が醸成されていた。家計は乏しくとも、ほどほどの幸せをかみしめながら昭和20年代の終わりを生きていた。

かもめ

かもめが山のかなたを翔んだ　というたら
あなたはわらうだろうか

流れたわたしの寝顔を
あのしろいかげは
はたはたと翔んだ

数滴のしずくがおちた
潮のにおいをふんだまま
それは　わたしの寝顔をぬらした

とおい潮騒の
哀歌ににたつぶやきが
わたしの脊髄をはしつていつた

（中略）

白く残雪の這う国境のやま
そこを　切り開いたあなたの心は
翔んできたのだ

（後略）

1955年（昭和30年）

土着の初心〜読書会と演劇

またたくまに一年が過ぎて、成人の日を迎えた。全てが中途半端で未熟な自分を自覚しながら、はればったい目で未明の山脈を仰ぐと、朝焼けがいつになく美しかった。私は、何かの啓示を受けたように、這いあがれると直感した。そして、「ひとりではなくみんなでやろう」という、ごくあたりまえのことに気づいたのだった。村の貧しさと立ち遅れが、住民の知的総合力の足りなさに起因すると考えていた私は、同世代の仲間に呼びかけて、読書会をつくる準備に着手した。まず、手持ちの本を全部出し合って、村の中心部にある黒坂輝道君宅の二階に小さな文庫を作った。いつも十数人の仲間が集まり、本を読み、感想を述べ合う所から活動は始まった。最初は広範に読む教養主義から入ったが、やがてテーマをしぼって輪読し合った。とりわけ宮沢賢治の世界に関心が高まり、その全集を購入するために、田の草取りやぶどう園の手入れなどの共同作業をした。そこで仲間が目的を共有して働く楽しさも知った。

その中で、読むだけでなしに、自分たちも表現活動をし

写真５　成人の日に

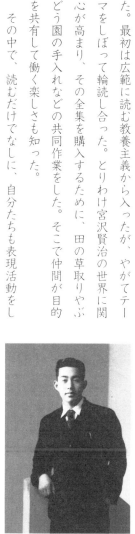

てみたいという要求がでてきた。そして、小さな機関誌をつくろうということになり、中学時代の恩師、武田一雄、平皓両先生に手ほどきを受けて、『いぶき』を創刊した。編集、ガリ版切り、謄写、製本と、宿直室で幾晩もかけてでき上がった小冊子には、青春の息吹が刻まれていた。『いぶき』は、特集テーマを設けながら、10号を重ねた。その中身も、当時全国津々浦々に広がった生活記録運動とは、かなり異質なものを盛っていた。

ただ、読書会は、農村の文化運動として出発した主旨に沿うなら、内向きの研鑽だけにとどまらず、地域の全体向上をめざして外に波及する取り組みが必要だという意見が出た。その具体的な試みとして、演劇の公演をしようということになった。それも従来の村芝居ではなく、本格的な新劇の脚本、菊池寛の『父帰る』を選んだのである。文集のときと同様、ふたりの青年教師の手ほどきを受けながら、稲刈りをはさんだ秋の農繁期に、2か月間毎晩練習に励んだ。文化祭の公演日が近づくと、舞台装置や道具なども、全て手づくりで整えていった。素人集団のときめきの挑戦である。期待と不安を抱えてふたを開けた上演日、続々と観客がつめかけ、中学校の屋体は満杯になった。私たちは、精一杯の熱演をし、新鮮な感動の波がわき起こった。村の文化度は、予期した以上に高かった。

青年団活動に没頭

新しい文化運動に点火できたことで、会員も少しずつ増えてきた。翌年からは、木下順二の『三年寝太郎』や、『乞食《かんじん》の歌』、農村演劇の『村一番の欅の木』、『牛に乗った花嫁』などを続けて演じ切った。やがて演劇活動は、青年団の主要な柱になり、青年自身がシナリオを書き、青年文化祭で上演した。屋代青年団では、蛭沢湖造営の秘話にもとづく『水の歴史』（小野栄一作）が、全国の桧舞台を踏み、高い評価を受けた。

そうした流れの中で、読書会も青年団の大きな組織活動の中に編入し、発展をめざそうということになった。その判断が正しかったかどうか解らない。サークル固有の深く井戸を掘る所作がかすんでいくからである。

昭和30年代、私は地域青年団の役員として、寝食を忘れて駆けずりまわる羽目になった。上和田公民館の建設に関しては、冬期にそりで砂利を運んで土台を固めたり、家庭の台所改善、冠婚葬祭の簡素化などにも力を注いだ。

併せて、町連合青年団（町連青）の会合や行事に出かけるので、肝心の農作業が手薄になり、「青年団バカの田は荒れている」と揶揄《やゆ》された。あたかも駄馬の執念のように荒い息づかいで駆けつづけているのだが、胸元にはふしぎな充実感も生まれ、かつての自棄の思いは消えていった。

初めての入院〜挫折の深渕

就農して4年目の春を迎えた。春耕はあっという間に馬耕から耕耘機に替わり、あたりにエンジンの音が響き渡る時代になっていた。もう農機の扱いにも馴れたはずの私だが、なぜか疲れやすくなっていた。そして、空腹時に胃がシクシク痛んだ。五月《さつき》を済ませたある日、朝草をリヤカーに積んだ帰りしなに、ふと目眩を覚え、血の気が引いていくようだった。黒いタール状の便が出たのだが、何の徴候なのかわからなぬまま町の金子病院にたどり着いた。検査の結果、十二指腸潰瘍と診断された。そしてすぐに入院するように促された。

院長の金子政五郎先生は、私の祖母の従弟《いとこ》に当たり、オートバイで往診にも出向く頼れる存在だった。内科の名医として評価も高く、遠縁の若造を親身になって加療して下さった。まず、潜血が消えるまでは、絶食と安静に徹し、数日間はリンゲルとぶどう糖の点滴だけで生きていた。もう健康になって働くことはできないのでは、という不安がよぎり、父が見舞ってくれたとき、私は一言も語れず、不覚にも泣いてしまった。23歳という若さで挫折した身に、中庭のカキツバタの濃い紫が痛かった。

ようやく、糊状のお粥をすすることが許されると、少しずつ体力が戻ってくるようだった。治りたいと痛切に思った。枕辺の『ジャン・クリストフ』のページをめくりながら、若き芸術家の純粋でひたむきな魂にゆさぶられ、萎えていた気力が甦ってくるのだった。

ついに私は病気に克った。というより薬石と食事療法によって蘇生させていただいた。2か月ぶりに帰ったわが家は、深い緑に埋もれ、うれしげな家族と牛が出迎えてくれた。ひとつの試練をのりこえたよろこびが、胸元にせり上げてきて、焦らずに本来の農の営みに立ち帰ろうと思うのだった。

１９５９年（昭和34年）

60年安保の渦潮の中で

けれど、ようやく体調が回復した私は、再び青年活動に戻っていった。町青連の副団長を担い、拠点の町中央公民館まで、８㎞の砂利道を毎晩のように自転車で通うことになった。５５０名の団員を抱える組織体は、自ずと運営や事業の広がりが求められ、そこに注ぐエネルギーの質量も増していった。「静かなる人間革命」と呼ばれる青年問題研究集会が、全国津々浦々で開催され、課題に立ち向かう討論がおこなわれるようになった頃である。若者たちは、共同学習の中で生活と政治の関わりについて目を開き始めていた。現に国政レベルでは、教職員の勤務評定、警職法の改定、日米安保条約の改定などが矢継ぎばやに打ち出され、重大な歴史の節目にさしかかっていると直感した。

59年、私は県青連から選ばれて、全国青研に初めて参加した。日本青年館の大ホールには、「青年の生活を高めよう」「平和と民主主義を守ろう」と墨書した基本目標が掲げられていた。私がレポートを提出した「社会活動と政治」の分科会では、沖縄の本土復帰の問題なども取り上げられ、熱い討論が続いた。助言者の住井すえ女史（作家）と、福島要一氏（社会学者）の人間性に直に触れられたことも、得がたい財産になった。終わって、文化放送のインタビューで、意見を述べる機会もいただいた。

翌60年、私は青年団運動に変革の波を起こしたいという願いが押えがたく、町連青の団長に立候補した。もっと、青年大衆の内的要求を大切にせよと主張し、屋代地区団の推す今田雄一君と競り合い、小差で当選した。すぐに今田君は、しっかりと手を組んで、組織活動を前進させたいと約束してくれた。

平和がおびやかされるという危機感ほど、青年に切迫した課題意識を喚起するものはない。連青は、勤評よりもはるかにつよい真剣さで安保学習に取り組んだ。資料を集め、有識者の意見を聞き、内部討議を重ねた。また、地域にも町民会議が結成され、デモや集会が頻繁におこなわれるようになっていた。私たちも、連日のように討議を重ね、従来の通念を破って行動する実践活動へと踏み込もうと考えるようになった。私は、臨時総会を招集し、安保反対の議決を提案した。そこでは、「中立性を破ることは、地域の網羅組織としての本質を忘れた自己否定だ」という主張と、「人間として未来をどう拓くかという基本課題に関わる問題だ」とする提案がぶつかり合い、長時間の激論が続いた。その夜、粉雪の舞う街をゆく提灯デモの列に、幾多の団員の紅潮した顔があった。

写真７　第１回 高畠町青年問題研究集会

写真６　和田地区青年団、山大新聞部との交流会

10日ほどして、私は一通の封書を受け取った。ある地区団長名で、連青の方針にはついていけないので脱退するという通告だった。私は窮地に立たされたが、執行部は翌日からその地区に入り、団員ひとりひとりと話し合いをつめ、3か月かけて復帰してもらうことができた。組織活動における厳しい試練の場面だった。

4月、また春耕の季節はめぐってきたが、たたかいの夜明けはまだ遠くにあった。私は、BSという自転車に小型エンジンを取り付けたバイクで、町内外を駆けめぐっていた。

6月11日、私は仲間とともに国会周辺にいた。県民会議の一員として、請願デモに加わっていたのだった。あのとき正門前で機動隊と対峙した極限の緊張感は、忘れることができない。その4日後、8月15日の渦潮の中で樺美智子さんが亡くなった。けれど、深夜12時、法案は自然成立した。列島の津々浦々に深い挫折感が広がり、高揚した歴史の潮流は引いていった。

それを機に、私は青年団の現役から退いた。醒めて足元を見つめ直すと、落第農民の実像が浮かび上がってきた。遅ればせでも、百姓の本分に帰らなければと痛感したのである。

初心に返り、東京農大の講義録を紐解き、「農業及び農芸」や「畜産の研究」の埃をはたいた。また、農協が開設した野幌酪農学園大学の通信講座に通い、牧草を混播《こんぱ》し、「乳と蜜の流れる郷」を夢みた。二井宿の梅津勇太郎とふたりの子息の先駆的なリーダーシップの下で、高畠町はホルスタイン種の優良な産地として地歩を築き、さらに農民資本を結集した製乳会社も稼働していた。私も、2、3頭飼いの農家畜産から脱皮し、複合経営の柱にしたいと考えた。

けれど、なぜか牛の病気や障害が頻発し、3年間に4頭の親牛を失ってしまった。牧草に尿素などを施し、硝酸態窒素の高い餌を与えたことが原因になったのかも知れない。

もうひとつの柱、稲作については、隣の川西町の米づくりの3人の神様のうち、寒河江欣一氏の主導する「東北米の会」に加入し、多収技術を学びたいと考えた。品種改良も進み、10アール当たり1トンどりの夢に憑かれて、東日本各地から川西詣でが続いた。春を前にしての稲作設計の研修会は、赤湯温泉の旅館がはち切れんばかりの熱気をはらんだ。そして、田植え後の生育期の圃場参観には、人の絶えることがなく、畦畔《けいはん》は踏みしめられて草も生えていなかった。そして、人びとはスケールの大きい稲の姿に感嘆した。初心者の私も、寒河江理論を信奉し、多肥多収栽培に挑戦した。生育前半は極めて旺盛で、期待を抱かせたが、出穂後の台風で見事に倒伏してしまい、畳を敷いたようになってしまった。さらに長雨で穂発芽して、一株ずつ持ち上げて刈り取る束は軽かった。さらに倒れない田んぼにも、イモチ病が蔓延し、ひどい不作になった。勢い込んで踏み込んだ私の多収稲作は、初戦から失敗に終わった。モデルとなった大塚や中郡地区の美田は、最上川沿岸の沖積土壌で、地味豊かな埴壌土をなす。ひるがえってわが家の圃場は、黒ぼくの火山灰土で地力が低い。窒素成分を捉えてじっくり効かせる機能が弱いことに気づいた。地域の風土と土性を考慮しないと、確かなみのりは手にできないことを、骨身にしみて会得した場面であった。

ある愛の終焉について

ふぶき
いちめんのゆき
くるうようなゆき

這うように　ぼくはあるいた
愛の終焉に　こちおちた胸をだいて
ひよう　ひようとぼくを呼ぶ
ふぶきの谷へ

あのとき　梅の花にむせびながら
少女はいうた

「わたし　この世でいちばん幸せ」と

あのとき　革命歌と怒号と
群衆の泥靴の下で
とおくかすむ意識の淵で
恋人のかおのうれいを
母の乳房のやすらぎを
少女はたぐつていたという

雨と血と　泥濘の時の重さは
うすい少女の胸にたえがたく
横臥する大地は冷えていた

ふと　うそのように喧噪の潮が退いて

少女の前に　にび色の空が広がり
廃墟ににた空洞が　ふちもなく残つていた

ほの青い街頭のかげりに
ぬれながら　少女はいうた
「もうわたしの星は墜ちたの」
微熱がよせて　いたんだ花びらのほほ

少女は　ぼおつと虚空を泳ぎながら
つぶやくのだ
「ああ　ゆきをのせた汽車が――」

ぼくをのせて　北に疾駆する汽車は
窓に結晶を描きはしない

もう　古都も　梅の香も
うず潮のあつい うねりもとおいのだ

ぼくのほほに　凍つてしまう涙
舞いしきるゆき　くるうようなゆき

ああ　ぼくは眠りたい
とおい少女の愛を　ゆらめく歴史の渦に
淡い光芒を曳いて消えた愛を
凍つていく感触の底で
ひつそりとよみがえらせつつ
ふぶきの谷で　ぼくは眠りたい

1960年（昭和35年）

農村革命の槌音～近代化の先兵として

１９６０年、所得倍増計画を掲げて池田内閣が登場し、高度経済成長への扉が開かれた。61年には、農業基本法が制定され、近代化を具現する農業構造改善事業が、列島の津々浦々でうなりを上げて展開された。選択的拡大と主産地形成をめざして基盤整備が進み、平野部の水田は大型トラクターが効率よく稼働できる一枚30アールの区画ができ上がっていった。中山間部のぶどう産地では、農道の舗装、スピードスプレーによる共同防除、選果場の新設と共選共販システム、新規造園の推進など、協同の力が発揮された。和田ぶどう（デラウェア）の産地づくりに情熱を傾注した後藤正五氏の指導力に負うところが大きい。

私は、後発のぶどうつくりだが、果樹研究会の一員となり、共同防除組合の役員も務めた。いわば、近代化の先兵たらんとしたわけである。３００戸が結集した生産組織の力は、産地の名声を高め、東京市場の相場をけん引するほどになった。そして、農家の所得向上にもつながった。けれど、上げ潮の時代は長く続かなかった。ジベレリン処理した種無しデラウェアの収穫期に、奥羽山脈特有の秋雨前線にたたられ、晩腐病が蔓延し、大きなダメージを受けるようになった。スピードスプレーでの薬剤散布でも抑えることができなかった。一種の連作障害の症状が出たのかも知れない。晩腐病は、雨によって感染するので、やがて雨除けテント栽培が普及するまで克服できなかった。その経過から、化学農法の限界が見え、堆肥と有機肥料の施肥を主体とした土づくりへの転換が不可欠だと考えるようになった。

1962年（昭和37年）

東北7号（ふじりんご）に一目惚れ

62年の春、私は結婚した。平凡な見合い結婚である。私は26歳、妻のキヨは22歳だった。自宅での挙式に、来賓として臨席された真壁仁先生が、一枚の色紙をしたためて下さった。「薔薇は散った／はや優しさを力に変えるときがきた」という墨痕が目に痛く、一対の駄馬として生きていく覚悟を迫るものとなった。いわば青春というものがあったとしたら、それはもう、風のように去っていくのがわかった。

かねて私は、祖母や母を養蚕の仕事の重荷から解放してあげたいと思ってきた。そこで君が代桑園と呼ばれる苔むした桑の木を掘り起こして、りんごを植えようとした。桑畑は、よく手入れされた黒ぼくの肥えた土地が多いので、ぶどうは徒長《とちょう》気味に育ち、私はりんごのほうが適していると判断した。その頃、ある資料で「東北7号」という新品種が育種されたことを知った。晩成の在来種「国光」と「デリシャス」の交配で、香り豊かな果肉と糖度の高さを有し、しかも保存が効くという。作業のかね合いからも、稲の収納の後に収穫できるという三拍子揃った特性に一目惚れをした。盛岡の東北農試に原木があり、すでに実を着けていると知り、仲間とともに参観に出向いた。育種した定盛昌助技官が、われわれを出迎え、丁寧な解説をして下さった。さらにヨーロッパのりんご事情や、フランスの農民運動にまで話は及び、氏の人間的魅力に引き込まれるのだった。やがて「ふじ」と命名される東北7号は、わが農業の終生の伴侶となった。

ただ、ぶどう産地の和田地区で、新しくりんごの小団地を作ることは、至難のことと思われた。そのメルヘンを具現するには、数年前におこなった交換分合では不十分で、もう一度作目別の集団化をおこなう必要があった。桑畑と果樹園が混在していては、薬液が桑にかかり、蚕に影響がでる。そうした場面を避けるべく、町農業委員会が主体となり、第2次交換分合（農地集団事業）がおこなわれることになった。私は、それにも深く関わって、日夜を分かたず計画進行の一翼を担った。農道整備に住民総出で汗を流した情景が、いまでも浮かんでくる。村共同体の精神が、脈々と息づいていた時代の一コマである。

畑がまとまった形に定まった段階で、私は桑の古木を伐採し、根を掘り起こし始めた。ブルドーザーなどが普及していなかった時代、唐鍬とマサカリを使っての抜根は、重労働であった。青年団OBの仲間が、応援に駆けつけてくれて、ヨイショ、ヨイショと威勢よく作業を進めてくれた。その掛声がいまでも耳に残っている。

りんご団地づくりの夢が端緒につき始めた秋、稲刈り半ばにして私は突然倒れてしまった。5年前の十二指腸潰瘍が再発したのである。病院に運ばれたとき、半ば意識はなく、血の気も失せて唇と顔色が真青で、区別がつかなかったという。腸内に大量出血し、緊急の輸血によらなければ危ないという診断だった。急遽馳せ参じて下さった友人、知人、親戚など、たくさんの方々の尊い鮮血をいただいて、私は生死の渕から脱出することができた。はじめは、輸血液すら入らないほど弱っていた脈拍が、少しずつ生命の糸をたぐり寄せるように戻ってきた。その細い糸を一心に引いて下さった十余名の献血なしに、私の生は考えられない。自分の体をめぐる血潮の半分は、他人さまのものであると思えば、健康になっても、自己中心に生きてはならず、利他を肝に銘じ、地域の向上に尽くさなければと思うようになった。

１００日余の手厚い加療をいただいて、年の瀬に私は退院することができた。その間、秋あげや、ぶどうの剪定、雪囲いなど、地域の方々の支援を受けて、正月を迎えることができたのだった。骨身にこたえる寒さに耐えながら、改めて人の温かさをかみしめ、生への渇望が甦えってくる冬の日々であった。

1963年（昭和38年）

ふじの苗木を植える

63年の春、私は体の不安を引きずりながらも、妻と末の弟憲三が農作業を担ってくれたので、作目別の団地にふじりんごの苗木を植え付ける計画に着手した。りんご栽培の先進地東根市神町の矢萩良蔵さんに初歩から手ほどきを頂き、一歩、二歩と踏み込んだ。また、植栽に同意した10数戸の農家には、農業良普及所の菊地善吉技師に説明を重ねていただき、7ヘクタールの小団地の構想がまとまった。ふじは、まだはしりの頃で、県内に3000本しか導入されず、うち1000本を植栽したことは、思い切った試みだった。しかも、りんごづくりは初めての人ばかりなので、白紙委任された私の責任は重かった。それゆえ、師匠の矢萩さん宅や、試験場に何度も足を運び、技術を修得しようと努めた。また、町内の屋代地区に、高橋喜義さんという老農がおられ、果樹づくりの名人として知られていた。私は、氏のすぐれたわざと農民哲学に魅せられて日参した。それぞれの井戸は、汲めども尽きぬ水を湛えていた。私は、文献や先達の教えから学んだものは、いったん自分の園地に施してみて、実証してから、仲間に伝える方法をとった。

ぶどうとちがい、りんごは結果するまでの育成期間が長く、無収入になるので、間作に陸稲を播いたりしてしのいだ。それでも若木が順調に伸び、枝葉を広げる様を見るのはうれしかった。1964（昭和39）年春、私は不測の病に見舞われた。メーデーの人波を横に見て、私は山形市にある県立中央病院に入院した。雑事にかまけ、肝心の体調管理もできぬ身が悲しかった。内科病棟の3階の窓から、霞城公園の緑の濃淡を眺め、季節の移ろいを感じつつ治癒を待った。幸いこの度は症状も比較的軽く、回復も早かった。無心にベッドに臥しているときだけ、枕辺の八木重吉の詩が、澄んだ音色で手負いの身を誘《いざな》うのであった。

ほぼ一か月で退院を許された私は、10日間ほど表蔵王の峩々《がが》温泉に湯治治療に赴いた。大自然の懐に抱かれ、しだいに英気を養い、帰宅するとすぐにぶどうのジベレリン処理にとりかかるほどに、私は百姓であった。食紅を溶いたコップをかざすと、ギリシャの女神にワインを捧げる幻想がよぎった。

初夏の頃、長女が誕生した。果実の芳香の充つる里をいつも意識下にイメージする愚直な親の願望をひそめて、里香子と名づけた。

秋、東京の青空に五輪が描かれ、東京オリンピックの幕が切っておとされた。あの世紀の祭典のドラマを、半世紀余り経ったいまも、鮮明にたぐり寄せることができる。そのオリンピックに関わるインフラ整備のために、東北の農民は屯田兵のように出稼ぎに駆り出されていった。冬になると東北の村々は、男不在の場所になった。その現象は、祭典が終わっても都市開発へとなだれ込み、いわきの農民詩人草野比佐男氏が、『村の女は眠れない』という詩集で産業社会の不条理を告発するほどになっていた。

私は農協青年部に加盟し、農政運動にも関わるようになっていたので、冬でも忙しかった。1966年7月、米価運動に上京し、日本武道館での大会と街頭デモに参加した。台風が接近し、2万5000人の農民はずぶ濡れになった。靴を脱ぎ、すねまくりで歩く隊列に拍手を送る市民はいなかった。

腹を切る〜まな板の鯉

その秋、稲刈りたけなわのとき、私はついに4度目の発病に見舞われた。まさに不発弾を抱えたような身体なのだが、隔年ごとに入院となると、家族も「またか」という思いにかられてしまう。内科的治療では、再発はまぬがれないと判断し、父は外科手術を受けるようにつよく進言した。腹を決めた私は、内科から外科病棟に移り、諸検査を経て手術の日程が決められた。前夜からヒマシ油を飲み、胃腸を洗浄し、前あきの手術着をつけて床についた。当時、十二指腸の手術は症例が少なく、成功の確率は7分くらいだと聞いていたので、不安がよぎり、なかなか眠れなかった。

朝、初雪を分けて、家族や兄弟、親戚の方々が来てくれた。短いことばを交わすうち、たちまち時間がきて、麻酔の注射が打たれ、手術室に運ばれていく。台の上に仰向けに横たわると、ゴムシーツのひやりとした感触が伝わり、ふと、「まな板の鯉だな」と思った。直すぐに、麻酔のマスクで口をふさがれると、あとは何もわからなくなった。

気がつくと、私はもとの病室にいた。生き還ったという思いと、涙がこみ上げてきた。名医の鈴木先生の執刀で、私は生き還ったのだ。手足はベッドに縛られていたが、それは、鼻から胃部に通した細い管を、苦しまぎれに抜いたりしないようにとの処置だという。モルヒネの効果が切れると、煉獄のような激痛が押し寄せ、格闘のような日々を過ごした。4日目にゴム管が抜かれ、ほんの少しぬるい番茶を与えられた。喉を通っていく回生の水の感触を、いまも忘れることができない。8日目には、抜糸をし、起き上がれるようになった。包帯をとって腹部を見ると、鳩尾《みぞおち》から20数㎝切り下げ、縫合した跡が生々しかった。主治医の説明によれば、十二指腸に食物が通らないように遮断し、残した胃袋と小腸を直接つないだのだという。経過は順調で、再び内科で体調を整え、述べ80日間の入院生活を終えた。おかげで、その後の人生において、同じ病を再発することがなく、かなりハードな明け暮れにも耐え抜くことができた。

けれど術後最初の冬は骨身にこたえた。体調の変化がひどく、食べ物への反応も変化した。どこまで立ち直れるかという不安もあって、これまでの起伏にみちた半生を検証し、形にとどめたいと思った。養生の中でペンを取り、長編詩「病める旅」の執筆に取りかかった。全てがドキュメントではないが、幻想も織り込み、わが青春の履歴を刻み込もうとした。

野の思想家の膝元で

その後、私は山形市宮町の農民詩人真壁仁氏の主宰する「地下水」の同人として、農民文学を志すようになった。同人の集まりは、多くは真壁家でおこなわれ、きよの夫人をはじめ家族ぐるみで対応していただける幸せを享受していた。そこでは、生活記録を超えて文学として高まっていくことの意味が語られ、さらには地域開発と公害、原水禁や平和の問題、そして教育のありかたなどが熱く語られた。「地域の窓から世界を見る」という真壁氏の思考法が、いつしか同人みんなのものとなり、作品の上にも投影した。ただ、「地下水」は農民だけの集まりでなく、県内各地の地域性と固有の仕事を持ち、問題を提起し、表現力を磨こうとしていた。併せて出版部を持ち、私の処女詩集『滅びない土』は、担当の斉藤たきちさんと、浦山克彦さんのご尽力で上梓することができた。拙著に寄せられた真壁仁氏の凝縮された序文がまぶしかった。県詩賞の贈呈式に講師として来訪された茨木のり子さんがしたためてくださった色紙が、私の部屋にかけられている。「李つくる手に／もう一つ成る詩の果実」。このたおやかな墨書は、私の宝物である。その頃、上山市萱平《かやだいら》という挙家離村《きょかりそん》した集落の空家を一軒借りて、「地下水の家」がつくられた。そこでは、囲炉裏《いろり》を囲んで、夜通し熱い話し合いが続くのが常だった。

有機農業研究会前史

ときは少し遡るが、術後半年足らずのある日、赤いパブリカ（1961年から1988年まで販売されていたトヨタの乗用車）で伊藤幸吉君が訪ねてきた。彼は、町連合青年団（町連青）の団長を担っていて、組織活動の活性化のため私に顧問になって欲しいと要請した。その頃私は、まだ病人づらのふらふらするような体で、とても無理だと断った。けれど伊藤君は、根気よく何度もやってきて、私を屈服させて帰った。そして私は、OBという立場で、ふたたび青年団と関わりを持つことになった。

この頃から、町連青主催で青年問題研究集会（青研集会、年2回）が開催されるようになった。二か月以上も前から準備にかかり、合宿スタイルで徹夜の討論をおこなった。「雄飛会」（有志の農研サークル）を率いる中川信行さんは、当時レポートの中で次のように考察している。

有機農業、この言葉のもつ意味は単に有機物を土壌に還元する堆肥を使った農業という意味だけではなく、もっと深く人間の生存にかかわる問題や、農民の自主、自立、あるいは生き方の課題、ひいてはわたしたちの住む地球の存続の問題まで限りなく広がる使命を背負っていると思われる。……工業化の異常な進行を背景に人間の産業活動、生活活動の結果生ずる汚染の問題は、生物的世界と技術的世界のバランスを失わせた大きな矛盾点である。生態系の中の人類の生存は他の生態系の循環の調和を図ることであり、生物界における共存者の脱落は、その一員であるわたしたちの生活の危機に直結し、生態学的死の道程を歩んでいる。

青研集会は、湖畔荘という蛭沢湖の奥の旅館で開かれた。その2泊3日の日程には、首都圏に出稼ぎに行っていた若者も帰ってきて、年を追って活況をみせるようになった。体験を通して、テーマに迫る白熱の討論の中から、新しい町づくりの方向が、少しずつ見えてきて、行政に対する提言などもおこなわれるようになった。その活気漲《みなぎ》る場を、私は「高畠の梁山泊」と呼んだ。

そうした若者たちの自主活動に呼応して、町は1969年に青年自治研修会を開催した。鈴木久蔵助役の「町づくりは人づくり」という理念のもとに、教育委員会が主催し、会場を天童市の県立青年の家に移して、行政との対話集会が始まった。その時の事務局を担い、企画、準備、運営まで一身に司ったのが、社会教育課の有本仙央《のりお》係長だった。町長と全課長が、3日間缶詰になっての論議は、議会よりも緊張するとつぶやくほどであった。自治研は回を重ね、すでに14回も継続している青研の進言を吸引しつつ、青年によるまほろばの里づくりの推進軸になった。とりわけ、置賜《おきたま》広域経済構想の主要《パイロット》事業として計画されたカントリーエレベーターの造営について、事業主体の農協と、急激な近代化に伴う影の部分を見据えた農民たちの懸念とが激しくぶつかり合った。３０００戸の組合を二分して、数か月に及んだカントリー紛争は、臨時総会で事業返上を決議して終止符を打った。その過程で、青年団の果たした役割は大きかった。ただ、これまでは、減反などの国の政策や、突出した地域課題に振りまわされて、私たちの足元のところはどうなのか、と問い直しがようやくできるようになった。たとえば、米一粒つくるにしても、肥料、農薬、ビニールなどの資材、農機、石油などのエネルギーまで、生産手段のほとんどを工業が作り出したものにおんぶしている。しかも、その費用を稼ぐために、出稼ぎや兼業に出る。この構図から脱出しなければ、何も始まらないと青年たちは考えた。70年の「出稼ぎ拒否宣言」は、そうした自己変革の表明だった。けれど、京浜地方でひと冬働けば数十万円も稼げるが、村に踏みとどまって、吹雪の中での土木工事や電線張りなどで働いても、その３分の1にもならない。また、農業経営に畜産やナメコ栽培などを取り込むにしても、新たな投資と、技術の習得が必要である。収入が減った分を耐乏生活をするというのでは、説得力がないし、長続きもしない。青年たちは、思考を巡らすうち、減収をカバーする方法として、支出を減らす余地があるのではないかと思いついた。ごくあたりまえのことだが、自分の暮らしに必要なものは可能な限り自給しようという提案である。生産手段にしても、堆肥をつくり、田畑に還元すれば、地力増進にもなる。こうして、農協婦人部（当時）と一緒になって自給運動は始まった。家計簿から、山羊一頭飼っただけで、７万円もカバーできたとの報告もあった。すでに、秋田県仁賀保町では、佐藤喜作組合長のリーダーシップの下で、20万円自給運動が展開され、生活指導員の渡辺ひろ子さんの推進力で輪が広がっていた。

もうひとつ、町内に見過ごせない問題が発生していた。町の誘致企業ジークライト化学工業の排出する煤煙で、周辺住民に健康被害をもたらしているのでは、という疑念が生じた。青年団は科学者や市民と連携して調査にのり出した。その客観的なデータは、公害と健康の因果関係を炙り出し、行政に即刻公害除去装置の装備を要請した。その企業は数年後、撤退することになる。70年は、住民が環境問題に切り込んだ場面としても特筆されよう。

71年、町は青年自治研修会を常設の研究機関として高畠町青年研修所へ改編。町連青主催の青研集会から、町を巻き込んだ青年自治研修会や青年研修所へと発展する中で、青年の要求を集約し、各層の青年が自主的に学習する基盤を作っていった。当時扱われたテーマを振り返ると、「真の豊かさとは」「農の原点とは」「地域づくりとは」「人間性の回復と農業の可能性」「現代社会とおんなの座」などがあり、「生産と消費の人間的結びつき」「都会人を養成する農村教育」「農民の自立、そして組合による互助」「経営間でたがいに補完し合う」「〝職業〟としての農業を見直してみる」「拒否する権限」など現代にもストレートに繋がるテーマである。青年たちの白熱した議論は当時の雑誌・新聞などの紙面に数々掲載された。高畠の有機農業運動の始まりは、無機質になっていく人間と自然の関係性を取り戻し、農家としてより良く生き抜くことを選んだ抵抗運動だった。

(阿利莫二・佐藤竺共編『事例・地方自治』第4巻「地域振興」(大森彌責任編集、ほるぷ出版)に発表した原稿を一部再掲)

１９７２年（昭和47年）

ふじ壊滅の風景

72年春、わが子のように手塩にかけて育ててきたふじりんごが、爛漫の花を咲かせた。細い苗木を植えて10年、ようやく成木になって、たわわな実を着けてくれる期待がふくらんだ。まだ花が散り終わらないうちに、しばらく寒い雨ふりが続き、ちょうど田んぼに水が入ったので、私は代掻きに追われていた。高い山（農耕儀礼）の朝、りんご園に入ると、どうも落花の果叢《かそう》（複数の果実が茂っている部分。りんごなど、枝の同じ位置に複数の実がなる場合に使われる語）の様子がおかしいと直感した。よく見ると、豆粒大の幼果が茶色になり、果梗《かこう》（木の枝と果実をつないでいる細い部分。りんごやさくらんぼの実についているものが典型的）がげんなりしている。つぎの木も、つぎの列も、畑中の実が同じように弱って、茶色の汁を出していた。私には、最初、何が起こったのかわからず、立ちすくんでいた。１ヘクタールのふじが全滅したという動かしがたい現実だけが、そこに在った。しばらくして、われにかえり、何が原因だろうと考えるうち、果叢が株ごと朽ちるのはモニリア病だと気づいた。モニリア病は、土の中で菌核で越冬し、春先に湿気が多いと、小豆粒ほどの大きさのきのこが出て、胞子をとばす。その胞子が、りんごの蕾《つぼみ》が開く瞬間に花芯に侵入し、数日たつと発病して実腐れをおこす。やがて新梢まで枯らしていき、園地全体が無残な姿になってしまった。茫然の徒労と呼ぶには、10年はあまりに長かった。農繁期なのに、2日間ふとんをかぶって寝込んでしまった私は、なぜこのような事態に至ったのかを、反芻するばかりだった。そして思い当たったのは、功を焦るほどに堆肥の他に化学肥料も施し、樹体が徒《と》長《ちょう》型になって病気の抵抗力を弱めていたのではないか。だとしたら、原点に帰って健康な土づくりから再出発する他はないと考えるようになった。

当時、ＮＨＫの教育テレビで「あすの村づくり」という一時間番組があって、桝本隆ディレクターと杉山徹アナと有馬ふき子アナがレギュラーで、現地取材と討論で構成していた。わが果樹園の壊滅の風景を映し、スタジオで若い仲間の率直な意見を述べあった、「或る凶作の教え」というドキュメントは、反響を呼んだ。番組をご覧になっていた一樂照雄氏が、高畠に関心を抱き、のちに幾度も足を運ばれる契機となった。

1973年（昭和48年）

有機農業研究会の発足

身辺に様々なドラマが頻発する中で、私は町青年研修所の専任指導員としての役目があって、空白は許されなかった。先進地視察の長野では、新産業都市茅野市の活況にふれ、片や準高原野菜のセルリー栽培を参観した。施設園芸とはいえ桁ちがいの多肥栽培なのに驚いた。翌日、須坂市にある県園芸試験場で、リンゴの矮化栽培のモデルを見て、信濃の人びとの先駆性に舌を巻いた。

その帰途、上野の不忍池の辺りにある山形県農協会館東京事務所の宿舎で、築地文太郎氏の講話を聴いた。築地氏は秋田県大曲市の出身で、ジャーナリストとして活動し、『農村革命　技術革新は何をもたらすか』（中公新書）が話題を呼んでいた。農協界の天皇と称された一樂照雄氏に見出され、協同組合経営研究所の所員となっていた。築地氏は、経済成長下で本来の自給力を失った農村の現状を指摘し、何よりも生産とくらしの自給を回復することが急務だと力説した。そして、健康と環境を守るために、有機農業というもうひとつの道を歩むべきだと説かれた。頬を紅潮させ、口角泡を飛ばしながら、３時間に及ぶ熱演は、私たちに衝撃を与え、価値の転換を迫るものとなった。

その後、「或る凶作の教え」で高畠町に興味を持たれていた一樂理事長が再三にわたって来町され、講演や座談会を重ね、若い農民たちに語りかけた。また、農協を訪ね、遠藤侃《ただし》組合長や鈴木幸彦参事に、自らの理念を訴え、すでに２年前に設立された日本有機農業研究会の新しい波について熱心に説明された。その折に揮毫された「子供に自然を／老人に仕事を」という色紙が、のちに和田民俗資料館の前に建立された一樂記念碑に刻まれている。

さらに、体験と学習を通して認識を拓いた若い農民たちに諭したのは、一過性の危機感や問題意識を持っただけではダメで、もうひとつの農法を日常的に研究・実践する組織を創る必要があるということであった。

一樂氏から、当時高畠町農協の若手職員であった遠藤周次氏に宛てた手紙がある。

拝啓、先日は万々のご高配有り難うございました。今の日本では全く稀有な存在というべき若人たちを発見して、救はれた思いをいたしました。そのイカレていない人々と、その人たちの住む高畠の地に愛着の情を禁じえません。そこに、20世紀の日本に蔓延している迷信「金儲け主義」からの開放地区を実現してください。ご健闘を祈ります。

一樂照雄

1973年6月6日

遠藤周次　様

その手紙には写真が添えられており、一樂氏が、300年前に建てられた我が家の曲屋の前に一段と高く積まれた堆肥塚の中央に立ち、腕を組んで笑っていた【写真8】。この写真を撮影したのは、ほかでもない築地文太郎氏だった。

豊富な学習機会を持ち、つぶさに先進地の実態を視察し、さらにはすぐれた人格と識見を備えた人びとと接触し、深く啓発されることの多かった高畠の青年たちは、国

写真8　1973年6月、一樂照雄氏が初めて来町した時。（後列右から）一樂氏、遠藤周次氏、佐藤治一氏、（前列右から）農協鈴木参事、後藤常務、筆者
（築地文太郎氏撮影、遠藤周次氏提供）

が進めてきた近代化、工業化のあり方の中に、すでにぬきさしがたい矛盾を感じていた。環境破壊や地力の喪失が進みつつある現状を座視することはできないと考えていたのは、私だけではなかったのである。そんな悩みを抱えた青年たちが、環境破壊を伴わず、土の持つ生命力に依存する有機農業で生産活動を行おうという呼びかけに集まった。

一樂氏の道理に啓発されて、私たちは準備を重ね、73年9月、高畠町有機農業研究会はスタートした。その背景には、農協内に事務局を設け、若手の遠藤氏を配していただいた組合長や参事の支援があった。38名の研究会員は、20代前半の若い農民たちで、30代後半の私は年頭だった。何をいまさら時代錯誤の取り組みをしようとするのか、世間はふしぎがったが、青年団や青年研修所の学びと、自らの体験を通して近代化の影の部分を知った若者の志は堅かった。

（阿利莫二・佐藤竺共編『事例・地方自治』第4巻「地域振興」（大森彌責任編集、ほるぷ出版）に発表した原稿を一部再掲）

1974年（昭和49年）

手探りの実践～その草創の頃

74年春から、初めての実践に踏み込んだ。化学肥料、農薬、除草剤は一切使わず10アール当たり堆肥を2トンだけ施しての稲作である。まず最初にぶつかった障壁は草取りである。手押しの除草機で

2回中耕し、追いかけて四つん這いの手取りに挑む。株間はどんどん繁茂し、条間もすぐに生えてくる。2度目の手取りの頃にはノビエが強靭な根を張り、なかなか抜けてこない。その悪戦苦闘の姿を見て、人びとは「嫁殺し農法」と揶揄した。加えて、泥負虫《ドロオイムシ》が発生し、やっと分けつしかかった葉を食い荒らした。昔は座敷ぼうきで掃いたと祖父母から聞き、払い落とした虫を除草機で泥に埋め込んだ。何とも原始的な手法だが、創設期の手探りの場面である。

そんなふうに苦労して育てた稲は、やや貧弱な様相ながら秋のみのりを迎えた。収穫してみると、これまで10俵ぐらい取れていた田んぼで6~7俵ほどの実績だった。中には5俵の半作に止まった会員もいた。ただ籾摺りをして掌に乗せた玄米は、べっ甲色に輝くつぶつぶだった。

その年NHKの「一億人の経済」の取材が入った。経済学者の杉岡碩夫氏が主導されて、「甦る土」というルポルタージュを作るためである。杉岡氏は後に千葉大法経学部長になり、野沢教授とともに学生の高畠フィールドワークを牽引された。

さらに10月半ば、作家の有吉佐和子女史が、記録小説『複合汚染』の取材に来町された。青年たちが手探りで挑む有機農業の現場をつぶさに参観され、様々な質問をされた。赤いブラウスにスラックスの軽快な装いで、田んぼや果樹園、野菜畑や自然養豚、はては松茸山まで赴き、イメージを刻まれた。私のりんご園では、ちょうど紅玉が熟していて、有吉さんは自ら摘み採って、丸かじりされた情景が、43年の時空を超えて甦えってくる。

有吉さんは、ハードな行動の疲れも見せず、夜は公民館に集った青年たちとの座談会に臨んだ。そこでは、10年かけて調査集積したデータを示し、社会の様々な分野に広がる公害について語った。まさに「沈黙の春」が、この日本列島を、そして地球を席巻している実態を知らされて、私たちは愕然《がくぜん》とした。

朝日新聞の連載小説『複合汚染』は、すでに年内から始まっていたが、正月早々からはブラックホールを照射する一条の光を取り上げられた。有機農業や自然農を実践する人びとの姿と、その理念についてである。そこに高畠の若者たちの営みを、慈愛のまなざしで紹介された。単行本はベストセラーとなり、日本の市民運動、消費者運動を喚起する歴史的な契機となった。

実践2年目の75年は、空前の旱魃に見舞われ、梅雨明け後は河水も枯れてしまい、田んぼも白く乾いてしまった。稲もしおれていき、近づくと、枯れ草の匂いがした。街では飲み水にもこと欠き、自衛隊の給水車に支援を頼んだ。昼間は暑くて作業ができないので、主に朝仕事でこなした。そうした状況にあって、東北放送の制作を担う佐々木實さんとスタッフが、私の周辺地域にカメラを据えて、半年かけて『滅びない土と人間』というドキュメントを作成した。作品は日本テレビで全国に放送され、遠くは石垣島からも共感のエールが届いた。

「日照に餓死なし」という格言のように、水のつづいた平野部では豊作だった。一方、渇水に泣いた中山間では半作にも充たなかった。有機農業も、天候の壁を越えられぬまま足踏みをした。しかし、若いエネルギーは休みなく発揮され、米沢市にある山大工学部の官舎の奥さん方や、福島生協の店舗前での直販などで、新たな手応えを覚えはじめていた。

1975年（昭和50年）

素人の教育委員〜「耕す教育」事始め

猛暑の中で、ぶどうの収穫を終えた9月半ば、私はりんごの徒長枝切りにとりかかった。樹に登って剪定するうち、突然めまいがして、意識が薄れ、樹から落ちてしまった。いまでいう熱中症だったかも知れない。地面の草の中にどれくらい気を失っていたのか、ぼんやりと自分が樹から落ち、頭を打ってここにいるのだとわかってきた。私はふらふらと近所の古山さん宅にたどり着いた。古山のお婆さんの機敏な計らいで、私はすぐに弟の車で高畠病院に運ばれた。土曜日の午後であったが、外科医の大場院長先生が救急の診察をして下さった。その結果、脳貧血を起こして落ちたのだから心配ないとのことだった。しかし、肩や胸に鈍痛を覚えていたので、レントゲンの結果がわかるまで入院するようにと指示を受けた。その夜、妻が氷で患部を冷やし続ける枕辺に、鈴木久蔵助役と友人の中川信行さんが見舞われて、「猿も木から落ちたか」と冗談まじりに鼓舞された。そして「星君、キミ、教育委員をやってくれ」と宣告されたのである。まだ熱にうなされながらも、私は事の重さをかみしめていた。

翌日、痛みもだいぶ薄れ、気分もとり戻した。院長は、検査の結果は打撲だけで、あとは異常がないから、午後に退院してもよいと言われた。お礼を述べて、湿布薬をもらった私の足は家に向かわず、京都大学の飯沼二郎教授の講演会が開かれる町中央公民館へと急いだ。氏の説く伝統をふまえた近代化と、方法論としての日本的複合経営は、傾聴すべきものがあった。

その後、しばらく考えた末、私は町教育委員を内諾した。教育行政には全く素人だが、社会教育の分野から役割を担って欲しいという当局の説得に屈したのである。ところが、その承認に関する議会の全員協議会で、私の来歴に関わって異論が出て、新野町長の明確な説明でようやく承認を得たということだった。当時、副議長だった父は、近親者ということで席をはずしていたが、会議の顛末《てんまつ》をあとで聞いて、憮然として私に言った。「これまで人事案件でもめたためしはない。お前は、教育委員になる資格を欠いているのだ」と。

それなのに、結局私は、10月から教育委員を引き受けた。20年の農業の営みを通して、農と教育は、育てるという意味において地下茎のようにつながっている、と感じていた。けれど、この国の教育は、工業化の進展に伴い、急速に土ばなれが進んでいる。そうした流れは、都会ばかりか地域農村に及んでいるのではないか。長く青年団や社会教育に関わってきた身の実感を以って、地方教育行政に小さな一石を投じてみようと考えたからである。

12月半ば、町内小中学校全校の教職員研究発表会が開かれた。その場で、40歳の新米教育委員が、一体何を考えているのか話させてみようということになり、90分の時間を与えられた。そこで私は、「耕す〜野の文化論」というタイトルで、訥々と語りかけた。自然豊かな教育環境に恵まれながら、家庭も、学校も、地域も、子どもの発育に十分活かしきれず、都会っ子と変わらない生活をさせている。並んで立ってもほとんど見分けがつかない表情になってきたと思える。ひと昔前なら、田舎の子は自然児のような野性味を持っていて、粗野であってもはつらつとした生気があった。その生命力をもう一度とり戻そうではないか、と呼びかけた。

ただ、子どもたちを野に返そうにも、機械化、科学化が進み、容易に田畑や果樹園に入れない。ましてや、子どもの仕事や手伝いの場をつくるのは難しい。だとすれば、かつての学校農園を復活して、土に親しみ、作物を育てる機会をつくったらどうだろうか。義務教育9年の全課程で、発達段階に応じたメニューを盛り、校区の環境条件に見合った取り組みができれば、新たな可能性が拓けるのではないかと提案をした。そして、教委は勤労体験学習の推進に、一定の支援をしたいとつけ加えた。250名の先生方を前に、まさに冷や汗ものの初体験だった。

その反応は意外に的確で、すぐに職員室で話し合いが始まったという。そして、可能なところから次年度の計画に盛り込まれたのである。もちろんPTAや地域住民の理解と協力を得て、用地の確保やわざの手ほどきを受けるために対外的な交渉も必要である。すでに時沢小学校では、全戸加入の地域教育振興会が主導して、児童の稲作体験がおこなわれていた。そのノウハウを活かすことができたことも幸いした。各校とも、個性的な取り組みがスタートしたが、孫の世代に丁寧に教える祖父母の姿がいきいきしていた。

実践を積み、子どもたち自身の中にしだいに変容が見えてきた。私が勝手に名付けた「耕す教育」だったが、先例としてイギリスやフランスでは「教育ファーム」の活動が熱心に展開されていた。国内各地に1000戸もの農家や牧場と国が契約を結び、地域の子や都会の子どもたちが、いつでも土や作物に触れ、動物と遊ぶことができる。その背景には、心身ともに健全な人間を育て、「生きる力」

を養うには、14歳頃までに農耕生活を体験させることが不可欠であるという近世以来の伝統が脈打っている。「耕す教育」は、高畠における教育ファームのミニ版とみなすことができる。

そのスタイルは、それぞれに個性をもつが、伊澤良治校長が主導する「和田小プラン」や、二井宿小での給食野菜50％自給の達成は注目を浴びた。また中学校では、一中の生徒の畑作自主耕作や、二中の米づくり、三中の有機野菜づくりなど、住民有志と一緒に汗を流す姿が印象的だ。その水脈は、２０１６年に統合開校した高畠中学にも受け継がれ、遠藤正真校長の理念のもと、校地内の学校農園の中に花開き、実を結んでいる。

さらに、町内唯一の県立高畠高校（総合学科制）では、「いのち耕す体験」と称して、一年生全員が農作業に親しむ機会を設けている。それには、町内30戸の有機農家が協力する。

このように76年から始まった「耕す教育」は、時流の変遷をのり超えて40年余の歳月を脈打ちつづけている。

冷害に克つ～生きている土の力

『複合汚染』が、大きな社会的インパクトをもたらした76年にかけて、私たちは第一次オイルショックに遭遇した。あらゆる生産資材や生活用品が品切れし、暴騰した。産業社会の構造の脆弱さを改めて見せつけられたのである。様々な自主防衛の手段が必要だった。その場面で、自給力の向上をめざしてきたことは、ひとつの救いであった。

有機農業3年目の取り組みに臨んで、これまでの経過を省みて、ふたつの課題を確認した。ひとつは、元肥に堆肥2トンだけでは、有機といえども肥料成分が少ないのではないかということ、もうひとつは、有機物は発酵分解して作物に吸収されるまで時間がかかる、いわば遅効性だという点だった。それをカバーするために、10アールに堆肥3トンを施し、さらに稲の初期生育を促すボカシ（発酵有機）を苗の食いつき肥として与え、併せて分施の時期にもムラ直しに施しては、ということになった。稲の立場に立った農民的知恵の投入である。

その効果は、明瞭なかたちで表れた。前半の成育がきわめて順調で、周辺の慣行田と比べても遜色のない育ちだった。3年目の正直で、今年は平年作に近づけるのではという期待が高まった。ところが穂ばらみ期に入った7月下旬、いつもだと梅雨が明けてもいい季節になっても陽が照らず、くる日もくる日も山背風《やませ》が吹き晒す、寒い夏になった。8月になれば、連日30℃を超す猛暑が続くはずなのに、76年は7月に6・7℃、8月に13・3℃という最低気温を記録した。稲は穂ばらみ期や、減数分裂期に17℃以下の低温にさらされると、生理障害を起こし、空っぽの不稔粒が出る懸念がある。「寒サノ夏ハオロオロ歩キ」という賢治の詩の一行が、身につまされる場面であった。穂をはらみながら、二十日盆を過ぎてもひる口を切って出穂できぬ様子に、冷害を心配する声が高まってきた。この時期、30日も稲の状態が動かないのでは、収穫を諦めるしかなかった。ところが、8月末になって1か月遅れの夏が訪れ、9月も好天が続いたので、ようやく穂が出てきた。稲穂がなかなか穂を垂れないので、手に取って陽に透かしてみると、だいぶ空っぽの籾《もみ》が混じっていた。穂揃期になっても、麦のように天を指したままで、土地の人は「槍《やり》かつぎ」と呼んでいた。昔、戦国時代の足軽たちが、槍をかついで行軍する様になぞらえた方言である。不稔粒とイモチ病などにやられ、白茶けた田んぼが一面に広がったのである。その風景の中に、何か所かまるで奇跡のように黄金色にみのった田んぼが現れた。有機農研の会員の稲田である。収穫すると、標高280mに位置する私のところで、反収9俵半とれた。ヤマテニシキという耐冷品種だったが、まぎれもなく平年作を確保したことになる。平野部の会員では、10俵半の収量を得た人もいた。

この年、置賜地方の作況指数は87と公表されたが、山間部では半作にも充たないところもあった。そんな状況の中で、平年作を手にした有機農業は、異常気象に強い抵抗力を発揮することを実証した。地道な土づくりによって、生きている土が甦えってきたのを体感した最初の場面であった。

その年の師走半ば、京都吉田山の山荘で、有吉佐和子さんを囲む座談会が開かれた。『複合汚染その後』（潮出版）という本を編むために、坂本慶一氏（京大教授）と山下惣一氏（農民作家）、それに私も招聘《しょうへい》を受けた。私は、有機栽培3年目の稲が、記録的な冷害をのり超えて、平年作をもたらしてくれたことを、データを添えて綴ったレポートを持参し、事前に目を通していただいた。有吉さんは顔をほころばせ、「星さん、この成果は手づくり稲作の凱歌ですね」と讃えてくれた。このことばは、その後ふりかかる幾多の試練の中で、力強いエールとなって背中を押すのだった。

みのる時

ほ波をわたる風に
立ちつくしていると
それがきん色であることの
造形の意志がわかつてくる

とおい年月のむこうから
この土に生きてはきえた
人々のかぞえきれないいのちが
豊じようのみのりの
ほんとうの重さだと思えてくる

鳥が舞い　虫うたい
子らの喚声がみなぎる
この列島の風景を
失うまいと　ひつしに思う

1977年（昭和52年）

和田民俗資料館の造営

一樂照雄氏の肝いりで造営を進めてきた有機農業運動の拠点施設が、完成に近づいた。77年の年明け、思わぬ豪雪の中を、熊本県菊池郡の医師・竹熊宣孝氏と、山下惣一氏が連れ立ってわが家を訪れた。その目的のひとつは、古民家を移築して、地域の伝統文化を保存し、さらには農法変革に向けて理論と実践を学ぶ道場づくりを見分し、九州でのビジョンを描くヒントにしたいということだった。

町農林課の尽力で、山村振興事業の指定を受け、協同組合経営研究所と日本有機農業研究会、それに山形県農協中央会から応分の支援を得て、工事は順調に進んだ。旧家主の米沢市六郷の古藤家は、代々村長を務めた名家で、中国の十二支孝をあしらった彩色の土欄間は、文化遺産の趣がある。

ただ、この施設を管理運営する主体については、その段階では未だ定まっていなかったが、やがて地域の有志と団体が基金を出し合い、管理運営の組織を構成し、鋭意その活用に取り組むことになる。

その夜、両氏はわが家にお泊まりになる予定で、夕餉の歓談を楽しんだ。そのとき、乳牛が産気づき、山下さんはシャツを腕まくりして、仔牛を産ませてくれた。九州の百姓のたくましさに脱帽した。少し落ち着いた頃、長距離の電話が入り、病院のナースに不幸が起こったという知らせだった。竹熊先生は、急遽夜行列車で帰宅されることになった。

大雪の中、ひどくハードな日程だったが、民俗資料館のイメージをつかまれたことで、菊池養生園を造営する契機になったのではなかろうか。

自給から提携へ

合宿しながら交流し、研修できる機会を多く持つことで、私たちは居ながらにして外からの新しい風に吹かれる幸せにも浴した。有機農業の出発点は、「あたりまえの暮らしを取り戻す」、「百姓の基本に帰る」という自身の生き方の問い直しだったが、年次を重ね、地べたを這う虫の目と、少し高い所からの鳥の目を併せ持つようになった。そして、運動の柱は次の5つに集約されるようになった。(1)安全な食べ物をつくる、(2)生きた土をつくる、(3)自給を回復する、(4)環境を守る、(5)農民の自立をめざす、という共通のめあてである。手探りの実践を積んで、土が甦える中で作柄が安定し、自給を満たせるようになった段階で、(6)消費者との提携、という新たな課題が見えてきた。

「複合汚染」に啓発されて、首都圏の消費者グループのリーダーが、連れ立って高畠を訪れた。埼玉の所沢牛乳友の会の白根節子さんを先頭に、東京のたまごの会、杉並の王様の会のみなさんである。有吉さんと同じように、有機農研の若い農民の圃場を熱心に参観された。まだ草創期の田畑なので、作物は虫食いだったり、不揃いだったけれど、自覚的な主婦の感性は、そのひたむきな取り組みに共鳴された。そして、自給して余裕があれば、ぜひ私たちに分けて欲しいと、強く要請された。けれど、市場出荷の物差しで測れば全て規格外の物なので、「ほんとにこんなモノでいいんでしょうか」と何度も問い返した。すると、「こういう本物こそ、喉から手が出るほど欲しかったんです」とおっしゃる。それでは、と腰を上げて、2トントラックに有機野菜や果物を満載して首都圏に向かった。産消提携の源流である。規格や見栄えにこだわらず、安全で美味しく、新鮮で、栄養価に富むという食べ物の条件を充たしておれば十分だ、とする価値観の表現である。しかも、中間的な流通システムを介さず、生産者と消費者が直接結びつく流通の自主管理といえよう。初めは、双方ともよちよち歩みのような不安定な関係だったけれど、実践の中で理念と実務を融合して、「顔の見える関係」を合言葉に、提携のネットワークは広がっていった。まず首都圏をベースに、福島、新潟、仙台などの隣接する地方都市、さらには関西圏の神戸、大阪、奈良、そして四国の徳島、松山、高松、善通寺など、距離感を超えた取り組みである。

その過程でひとつのエポックをなしたのは、無農薬米の産直である。米は、他の品目と異なり、食管制度で守られているので、勝手に流通することができない。折しも、自主流通米のルートが拓け、産地の農協、経済連を経由して、消費地の経済連、農協から消費者グループへという合法的な配送が可能になった。ただし、東京都の経済連は、米の販売権を持たないので、卸の米穀会社から消費者団体に渡る仕組みをつくった。初年度は、自主流通米経由の産直のテストケースということで、通常は1俵60kg当5500円の経費がかかる所を1700円で届けることができた。米の価格も、生産量を考慮し再生産を償う水準ということで、作付会議で検討し、1俵26000円に設定した。10年後、消費者側から、各地の有機米に比べて安過ぎるのでは、との指摘があり、33000円にした。以来、今日まで、市場価格に左右されず、全く同じ価格を維持している。私は、この自主管理の形を、「小さな食管システム」と呼んできた。他の品目についても、40年間、不変の契約価格で届けている。ただ、提携米の数量については、家庭や消費者団体の消費需要との兼ね合いがあるので、年間、月別の受注によって対応している。

鍬《くわ》の詩《うた》～むらの文化論

77年冬、万年筆のインクが凍ってしまう厳寒の中で、初めてのエッセイ集の書き下ろしに取り組んでいた。昨夏、米価要求大会に上京した折、ダイヤモンド社編集部の佐藤徹郎氏に会い、百姓20年の自分史を縦糸に、文化風土としてのむらを見つめるエッセイを綴って欲しいという要請を受けていた。けれど、農作業と雑事に追われ、手つかずのままだった。炬燵《こたつ》に背をまるめながら紙に向かい、田植えする仕草で一桝々々埋めていくうち、あまりに波乱にみちた半生に愕然《がくぜん》とするのだった。しかも、自分の思いで生きようとしながら、実際には世の荒波に翻弄《ほんろう》され、また他人に支えられて生かされてきたかが歴然としてきて、小さな個の限界を思い知らされたのだ。

それでも、生き恥を晒すような文章を雪溶けまでに脱稿し、じっと待って下さった佐藤徹郎さんに手渡すことができた。「鍬の詩」というタイトルは、奥様の佐藤宏子さんが名付け親である。

その夏、7月下旬から8月上旬にかけて、全国農業代表団の一員として、半月間訪中の機会を得た。あの広大無辺な大陸の風土と、歴史と、人間を目の当たりにして、深甚な衝撃を受けて帰国すると、空港で佐藤徹郎さんが出迎えてくれた。そして、刷り上がったばかりの「鍬の詩」をいただいた。表紙と章ごとの挿絵に、東北の生んだ秀逸の版画家勝平得之氏の作品を頂いて、頬ずりしたいような装幀の本に仕上がっていた。私は、帰りの車中で一気に読み切って帰宅した。初秋の頃、石岡市で開かれた生消提携の交流集会に、佐藤さんはリュック一杯の本を背負って、「鍬の詩」を披露しながら頒布されたのだった。

そのせいもあってか、10月にNHKラジオ番組「私の本棚」で、15回に渡って全篇朗読していただくことになった。柳宗悦とか、夏目漱石など、いわば古典的名作の中に、一介の農民の文章がまぎれ込むのは、異例のことと言わざるを得ない。戸惑いと不安がよぎった。ところが回を重ねるうち、意外に手応えが返ってくるようになった。なかでも、京都大学の坂本慶一教授が全部聴かれて、翌78年正月、京大に来て講座を持って欲しいと要請された。少したじろぐ場面ではあったが、私は腹を決めて京都に出向いた。学部を越えた公開講座とあって、会場の大教室は満席で、しかも最前列には坂本先生と飯沼二郎先生が、メモを取りながら控えておられる。そこで午前中3時間、午後4時間、質問も合わせて7時間、訥々と語り続けた。まさに冷や汗ものの一日だった。

その夜は、レストラン南山を経営する孫時英氏を訪ねた。孫さんは、韓国済州島出身の哲学者で、共食を通して食文化の創造をめざしていた。80年に琵琶湖シンポジウムを主宰され、そこでは玉野井芳郎氏や鶴見和子氏との得がたい邂逅も待っていた。やがて、玉野井先生はご夫人とともに高畠にも来町され、交流を深め、共生の思想の風を吹き込んでいただいた。

1979年（昭和54年）

まほろばの里づくり

高畠は、1万年以上も昔から、縄文草創期の文化が発祥し、連綿として脈打つ所として知られるようになっていた。アララギの歌聖斎藤茂吉の高弟結城哀草果《あいそうか》の詠んだ「置賜は国のまほろば／菜種咲き若葉しげりて雪山も見ゆ」を象徴する場所性を活かし、まほろばの里を町づくりの柱にしたいという認識が、当局と住民の中に高まってきた。奈良県薬師寺の高田好胤《こういん》管長の講演と、まほろば運動が弾みをつけ、町民憲章を制定する精神的支柱となった。町民参加の憲章をめざし、全戸にアンケート調査を実施し、意向の集約をベースに据えた。前文は私が起草し承認されたが、本文の5つの柱は、制定委員の長い熟議によって定まっていった。自然との調和、温かい心と生きがい、働く喜びと活力、学び合いと知性、若い力と希望という目標に実践項目を加え、79（昭和54）年の文化の日に制定された。住民意志の結晶のようなまほろば憲章は、毎年、推進大会が開催され、血肉化とともにすぐれた実践への評価がなされている。併せて策定された町基本構想や総合計画には、食と農の柱に自給と有機農業を据え、施策化と推進を図ってきた。

田の草とりの援農

先述したように、冷害に克った翌年から、有機米の産直提携のルートが拓けると、他のグループからの要請も相次ぎ、もっと栽培面積を広げる必要に迫られた。けれど、最大のネックになったのが除草である。梅雨明けのうだるような暑さの中で、稲株に顔を埋めて、終始四つん這いで田の草を取るのは、ひどく大変な仕事である。猛烈な勢いで草が伸びてくると、能率がどんどん落ちてくる。家族労働だけでは、増反は無理だと感じていた。そのとき、ふと思い浮かんだのが、昨年中国の農村で出会った下放運動の都市青年たちのはつらつとした姿である。そこで、配送や交流の折に、有機米を食べる前提に田の草取りの援農においでいただけないか、と提案をした。はじめは戸惑い気味だったけれど、それぞれに検討を重ね、はるばる高畠まで草取り援農が実現することとなった。主体は主婦の方々だが、中にはご主人や子ども連れの姿もあった。軽快な作業着に身を包み、リュックを背負って、大勢の消費者の皆さんが駅に降り立ったときは、感激をした。当時は宿泊施設も整っていなかったので、町中央公民館で歓迎のセレモニーと日程の説明をおこない、３名位が一組となって、迎えの会員宅へと分かれて行った。初めての農家に民泊をして、２泊３日の農作業に挑むこととなった。わが家においでになった所沢や東京のお母さんは、３５０年も経った茅葺きの住居と、中門の玄関を開けると乳牛がヌウッと顔を出す歓迎に驚く。夜は家族と歓談し、朝からはいよいよ田んぼに入る。７月下旬ともなれば、稲の茎葉も繁茂するが、それに負けじと雑草も伸びる。コナギやマツバイなどが地面を覆い、株間のノビエは分けつして、両手で力を込めないと抜けない。しだいに肩や腰が痛くなる。ときどき休憩しながら半日続けるのが精一杯だ。午後は、りんごの袋かけなどを手伝ってもらうことにする。翌日も、また半日田の草取りに頑張っていただくと、体中の関節がポキポキするような感じになる。けれど、作業を終えた達成感で、汗に濡れた顔はかがやいている。帰途、米沢駅に集合されたみなさんは、同じく前かがみで、背筋を伸ばせない格好になっていたが、初めての援農を成し遂げたよろこびが満面に溢れていた。お礼のあいさつを交わし、列車を見送りながら、上野駅の階段を登るのはきついだろうなと思いやった。

初体験の援農ツアーと、受け入れ方法を通して、私たちは相互にヒントをつかみ、以来、今日まで長く継続するスタイルを創り出してきた。民泊と併せ、合宿場を設けることも課題となった。やがて和田民俗資料館ができて、自在な生消交流の機会が生まれ、多様なつながりと内容を伴った援農が続いている。その源流の所に、文革時代に展開された中国の下放運動がある。

1980年（昭和55年）

温かい土の秘密

「災害は忘れた頃にやってくる」という格言があるが、76年の記録的な冷害の記憶が醒めやらぬ80年から85年まで、4年続きの冷害が襲ってきた。オホーツク海から南下した寒流が、太平洋沿岸を洗い、偏東風《やませ》となって吹きつけるのである。東北農民の受難の季節であった。その中でも、有機栽培の稲は健在だった。逆境をのり超え、4年間とも平年作を確保したのである。たまたま低温が居座った日、会員の片平君が自分の田んぼの泥と、畦一本はさんだ隣の田んぼに地温計を挿してみた。そうしたら、ふしぎなことに3度の差があった。有機田が温かい土になっていたのだ。その情報を得て、仲間はそれぞれの田んぼの地温を計ってみたところ、例外なく3度前後高いことが明らかになった。この温かい土こそ、冷害に克った立役者だと知ったのである。

それにしても、その温かい土はどうしてできたのだろうという疑問は残ったままだった。たまたま、仙台で京大の小林達治《みちはる》教授の講演があるというので出かけて行った。小林先生は、土壌微生物の研究者として著名で、自然農法や有機農業の理論的バックボーンの存在だった。傾聴すべき講演の後、私はなぜ温かい土ができたのか、その原因について質問した。小林氏は、「星さん、それはあたりまえですよ。ほんとうに肥えた土の一握りには、数億から十数億もの小動物、微生物、酵素、菌類が生息し、生きては死にして、土壌中の生態系を生成している。その顕微鏡の世界の生命活動のエネルギーが、地温を押し上げているんですね」と即答された。私は、目から鱗が落ちたように、生きている土の底力を知った。そして、異常気象や病虫害に対して、強い抵抗力を発揮する作物の科学的根拠を頂いた自信と喜びをもって帰宅した。

いずれにせよ、試行錯誤を重ね、ようやく安定した作柄を手にし、その産物を提携によって消費者市民に届け、有畜小農複合経営で自立できることを実証したことで、地域社会から市民権を与えられるようになった。それまでに、ほぼ10年の歳月を要したことになる。

その間、牛の歩みのようだが、1年に10アールずつ有機稲作を増やす計画を立て、10年経ってふり返ると1ヘクタールを転換していたのだ。

1981年（昭和56年）

父の志を継ぐ

80年の大晦日、しばらく入院していた父が他界した。70歳では早すぎたけれど、公私ともに完全燃焼した人生だったと思う。田植えの名人で、また牛飼いが好きで、搾乳のわざはみごとだった。30代初めから村会議員や民生委員を務め、合併した高畠町議と通算7期28年地方自治に尽くした。その間、副議長と議長を2期ずつ務め、町政の一翼を担ってきた。とりわけ、社会福祉をライフワークとし、山形県社会福祉協議会の副理事長、県民生児童委員協議会会長なども長く務めた。年明けの1月半ば、厳寒の町営体育館で営まれた社会福祉協議会葬には、県内外から８００名を超す方々が参列してくださった。

家族にとっても、大黒柱を失った空洞は測り知れず、気持ちと人間関係の立て直しに苦慮するところが多かった。前年、父が手がけた牛舎は、すでに完成し、６頭の乳牛を飼育していた。２階には、天日乾燥の稲藁《いなわら》を全量収納することができていた。

もうひとつ、父の描いていた住宅の改築については、祖父が植林し、80年も手入れしてきた杉林を伐採し、製材した柱を3年間保管していた。その自前の素材で、新宅の骨格を構成しようとしていたのだった。喪が明けると、私は父の遺志を継いで懸案を実現しようと思いたった。地元の鏡建築との関わりは長く、その後継者の鏡智雄さんは、東京で学び、20代で一級建築士の技能を持っていた。伝統的な入母屋造りのイメージを描きながらも、地域の若い力に託してみようと考えた。ただ、十分な準備資金があるわけではなく、かなり背伸びした計画を具現化するには、農協系統の金融に頼る他はなかった。当時は金利が高く、元利の償還期間の10年間は、ずいぶん苦労をした。分不相応の借金の負荷を、骨身に刻んだ場面である。

けれど、設計に従い、基礎から、建築、内装まで、全て地元の職人の技能を注ぎ込んで竣工した住居は、十分に得心できるものであった。すでに、築36年を経たが、あまり大きな痛みは生じない。先の東日本大震災のときも、壁に亀裂も出ないで済んだ。いわゆる耐震性も十分である。小さな修繕を加えながら、孫の代まで、１００年は保つだろうと思える。

1982年（昭和57年）

台所工房の夢

82年、私たちはもうひとつの夢物語に踏み込んだ。農閑期の冬の季節に、手づくりの農産加工を営み、地場産の食材に付加価値をつけようと考えた。それには、お母さんたちの知恵とわざを結び合うことが必要だ。訪中の折の「天の半分を支えるのは、女性である」というスローガンが浮かんできた。町農林課の今井信止課長補佐の肝いりで、川北集落の話し合いを重ね、希望者を募った。新農業構造改善事業の指定を受けても、相当の自己負担を伴うことで、親しい仲間5戸の参加にとどまった。佐藤治一さんの土地を借り、町内の竹田工務店に造営を委託し、工事は順調に進んだ。漬物、味噌、餅などの製造を念頭に置いていたので、漬物槽《そう》、大型冷蔵庫、真空パック包装機などの設備も整えた。秋野菜の収穫までに一気に竣工し、最初に取り組んだのが、郷土の食文化を代表するおみ漬だった。次いで、紅花たくあん、青菜漬、みそ餅と、奥さん方の技能が作品に結晶した。袋のラベルは、佐藤敬子さんのデザインで、ふるさとの温もりを象徴して、作り手の心を伝えてくれた。

おみ漬は、その晩秋に開催された第８回全国有機農業大会（in高畠）でもテーブルの一隅を飾った。大量に塩蔵した山形青菜を水出しして、醤油漬け（本漬け）をする。化学調味料は使わず、煮干し、ザラメ糖、酒などで味付けした。塩は「赤穂の天塩」、醤油は新潟消費者センターの「かおり」（天然醸造）

にこだわった。販路については、みやぎ生協の菊地徳子さん（理事）と池上部長（商品部）の力強いご支援で道が拓けた。はじめは店舗販売だったが、防腐剤を使わないので日持ちが効かず、産直を模索することになった。以前から親交のあった窪田立士氏（理事長）の仙南加連（角田市）を経由して、みやぎ生協の共同購入に納品できる目処がついた。新たな産直が動き出すまでには、加工連の井上係長に何度もご足労いただき、福島インターで荷物を受け渡す方式に落ち着いた。

漬物の産直が軌道に乗るのと併せ、みやぎ生協との人間交流、文化交流も親密度を増していった。たとえば、生協産直交流会（１０００人）には毎年招かれ、幾度かの講演の機会も与えられた。控え室で、理事長の吉田寛一教授と歓談できるのも楽しみだった。いまでいう６次産業のはしりのような農産加工の取り持つご縁の一コマである。

弥生３月、かた雪の上から剪定にとりかかる頃、加工所ではみそ煮が始まる。まず、秋田白神山地の酵母をとり寄せ、蒸した無農薬米に混ぜて２日ほど電熱器で加熱すると、自前の麹ができ上がる。屋外に設えたカマドに大鍋をかけ、焚火で自家産の大豆をじっくり煮込む。指で潰れるほどになったら味噌切機でつぶし、麹と天塩を混ぜてみそ玉をつくる。それを木の桶に仕込んで、保冷庫に保管する。そして１年から２年熟成させたものを、蓋《ふた》みそを除いて取り出す。「手前味噌」という通り、この加工所で仕込んだ味噌より美味しいものに出会ったことがない。

地域に根を張る運動へ

ほぼ10年かけて、有機農家が変わり者という評価から脱し、「なるほど、そういう方法もあるのか」という市民権を得ることができた。82年11月半ば、高畠町は、第8回全国有機農業大会に馳せ参じた800名の市民の熱気で沸き立っていた。大会は、日本有機農業研究会が主催し、地元が共催という形で準備を進めてきた。限られた会員の力量では遠く及ばないので、町役場、農協、商工会、青年団、婦人会などの全面的な支援体制を組んでいただき、町ぐるみで受け皿をつくっていただいた。参加者は、北海道から九州まで、生産者、消費者、行政や農協職員、流通関係、研究者、文化人など、実に多様な顔ぶれだった。その高畠大会が掲げたテーマが、「地域に根を張る有機農業運動」であった。島津助蔵町長の歓迎のあいさつの後、日有研代表理事の天野慶次氏（東京水産大学学長）と、地元の私が基調提言をおこない、続いて各地の実践報告がなされた。中でも、生産者と消費者が一緒になって立ち上げた愛媛有機農産生協（松山市）の取り組みが注目を集めた。

夕べの大交流会は、体育館に、卓球台に白布をかけたテーブルを10数基設らえ、地鶏の丸焼きを囲んで郷土料理を満載して宴は始

写真9　第8回全国有機農業大会 in 高畠での交流パーティ

まった。調理は、女性部と一緒に、提携する消費者のみなさんにも手伝っていただき、旬の彩りを添えることができた。高畠農協の後藤正五組合長の音頭で乾杯を上げると、あとは出会いをよろこぶ交流の渦となった【写真9】。

翌2日目は、テーマごとの分科会で白熱の討論がおこなわれ、午後はその報告を受けての全体会に移った。その論点の中心に、提携のありようが取り上げられ、大地を守る会の藤本氏、藤田氏の発言に一樂照雄氏が応酬し、火花を散らした論戦となった。あの歴史的な情景は、35年を経たいまも、鮮明に想起することができる。

いずれにせよ、大きなインパクトをもたらし、成功裏に終了した高畠大会は、地域住民の価値観を変える契機になった。そして、80年代、「地域に根を張る運動」へと前進したのである。

1983年（昭和58年）

東大で全国の百姓座談会

「全国の百姓がとりあえず集まってみよう・東京座談会」へのお誘い～というユーモラスで魅力あふれる案内文に呼応して、全国津々浦々から百姓カエルが、東大にゾロゾロと集まってきた。その数215名、一般参加者118名、事務局35名、合わせて368名が、農学部1号館の大教室に這いのぼったのである。呼びかけ人代表は作家の薄井清氏（東京）で、佐藤藤三郎（山形）、高橋良蔵（秋田）、山下惣一（佐賀）の各氏と私が、カエルの騒鳴を先導した。ただし、その舞台装置を設営したのは、東大大学院の今村奈良臣助教授と、農業ジャーナリストの大野和興氏、石川英夫氏など、気鋭の侍だった。冒頭に、望月公子農学部長の歓迎のあいさつがあり、アカデミーの殿堂で開催される座談会の意味を受け止めた。

次に、町田市在住の農業改良普及員で作家の薄井清氏が呼びかけ人代表として、これまでの経過と、この集会に込めた思いを力強く語った。2階の一般参加者には、ジャーナリスト、農水省の職員、消費者団体、学者、文化人など著名な顔ぶれが並ぶが、発言はご遠慮いただき、あくまでも百姓の本音を吐露し、聞いていただく場にしたい旨の提言があった。

続いて、百姓ガエルの3分間スピーチに入り、自分がいま、一番つよく課題とするテーマや取り組みについて、80人がきっちり時間内で語った。そこでは、北から南まで、列島の大地に踏んばって生きぬく農民像が焙り出され、胸に迫るものがあった。

夕刻からは、本郷のふたき旅館に会場を移して、懇親大交流会が開かれた。それぞれ持参した地酒と、漬物、海産物、手づくりハムなどの肴で、胸襟を開いた会話が繰り広げられた。めったにお目にかかれない学者や文化人と差しで話ができ

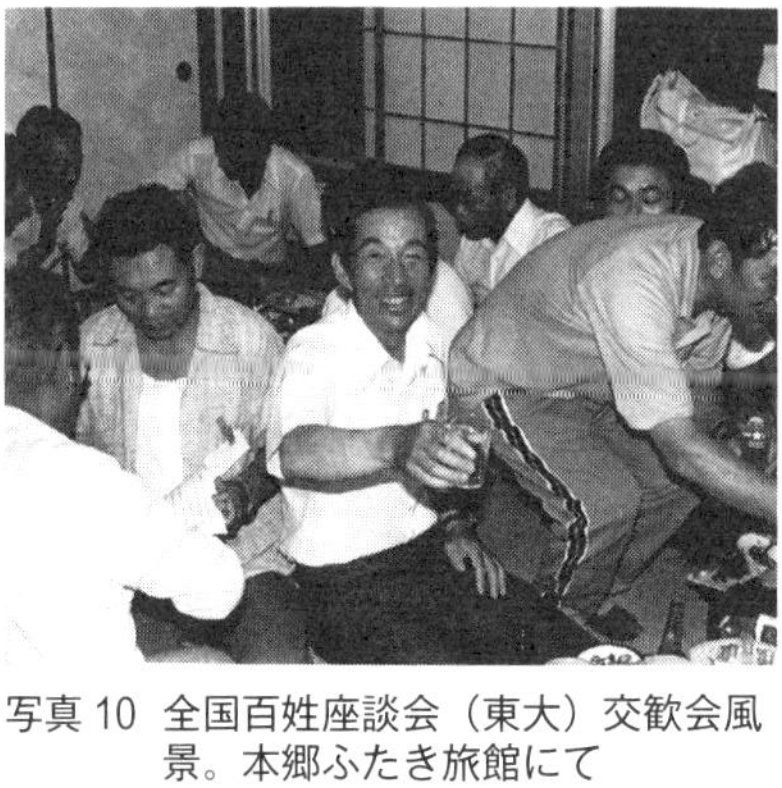
写真10　全国百姓座談会（東大）交歓会風景。本郷ふたき旅館にて

きる得がたい機会に、若者たちは燃えていた【写真10】。

2日目は、4つのテーマに絞って集中的な討論をすることになった。1つは米の問題、2つは若い担い手にとっての農業経営、3つは有機農業と流通、4つは農村女性と生活文化についてである。まず、呼びかけ人が課題提起をし、あとは参加者のフリートークである。地域風土による固有の問題と、今日の状況における共通認識とが色濃く提起されたが、集会として決議するとかではなく、それぞれに持ち帰って自分たちの現場で煮つめ、生かしていくのが百姓座談会の主旨だ、ということになった。ただ、女性問題の大事さと、参加者を増やす意味で、次回から中山尚江さん（茨城）と、臼井澄江さん（神奈川）に呼びかけ人に加わっていただくことになった。帰途は、東大の赤門を潜った高揚感と、2日間の熱い討論の中から何がしかのヒントを掴んだ自足感とで、胸元をふくらませた百姓ガエルが、ふるさとの大地に戻っていった。

それから2年経った85年の夏、「全国の百姓がふたたび集まろう・東京座談会」が、同じく東大で開催された。今回は、「百姓としてどう生き残るか」というテーマのもとに、目的意識をもって話し合うことを旨とした。146名の百姓と、80名の一般参加者が馳せ参じ、初回よりは少ないもののお祭り気分ではない真剣さがみなぎっていた。一般参加では、消費者市民の姿が目立った。京大に在学中の私の長女も上京してきた。中曽根首相の「貿易自由化に聖域なし」の発言を具現化する牛肉・オレンジ自由化枠の拡大は、畜産とみかん産地に激震を及ぼし、まさに死活問題だという危機感を抱く農家が多かった。そうした状況下では、農政批判にとどまらず、経営論、技術論、組織論も深めなければならない。とり巻く環境の厳しさに押され、失いかけていた主体性を取り戻し、「どっこい生き残るぞ」という筋道を見出したい。そういう期待と願望があふれていた。同じく3分間スピーチは、実体験に即した気鋭の主張が相次ぎ、課題も浮き彫りになった。女性の視点からの生活と健康の問い直しは、まさに正論だと感じた。

第2部のテーマごとの分散会は、なかなか面白かった。司会は、中山尚江さんで、山下惣一さんと私が話題を提示し、「消費者とともに」というタイトルの下、自在な討論がくり広げられた。有機農業と土づくり、そして産直提携に及び、高畠の伊藤幸吉さん、生活クラブ生協の丸山氏など、生産者・消費者双方の実践論が提起された。

第2分散会は、薄井清氏と高橋良蔵氏が司会をつとめ、「近代化、投資、借金、競争」というテーマで、いわば経営論に踏み込んだ。「心豊かに、文化的に」という第3分散会は、臼井澄江さんと、佐藤藤三郎さんの舞台廻しで、農的生活と文化的な豊かさについて、価値の転換を迫る内容となった。いずれにせよ、「百姓としてどう生き残るか」という大きなテーマに、具体的に迫った集会になった。

上和田有機米の誕生

地域に根を張る有機農業運動を掲げた全国有機農業大会から3年たった85年、大型ヘリコプターによる農薬の水田への空中散布が、平野部から中山間地帯へと広がろうとしていた。無農薬有機栽培に踏み込んですでに13年の上和田の田園には、水生生物や昆虫など、たくさんの小さな生き物たちが戻ってきていたのだが、農薬の空散によって汚染され、元の木阿弥になってしまうかも知れない。加えて、早朝からの散布で、登校時の児童や住民への健康ダメージも心配だ。そうした懸念が募ってきて、空散を水際で阻止したいという動きが高まってきた。まず有志が集って、その住民の願いを叶えるにはどうすればよいか、話し合いを重ねた。幸い、農協和田支所の梅津支所長の支援を得て、営農推進協議会や稲作部・農協青年部のリーダーを中心に対策が検討された。その中で、ただ単に空散中止の要請をするだけでなしに、農薬に頼らない稲作のあり方を探ろうではないか、という考え方に集約された。町内には、有機農研の長い間の実践と成果があるのだが、手取り除草の苦役を前提とする方法では限界がある。一般の農家の賛同を得るのは難しいのでは、という意見が多かった。そこで除草のハードルを低くするために、初期の除草剤を1回だけ使用し、化学肥料や農薬の地上散布はしないという栽培基準を設け、少農薬有機の独自な米づくりのイメージが定まった。推進のための準備会をつくり、リーダーたちは和田地区の農家を一戸々々訪問し、主旨と栽培基準を説明し、参加者を募った。私たちも有機農研の実践とノウハウを全て注ぎ込んで、不安の払拭に努めた。

ほぼ一年をかけて生産組合を立ち上げる目処がつき、そのネーミングも「上和田有機米生産組合」に定まり、86年3月、設立総会にこぎつけた。初代組合長に菊地良一氏、副組合長に渡部五郎、二宮隆一の両氏を選び、75人の組合員で構成する有機農業集団は船出した。構成員の顔ぶれは、専業農家と第一種兼業農家で、将来も農業を主体に生きようとする中堅農家がほとんどであった。しかも、機関車の執行部は、30代、40代の農協青年部の盟友が担った。ほぼ地域ぐるみの新しい営農集団は、集落ごとの班編成をし、堆肥と菊地組合長が長年かけて開発した有機肥料をベースに、初年度の米づくりに挑むことになった。空散を阻止し、手つかずの自然と農村の原風景を守りつつ、産業として成り立つ営農をめざすこととした。米とぶどうを基調に、酪農や野菜などを組み合わせ、家族農業で自立するスタイルは、上和田の地域風土にふさわしい。農林官僚で、「農的小日本主義のすすめ」を著していた篠原孝氏を迎え、記念講演をいただく中で、地域の仲間たちが描いた筋道に確信を抱いたのであった。

いよいよ春耕の季節に入り、会員は徹底した現場主義に立ち、圃場を巡回しながら、甲乙ない生育を促すように努めた。その成果は、確かなかたちで表れ、初年度から8俵以上の収量を手にした。化学肥料、農薬を使わずとも、立派に美味しい米がとれたことで、とくに初挑戦の人のよろこびは大きかったようだ。

ただ、問題は販路である。後発の集団なので、消費者グループとの産直提携だけでは無理なので、多面的なルートを拓かなければと考えた。まず、これまで有機農研と関わりのある消費者団体の周辺に、新たなつながりを斡旋していただき、生協や中規模のスーパー、米穀会社、造り酒屋、味噌醤油の醸造元、製菓、レストランなど、多様なお得意様を確保することができた。上和田有機米は、スタートから全量産直で完売することができたのである。そうした順調な船出は、地域社会から正しく評価され、会員も3年間で130戸と倍増し、有機米の小さなブランドとして全国に知られるようになった。その背景には、美味しい米づくりに欠かせない良質の有機肥料と、必須のミネラル成分を投与する菊地良一組合長の処方箋と、指導力があった。

少農薬有機栽培からスタートした上和田有機米だが、2年、3年目からぜひ無農薬米も作って欲しいという要望が寄せられるようになった。それに応えるかたちで、生産組合は会員各自の判断で圃場の一部を完全有機に変えることを促した。その割合は年々高まり、ほぼ10年で、加入面積の4割を占めるようになった。

上和田有機米は、ひとり米づくりに限らず、地域複合の果樹、野菜、雑穀など他品目の有機栽培や、農産加工にも取り組み、いわば6次産業化の先駆けの芽生えも見せた。さらに、環境、教育、福祉、健康などの分野に踏み込んだ関わりを持ち、非常に大事な役割を果たすようになった。ゆうき生活と、新しい村づくりの推進軸として機能し始めたのである。たとえば、和田小学校の給食や、老人ホームまほろば荘に、有機米のおにぎりを差し入れたり、墨田区の小学生の夏休み自然体験教室を民泊で受け入れたり、やがて立教大学学生部が主催するフィールドワークを大学と一体となって実施し、確かな足跡を刻んで今日に至るなど、多面的な活動を続けてきた。とりわけ、80年代半ばに3年続けざまに環境問題が発生したときに、和田地区の諸団体をけん引し、行政に働きかけて打開した場面は忘れられない。当時は、まだバブル経済の末期だったが、上和田のなだらかな原野と畑地に目を付けた首都圏の不動産業者が、ゴルフ場などリゾート開発を目論んで、動き出した件である。その翌年は、ぶどう団地の一角に、建設業企業体が産業廃棄物の処理工場を造営しようとして計画途上にあり、近隣住民の同意を取りつつあった。まさに、ぶどう産地の存続の危機である。3年目は、水源の上流域に、建設廃材の不法投棄がおこなわれた件が続発した。いずれも深刻な環境汚染をもたらすことは必至であり、生産団体、住民組織、社会教育機関まで一体となって阻止と撤去の運動を展開した。そして全て打開し、豊かな地域風土は守られた。あのとき上和田有機米組合が主導的な力を発揮していなければ、地域の風景と産業基盤は、どう変わっていたかわからない。

待つ

むらに居つく
足元を掘る
土の重さをたしかめる

流民の列をはなれ
定点に根を張り
静かに呼吸をととのえ
待つことのなかに
ほんとうの春を照射する
たしかな手応えを覚える

はるか受難の道さえ
肩を支えてあるいた
やさしい不屈の火を
わが内ふところにもやし
たかはたの土を耕す

立教大「環境と生命」フィールドワーク

86年には、チェルノブイリの原発事故が起きた。その地球規模の放射能汚染は、遠く日本列島にも及び、人びとの危機感を増幅させた。立教大学では「環境と生命セミナー」が開催され、高木仁三郎氏をはじめ、各分野の識者や活動家がシンポジウムで発言した。そこで栗原彬教授（立大）と出会い、長く親交を結んでいただく原点となった。

89年、ベルリンの壁が崩壊する音が遠雷のように響いた年、立大学生部の西田邦昭氏（元副総長）と京角紀子さんが、わが家を訪れた。栗原先生や所沢の白根節子さんのご推挙によって、学生部のフィールドワークの候補地として、高畠に白羽の矢を立てて来訪されたのだった。寒い冬の日だったが、上和田有機米の菊地組合長他4名のリーダーに急遽集まってもらい、立教大学生が象牙の塔を出て、現場に学ぶ新たな教育運動について、西田氏の熱心な説明を受けた。大学としては、環境と生命について体験を通して学ぶ場を、有機農業のメッカ高畠町に求め、地域ぐるみで活動する上和田有機生産組合に受け入れてもらえないか、と要望されたのだった。大学生の農体験を、民泊で引き受けるというのは初めてのことなので、戸惑いもあったが、半日話し合いを詰めた結果、実現に向けて準備を進めることで合意した。その後、立教大学と高畠町が、多面的で固い絆を結ぶ交流の出発点として、記念すべき日となった。

1984年（昭和59年）

野の巨人逝く～人生の師 真壁仁

人生の師と仰ぐ真壁仁氏が、グラフ山形に連載中のルポの取材にわが家に来訪された。77年の秋である。私は昨年、昭和51年冷害をのり切った有機栽培の田んぼや、りんご園をご案内した。稲の品種は、早生のヤマテニシキで、たくましく育ち重い穂をつけていた。その印象も含め、県下の百姓列伝というべき「百姓の系譜」（83年）の中に、若輩の私も編んで下さった。そして、「星寛治も現代の核の一つぶ。それはたえず求心力によって自己の内部に還り、おれの問題としてとりこみながら、そのことによって無限にのびる遠心力を発動させていく。きわめて新しい百姓の典型といえよう。自分と世界、現象と本質、過去と未来をともに透視できる、知的で、もっとも土くさい百姓を彼に見ることができる。」と過分な文言を頂いた。その序文に代えて、「百姓真志」という古文調の物凄い文が掲げられている。「百姓とは百の姓《かばね》なり　百の職なり　百の技なり　痴愚にしてその一つをも升ぜざるあるも　また　知勝れ眼冴えたるものは天地開明の理《コトワリ》を明《アキラ》め　万物生成の原理を解きて　列島の気象　地の理に立ち　梅雨　台風　旱魃　地吹雪　豪雪等の地域に被害を少なからしめ、悪しき条理の中に物を育たしめ　作物自らの力を生かしむ　何よりも土をつくるを本命とす」（後略）百姓　宮浦　仁兵衛

あとがきでは、江戸末期からの家伝の書と印しているが、のちに原稿を拝見して、明らかに真壁さ

んの筆跡であった。晩年、余命を自覚されたときに、農の真髄と哲理を、遺言というかたちで残されたのだと受け止めた。「作物自らの力を生かしむ　何よりも土をつくるを本命とす」という一行は、まさに有機農業の真髄だと信じ、直面する苦難をのり超える背骨としてきた。

84年1月11日午前9時50分、真壁先生は親族と仲間に囲まれて、吹雪の大地に還っていった。享年77歳であった。深夜の帰途、わが全身に言い知れぬ脱力感と、深い空洞が残っていった。山形市内の斎場で火葬に臨み、収骨の箸を取った。染色家の大場キミさんと遺骨を納めるとき、立ち会いの市職員が、「先生の背骨がスカスカになっているのは、骨身を削って生きぬいた証しです」と低く語った。1月15日、願重寺で営まれた告別式は、立錐の余地もないほどであった。そして、1月24日、山形市民会館で開かれた「真壁仁・野の文化葬」には、1000人の参列者が詰めかけ、最後の別れを惜しんだ。

父の旅立ち

60代半ばで、7期28年務めた町議を勇退した父は、ライフワークの社会福祉に全力を注いでいた。週に3日も、山形市までバスを乗り継ぎ、県福祉会館に出向き、県社協の副理事長の職務と、県民児協会長の任務に携わっていた。理事長の前田厳氏は、庄内町の前田製管の社長で、超多忙な日常では山形通いもままならず、父が代行することが多かったようだ。雨天の日や冬の間は、バス停まで送迎し、父の晩年の社会貢献の一助になろうとした。がまんづよい父が、ある日、体の不調を訴え、県立中央病院で受診すると、すぐに入院手術を要すると宣告された。手遅れ気味ではあったけれど、気丈な父は大手術に耐えた。退院後、自宅療養しながらも、全国社会福祉協議会の理事会に上京できるまでになった。また、81年、懸案だった牛舎を完成し、さらに母屋の改築について、鏡建築と相談していた。そして、何よりも重要な課題としていた県社会福祉会館の新築事業費の予算化を実現したいと念じ、県庁に赴き、板垣知事に要請をした。その折は、体力がひどく衰え、ギリギリの状況だったが、知事の誠意ある返答に、はればれとした表情で帰宅した。師走半ば、再入院の段階だったが、何百枚かの年賀状を書き終えてからでないと駄目だということで、子どもたちが集まって宛名を書き、投函した。

公立高畠病院に入院の日、初冬の空は晴れていた。屋敷まわりをしげしげと眺め、奥羽の尾根と里山の風景を瞼に納め、父は車に乗った。出征の日、樹下で記念写真を撮ったブナの木は、ひたむきに生き続けた歳月を映すように、樹幹がだいぶ太くなったのを確かめたかも知れない。

再び入院加療が始まって、家族は毎日病室に詰めた。激しい痛みに耐えかね、モルヒネを打つと、体力を削るように消耗が進んだ。けれど、小康の谷間で、たしかな会話を交わすことができた。最後まで意識が混濁することがなかった父を誇りに思う。

そうして、12月29日の早朝、70年の生涯を駆けぬけた父は、静かに、眠るように息を引きとった。体を清め、遠縁に当たる武田一雄先生の運転する車で、家路についた。途中、30年近くも通い続けた町役場と、社会福祉会館に立ち寄り、先祖が眠る菩提寺の前で止まり、わが家に帰ったのである。

急遽、隣組のみなさんのお世話になりながら、大晦日に密葬を催していただいた。そして、本葬と告別式は、正月の松がおりてからということで準備が進められた。高畠町社会福祉協議会葬として営んだが、加えて関わりの深かった町、森林組合、置賜酪農組合などで事務局を構成し、準町葬のような形をとっていただいた。

1月17日、厳寒の晴れた日、町営体育館に設営された式場に、８００余名の方々が参列して下さった。ステージの祭壇は、菊花で飾られ、真言宗の本葬がおこなわれ、福祥院殿顕徳道厚居士という戒名が授けられた。つづく告別の儀式では、県社協理事長の前田厳氏や、高畠町長島津助蔵氏をはじめ、ゆかりの方々の心にしみる弔辞をいただいた。さらに、知事代理の山崎福祉部長から叙勲の伝達と、島津町長から町功績章の栄に浴した。小さくなった母と、長男の私が、故人になり代わって重く胸に受け止めた。大勢の方々が、福祉の慈父を慕い、彼岸への旅立ちを見送って下さる場面で、喪主のあいさつは、途切れがちだった。家族にとっても、大黒柱が倒れてしまった喪失感と悲しみは、いつまでも続くのだった。

稲の道考

いとおしいぼくの稲束が
両掌にずしりと伝えてきた
はるかに遠い稲の道

「君、見たまえ、
　これが稲の先祖だよ」
白髪の師が
少年のしぐさで布地をひらき
取り出した一本の穂
長い芒をつけた青い籾が
メコンの風をはらんでいる

中国雲南の奥地、思芽《しぼ》の村
山ひだの湿地を埋め
野生の稲がゆれるという

川面をわたる風に
うす紅の芒がさわぎ
パラリと籾粒がこぼれる
柔い泥に眠れば
萌芽の季節《とき》がめぐつてくる

岩場にしぶく水が
やがて長江の流れとなり
やさしい河辺を洗うところ

火耕の煙と共に
紅米は栽培稲に育つていた。
いつか茫々の河南を埋め
ふと黒潮にのつて海を越え

葦そよぐ黒い土層に
漂着した米粒は
雲南の野分をはらみつつ
湿つた風土に根付いたのだ。
稲《オリザ》は、島びとの糊口をいやし
きん色の津波となつて遡上する

板付や菜畑の遺構に残る
縄文びとの糧の粒

とおい遍路のはて
農人《のうにん》の熱い掌で
蘇生する野生のいのち
（中略）
ここ広介の里では
こがねの稲束を背に馬たちが
雪を蹴つて駆けてくる
子らの歓声に迎えられ

（中略）
その情景を奪われてなるものか
野打ちの火を巻き返し
豊穣の地には
いとしい稲を育てるばかりだ

凍みりんごのはなし

82年、父の懸案だった母屋の改築に着手した。地元の鏡建築を主軸に、地域の職人さんの技能を結集して、秋までにみごとに竣工した。最初の泊まり客が、福岡から来訪された教育社の島田敬子さんだった【写真11】。由布院のファンで、亀の井別荘の中谷健太郎氏や、玉の湯の溝口薫平氏とご縁をつないでいただき、また小郡市のご自宅にも泊めていただいた。金沢の出身で、世界中を旅している自由人だった。翌年1月下旬には、佐賀県唐津の農民作家山下惣一さんご夫妻が、従弟夫妻と一緒に訪れた。急遽、町内の青年たちに呼びかけ、地酒を交わし、深夜まで口角泡を飛ばした論談が続いた。往復書簡集「北の農民南の農民」の感想は、地元の若者も7分3分で山下さんの方に勢いがあると軍配を上げた。

弥生3月、長女里香子が京大農学部に合格した。背水の陣で、一校に絞った入試だったのでうれしかった。4月、入学式にも同行できず、府立大に入学する同級生斉藤さんの母親に案内をお願いするほど多忙な明け暮れだった。

写真11 筆者、母、島田敬子さん（右）

奇遇にも、娘は坂本慶一教授の農学原論のゼミ生となり「農業とは何んぞや」という哲学を、しっかり学ぶ機会に恵まれた。専攻は農業経済なので、京大簿記など経営の実学を身につけることができる。女子寮に入り、家から届く米、味噌、野菜で自炊し、簡素生活とアルバイトで自活した。学生の有機農業研究会に入り、市島町などの農家で実習した。関西の消費グループにりんごを配送する際には、トラックに同乗して手伝った。

その年、りんごの作柄は、近年にない出来ばえで、夕日に鈴なる風景に胸が高鳴った。ふじの収穫が半ばにさしかかった11月下旬、予期せぬ寒波が襲い、1週間も吹雪が続いた。12月初旬、ようやく雪が止んでも、放射冷却現象で、枝に付いたままの果実が飴色に凍ってしまった。その段階でりんごの細胞は破壊され、解凍しても茶色に変色して生食にはならない。収穫期のダメージに茫然としたが、有機農研の仲間が17名も駆けつけてくれ、雪の中で摘み取りを済ませ、納屋に運び入れてくれた。さらに、痛みの程度によって、用途の区分けまでしてくれたのである。ほとんどは、ジャム、ジュース用などの加工か、廃棄処分だが、軽度の損傷のものは、提携グループに状況を訴え、家庭の加工用に使っていただくようにお願いしていただいた。その手応えは敏感で、素早く救援の受け皿がつくられた。新潟の消費者センターと津南高原加工所、首都圏の消費者団体、関西、四国の提携グループまで、不運の凍みりんごが配送されたのだった。その消費地での反応がどうなのか気がかりだった12月中旬、私は一通のぶ厚い角封筒を受けとった。差出人は、香川県満濃町高篠小学校と印されていた。開くと、近石先生という女性の先生の手紙が添えられて、担任の4年生全員の便りが同封されていた。先生の手紙によると、徳島くらしを良くする会を経由して地元の消費者グループに届いた私の凍みりんごを、4年生全員に1個ずつ食べさせてくれた。そして、社会科の時間に、箱に同封した「りんごだより」

を読んで、雪国のくらしのきびしさを教えられたとのことだった。「給食の時に食べたりんごは、少しすかすかしていたが、それでも星さんの風景を思いながらいただきました。これからも負けずに頑張って下さい。」といった意味のことが書かれていた。えんぴつをなめなめ書いた40数通の便りを丁寧に読んでいくうち、涙があふれて止まらなかった。すぐにお礼の返事を書き、できることなら四国まで飛んで行き、限りない励ましと再生への勇気をくれた子どもたちに会いたいと思うのだった。

その願望は、意外に早く叶えられることになった。徳島くらしを良くする会の西川栄郎代表から、「徳島、香川の提携グループで日程を組むから、それぞれの配送拠点を訪問し、日頃の絆を確かめ合っていただきたい。その行程で、満濃小学校を訪ねるようにしたい」という電話をいただいた。

84年の2月下旬、吹雪の山形をあとに、私は四国に向かった。初日の24日は、徳島のポストを配送車に乗って廻り、会員のみなさんに感謝の気持ちを伝えた。夜は西川さん宅に泊めていただき、配送スタッフやリーダーの皆さんと歓談する。牟岐《むき》漁港から届いた活魚と、阿波ばん茶が美味しかった。

翌25日は、スタッフの高橋さんの車で、西川さんとともに香川県に向かった。「鳴門秘帖」で有名な剣岳を望み、峠を越えて2時間余、讃岐地方に入った。弘法大師の満濃池の町に高篠小学校はあった。ため池の多い風景は、水を確保して米をつくる先達農民の汗とわざの象徴にちがいない。その田園の中に、高篠小学校の木造の校舎が見えた。校門をくぐると、掲示板に、「星さん、とおい山形県からようこそ高篠小学校へ」という児童の手になる歓迎のことばが貼られていた。間もなく先生方の出迎えを受け、職員室に案内された。そこで校長先生から、「今日のことは、4年生だけにとどめずに全校のテーマとして取り組み、1か月かけて『雪国のくらし』について学習し、発表会などもやり、共通理解を深めてきました」と伺った。すると、「4年生の子が、みんなで星さんにごあいさつしたいと待っています」という声に促されて、廊下に出ると、そこには近石先生と一緒にキラキラした88の瞳が待っていた。胸が熱くなり、ことばに詰まったが、「みなさん、お手紙ほんとにありがとう。みなさんに会いたくて、はるばる四国に飛んできました」と辛うじて言った。体育館に案内されて驚いた。1年生から6年生まで260名の全校生がおとなしく座っているのだ。30名を超す父兄の方々がひかえておられた。漠然と上級生を対象にと考えてきたのだが、ひざ小僧を出して座っている1年生まで解る話などできるかどうか、はたと困ってしまった。けれど、もう後にはひけない。私は、「雪国のくらし」について、できるだけ具体的に、わかり易いことばを選んで語りだした。たとえば、〝雪迎え〟といって、冬が近づくと尻から糸を出して、風に乗って空を飛ぶクモの話。農家は、雪が降る前に秋野菜を摘み、畑の土に埋めて保存したり、漬物をつけたりして、冬ごもりに備えること。昔はいろりに薪を焚いて煮物し、側でわら仕事や縫いものをしたこと。正月には、どんど焼きなどの伝統行事があること。学校では、スキーが体育の時間に組まれ、雪合戦や雪中カルタなど楽しい遊びに夢中になること。街では、雪灯籠祭やカマクラなど、伝統文化が華やぐことなどを紹介した。農業に関してみると、厚い雪の下は零度以下にならないので、地中の生きものは雪のふとんに包まれて越冬することができる。微生物や酵素なども雪に守られて豊かな地力づくりに活動しているし、果樹の根も春を待たず動き出している。そして、讃岐地方のため池のように、雪は天然のダムの働きをし、春の雪溶けとともに田畑を潤してくれることなど、生産とくらしをしっかり支えていることを語った。厳しい風土の中でも、人びとは知恵を出し合い、助け合って生きていることを、訥々と、ほぼ1時間話した。終わって、いくつもの質問に応え、最後に4年生の女の子から花束を贈られて、生涯忘れ得ぬまぶしいドラマの幕は降りたのだった。

その日の午後は、高松市の「かがわ土と自然の会」で懇談し、夜はリーダーの久保佳枝さん宅に泊めていただいた。

26日の朝、源平古戦場の屋島を参観し、斜面に育つオリーブの樹に見入った。

午前中は、高橋さんの車で丸亀市に赴き、消費者グループの皆さんと懇談した。美しい丸亀城や、伝統工芸のうちわ、そして讃岐うどんの食感が、いまも印象に残っている。

その日の午後は、善通寺市の提携グループとじっくり懇談し、夜はリーダーの長谷川さん宅に泊めていただいた。どこでも過分なおもてなしをいただき、有機農業運動の人間の絆を、改めてかたく結び直した四国の旅であった。

3月下旬、苗代の準備にかかる前に、懸案だった関西の消費者グループを訪問した。中川君、須藤君と一緒に、生駒市の「奈良よつ葉牛乳をのむ会」を皮切りに、神戸市の「鈴蘭台食品公害セミナー」、加古川市の「食べ物と暮らしを見直す会」、大阪市の「大阪やさいの会」の皆さんと懇談し、最後に長女の案内で京都大学に立ち寄った。魯迅ゆかりの舞子浜での交歓は、いまでも鮮やかに記憶に残っている。また、京大の校内を歩きながら、幾多の人材を生んだ学風を肌に感ずることができた。

そうした交流があって、とりわけ関西では最も早くから提携の絆を結んできた神戸の鈴蘭台セミナーから、5月にはりんごの受粉援農においでいただいた。１５００㎞の距離感を超えた親密な関係ができつつあった。

田植えが終わった6月初旬、関東、首都圏の消費者グループとの交流の場が持たれた。錦糸町の消費者センターに、「たまごの会」、「大田健康を守る会」、「八王子高畠米を食べる会」、「千葉土の会」などの提携団体が集い、米の価格など具体的な詰めをおこなった。のちに新しくつながりのできた「愛農普及会」（武蔵野市）や、「グリーンプラザ」（調布市）、「横浜土を守る会」などと、個別の話し合いを持った。源流となった「所沢牛乳友の会」や「新潟消費者センター」を基軸として、提携のネットワークが、着実に広がりつつあった。

その間、私は農作業をこなし、間断なく入ってくる教育委員会の会議や行事に対応し、フル回転の毎日だった。その最中に、地域活動の戦友ともいうべき古山道夫さん（農協管理部長）と、今井信止さん（町企画課長補佐）が相次いで夭折された。ふたりの親友は、私と同世代で50歳の峠路にさしかかったばかりだった。

帰らぬ夕鶴～天空の有吉さん

猛暑が居座る8月下旬、神戸大ＯＢで豊岡農協に勤務している友人が援農に訪れた。汗だくでヒエ抜きを手伝い、夕餉の後で歓談している10時過ぎ、有吉佐和子さんから電話が入った。まず、この暑さで農作物はどうかとたずねられ、つづいてＬＬ《ロングライフ》ミルクのこと、娘がロンドンに留学し、気がかりで淋しさが募ることなど、延々と40分くらい話された。そのときはあまり気にもとめず、翌朝早く管内教委協議会の研修旅行に出発した。佐倉市の国立歴史民俗博物館を参観し、翌日は埼玉県の笠原小学校での研修を受けた。私は、大宮で一行と別れ、八王子の佐藤徹郎さん宅に泊めていただき、次の出版の打ち合わせをした。翌日は、山梨県小淵沢町で開かれる「わらの文化を考えるシンポジウム」に参加し、夜は八ヶ岳いこいの家に泊まった。そこに妻から電話が入り、「いま、ニュースで有吉佐和子さんが急に亡くなられたと伝えていますよ」との知らせだった。私は、わが耳を疑った。4日前にあんなに元気なお声で語られたのに、全く信じられない出来事だった。しばらくは茫然としたまま、動けなかった。

翌日の日程を中座し、朝、千葉大の宮崎清教授ご夫妻に駅まで送っていただいた。杉並区堀ノ内のご自宅に着いたのは午前11時だった。静かな笑みを浮かべた遺影に花を供え、額ずくと、涙があふれ止まらなかった。

9月に入り、ようやく慈しみの雨が降った。9月4日、東京はまだ暑かったが、私は有吉佐和子女史の告別式に上京した。式場の東京カテドラル聖マリア大聖堂には午前中に到着したので、教会に入ることができた。洗礼名は、マリア・マグダリアと称し、荘厳な告別のミサが営まれた。魂を浄められて外に出ると、千数百名の方々が別れを惜しんで礼拝を待っていた。

帰途、新幹線で瞑目しながら、『複合汚染』の取材から10年に及ぶ親交の頁を繙いていた。とりわけ、京都吉田山の山荘で、『複合汚染その後』の座談会にお見えになった折の表情が忘れられない。「百万遍のマンションに籠って、昨夜ようやく長編を書き終えたばかりなのよ」とおっしゃる顔は蒼白だった。私はふと、「夕鶴」が自分の羽根を一本一本抜いて衣を織り、恩人の身元に残して翔び立ってゆく物語を思い浮かべた。目の前の天才作家は、まさに夕鶴のように骨身を削って、読者の胸の奥に不朽の作品を届けているのだと直感した。

けれど、渾身で織りなした作品を以って、人間としての生き方や社会のありようを問いつづけた有吉さんは、53年の歳月を駈けぬけて、帰らぬ夕鶴となって、天界へと旅立った。深い空洞を抱えたままの帰路は遠かった。

この年、わが人生の師、真壁仁先生と有吉佐和子女史の、太い柱を失った。また、青春時代から苦楽をともにしてきた親友を相次いで喪くし、ひどくつらい一年だった。

その中でも、家族や地域の人びと、有機農業の仲間や提携する消費者、市民の皆さんに支えられ、再生への道を探ろうとしていた。

ふじりんごの収穫にかかった晩秋の頃、佐藤徹郎さん（ダイヤモンド社）の手になる2冊目のエッセイ集『農からの発想～育てることの意味～』が上梓された。この書中の一文が、のちに一橋大の国語の入試問題に採用され、いまも予備校の例文として続いている。

師走には、浜田広介記念館建設委員会が発足し、推進に向けて役割を担うことになる。また、農水省の職員研修をはじめ、各地の講演依頼を受けて、有機農業の伝道師のように東奔西走する羽目になっていた。

野の復権

朝、ふとわたしは
白い荒野に立ってみる
千年の昔も　こんなに音もなく
雪はふりつづけたろうか

わたしは　懐中のりんごを一つ
はるか古代の空に投げてみる
それは切ない弧を引いて
地平の村へひらりと芳醇な着地をする

わたしは　わら靴をはいて

光陰の雪を踏みしめる
いつか、ふしぎなぬくもりが
きびすを伝い、五体をつつむ
それは、裸身をかざした焚火のよう
照りはえつつむ温かさだ

目を閉ずると
大和明日香の夕空に
千年の塔が浮かんでくる
それは、いかな嵐にも
ふわりと立ちつくす
ふしぎな堅ろうさだ
美しさだ

はねこえた古代の技《わざ》の
その悠久のいのちは
大地をそのまま土台となす
見事《みごと》な合理が支えていた
（中略）
このくにの、わずか一隅の
一坪の土を耕し
内海の汚濁の泡をすくい上げ
鳥が舞い、虫うたい、魚の群れる
野の復権のむこうにのみ
かすかに人間の時代がみえる

白いやさしい朝
ふりつむ雪の下で

紅を散らして眠つていたりんごを
ようやく探しあてたわたしは
長い旅路のあとのように
その出会いを歓んだ

そのとき　わたしの胸をつたう氷滴が
きらり溶けていく
さやかなひびきを聞いた

1985年（昭和60年）

冬の鹿の足跡

85年9月、『地下水』同人の研修旅行に、真壁先生と親交のあった文化人や、ゆかりの地を訪ねるプランが動き出した。斎藤たきちさんが、事前にキメ細かく連絡をとり、相手の快諾をいただいての出発である。

初日は、代表作「冬の鹿」に登場する奈良の日吉館に赴いた。会津八一など、幾多の芸術家、文人が愛したこのひなびた宿に、真壁さんも幾度か投宿し、詩やエッセイの構想を練り、筆をとった。旧い木造の宿に落ち着き、翌日はまほろばの史蹟と文物に心ゆくまで没入した。夕刻までに京都に移動し、白河院というホテルに泊まった。祇園の街の行灯の明かりが、高瀬川の水面に映る情景が忘れられない。3日目の午前中は、千年の古都の一端にふれ、午後は大原に向かった。三千院に詣で、高野川の向こうの里で農耕にいそしみながら、画業に打ち込む小松均画伯を訪ねた。小松氏は村山市の最上川沿いの村に生まれ、上京して日本画の修行を積み、京大原に土着して数十年が経つという。「萬霊報恩郷」と大書された門の奥から、仙人の風貌の画伯が現れ、私たちを迎え入れて下さった。83歳の巨匠は、昨日、百号の絵を仕上げて、院展に送ったばかりだという。奥の部屋に祭壇が設えてあり、小松寺と呼ばれる雰囲気を醸しだしていた。画伯は、真壁さんとも親交があり、自分の終生の夢は、最上川の源流から、ふるさとの村を経て、河口の酒田から日本海に注ぐまで描き切ることだと語る。少年の目をした超俗の画家は、回遊魚のごとく母なる川に還り、吾妻の懐に発した大河の流れを描き続け、最上峡のあたりまでたどり着いた。その生き物のような風景の連作は、並べると120メートルに達するという。彼岸の河口までもう一息であった。

4日目の日程は、嵯峨野に染色家の志村ふくみさんを訪ねた。「一色一生」という名著と、草木染の作品にいたく感銘し、真壁さんをして、その織物に包まれて逝きたいとまで言わしめた人である。工房を訪ねた私たちを快く受け入れ、仕事の手を休め、茶菓の接待までして下さった。

その後は、随筆家の岡部伊都子さんのご自宅に赴いた。その珠玉の文章と、生きるこだまの響きを、真壁さんはことのほか愛していた。その弟子たちを、岡部さんは屋敷の道を掃き、打ち水をして迎えてくれた。さらに、座敷の畳の間で、玉露を煎じて差し出され、静かに、力づよく語られるのだった。あの正夢の一コマを、けっして忘れることがない。

旅の終わりは、真壁さんが師と仰いだ上原専禄《うえはらせんろく》氏（一橋大学長）の墓前に香を手向けることであった。長女の上原ひろ江さんにご案内をいただき、静謐の墓苑で、「地域の窓から世界を見る」ことを示唆された碩学の霊に額ずいた。わが精神史に残る古都の旅だった。

86年3月、真壁さんのもうひとつのライフワークであった「黒川能」研究を体感するために、櫛引町（現鶴岡市）の春日神社の王祇祭を参観した。粉雪の舞う寒い日であったが、500年の歴史を継ぐ農民芸能の荘厳な世界に溶け込んだ。夕べには、同人の佐藤治助さんのお世話で三瀬温泉に泊まり、日本海の海の幸を堪能した。

４月、仕上げ剪定の手を休めて、筑波学園都市に向かった。農水省の新採職員研修会での講演である。大きな志を胸に、目をかがやかせる３００余名のエリートを前に、私は90分持論を展開した。終わって、しばらく鳴り止まぬ拍手に、若い世代との響き合いを実感した。

帰宅直後、山形大学医学部の学生が援農に訪れた。食と農と、医療との関わりを体験を通して捉えようとする姿勢がまぶしい。行政も、少しずつ動いてきた。農業改良普及員の総会が県庁であり、もうひとつの農法について話す機会が与えられた。

田植えが済んだ6月上旬から、桜映画社の記録映画の撮影が開始された。村上監督と原村助監督を中心としたスタッフが、和田民俗資料館に合宿し、有機農研会員の農耕の営みと、援農に馳せ参ずる消費者の素顔を捉え続けた。とりわけ、ヘリによる農薬の空散を阻止しようとする消費者と、地域社会の論理の狭間で苦悩する農家の緊迫の論議は、記憶に新しい。２年間撮り続けた15時間に及ぶフィルムは、どういう事情かすぐには作品としてまとまらず、お蔵入りになったままだった。

それから20年の歳月を経て、監督として力作を生み続けていた原村政樹氏が、再び高畠の有機農業と町づくりにカメラを据えて、長編ドキュメント『いのち耕す人々』を世に問うた。その時間の深みは、80年代半ばに時代を予感しながら記録した桜映画社の所産に由来する。その波動については、後で詳述したい。

りんごの袋かけたけなわの7月半ば、恵泉女子大の学生菊地牧恵さんが、短期の研修生として訪れた。町田市に住み、お母さんが生活クラブ生協の熱心な会員だという。まじめで気だての良い学生で、わが家の日常を明るくした。いまは母校の教員として励んでいる。

1986年（昭和61年）

「ばななぼうと」の旅

86年10月、エポックをなす回航が待っていた。大型客船をチャーターして、琉球弧をめぐる市民の船「ばななぼうと」の旅である。徳島から大阪に移住し、活動の輪を広げる西川栄郎氏が、全国の有志に呼びかけて、南海の美しい珊瑚礁の自然を守る旅を企画したのだ。主旨に共鳴して馳せ参じた500余名の市民を乗せて、10月5日、豪華客船は神戸港を発った。フェリーは一日かけてひたすら南下し、トカラ列島にかかるあたりから海の色が変わり、黒潮の波間に飛び魚の跳ねる姿が珍しかった。けれど、しだいに船の揺れがひどくなり、船酔いに耐える時間が続いた。船内の集会所では、ワークショップが開かれ、一緒に乗船した佐藤治一君の交通裁判を支援するメッセージが心に響いた。就寝後は、同室の八竹昭夫氏に、畜産や養殖漁業の現場に起きている汚染について、教示を受けた。八竹氏は、岐阜市で獣医師として公害に立ち向かっていた。

船は、沖縄本島には立ち寄らず、一気に石垣島まで南進した。世界的にも貴重な白保の珊瑚礁の海岸を埋めて、新空港の造営が計画され、自然の遺産がつぶされようとしていた。その愚挙を市民のパワーで阻止したいというのが、「ばななぼうと」の第一義的なめあてであった。3日目、ようやくたどり着いた白保の海辺は、目が眩むように美しかった。様々の珊瑚の殻を素足で踏みしめて、遠浅の活きた海を望むと、夢のくににいるようだった。一行は二手に分かれ、多くは小舟で海洋に漕ぎ出し、私たちは宇井純氏（沖縄国際大教授）の案内で、石垣島の内陸の事情を参観するチームに加わった。島の懐は、予期した以上に広く、まず目前に開けるパイナップルの畑に踏み込んだ。植えて3年経って収穫できる作物であることを初めて知った。マイクロバスでさらに進むと広々とした牧場に黒牛が放牧されている。台湾と同じ緯度にある島とは思えない牧歌的な風景だ。また、流域には水田が拓け、穂波がなびく。まるで列島の農村と見紛《みまが》う光景である。そういえば、後に山形県の新しい銘柄米「はえぬき」の種子を早期に確保するために、年二期作の石垣島に増産を依託したことがあった。

宇井純先生は、そうした島の産業と文化について、丁寧な解説を加えながら、案内して下さった。かつて、志布志湾の開発に抗して論陣を張っておられた気鋭の学者と、時と場をともにすることができた幸せをかみしめている。

4日目、船は沖縄戦の悲劇の歴史をはるかに望みながら北上し、奄美徳之島に着いた。そこは、長寿の島として知られ、〝泉茂千代生家〟の大きな立看板が立っていた。住民と一緒に「農業シンポジウム」が開かれ、私が課題提起のミニ講演をした。そのときは、徳州会病院については予備知識がなく、食と農と保健医療の関わりについては、触れずじまいだった。ただ、夕食の宴の焼酎のえも言われぬ芳香には、魅了され虜になってしまった。中でもルリカケスのラベルを貼った作品は、中国の茅台酒《マオタイチュウ》のように、盃を持った指先に染みついた香りが、3日間も残るほどだった。帰宅後、1升瓶で半ダースほど発注し、折節に多くの方々に賞味していただいた。

5日目は、名瀬港から奄美大島に上陸した。米沢郷牧場の伊藤幸吉さん、歌手の加藤登紀子さんと一緒の小グループで、蘇鉄《ソテツ》や亜熱帯の植物が生い茂る大島を巡った【写真12】。入江は鏡のような静けさで、鯛や真珠の養殖のブイが浮いていた【写真13】。村の入口のソテツの幹に貝殻で「宇検村」という名前が貼ってあった。海辺の道を歩いていくと、沢あいに田んぼがひらけ、穂がみのっていた。山裾の畑では老婆が芋を掘っていて、にこやかに会釈を返してくれる。草むらや野道を歩くときもハブに注意しなければならないが、大島の自然は豊かで、空気は澄んでいた。島で自給自立の農を営む若い夫婦を訪ねると、「ああ、遠くからようこそ」と、うたうような声がひびいてきた。琉球の衣装に風をはらみ、島の女が手招いていた。道ばたに小さな豚舎があり、島豚が3匹、喉をならして寄ってくる。周りの畑には色とりどりの野菜が育っていた。生垣をくぐると、南国のフルーツが屋根を包む。たくましい主人は樹に登って、熟れた果実を放ってくれた。屋敷の客になった私たちに、「この家は、手造りで数年経つけどまだ完成しないの」と、やや誇らしげに語った。土間には、保存食の甕がぎっしり並んでいた。魚が欲しければ海に潜るという若者の胸は厚かった。旅程の終わりは、いまよう竜宮城の夢を見た思いだった。

翌6日は、船上の人となり、一路北をめざした。そして、神戸港

写真 12　加藤登紀子さんと伊藤幸吉さん

写真 13　奄美大島の養殖ブイ

から家路を急ぎ、ぎっしり詰まった7日間の旅は終わった。

その一端を、連続放送中のNHKラジオの「私の農村日記」で紹介し、たしかな手応えを得た。

ふり返ると、その年私は63回の講演をこなしていた。師走も終わりに近く、長女里香子が県職員に採用された。山あり谷ありのわが家にも、ようやく春が訪れようとしていた。

1987年（昭和62年）

由布院につながる絆

87年2月、教育社の島田敬子さんのご紹介で、憧れの湯布院を訪ねた。博多駅から特急ゆふいんの森号に乗り、到着した由布院駅は、建物自体が前衛アートのギャラリーの趣きだった。駅前通りの向こうに由布岳の雄姿が控えている。盆地の自然に溶け込むような町並は、高い建物とてなく、等身大の散策を楽しむことができる。由布院は、在来型の温泉観光ではなく、ドイツなどヨーロッパの先進地に学び、保養、健康増進のケアタウンをめざして、民間主導のまちづくりに取り組んできたと聞いてきた。その中心的なリーダーが、中谷健太郎氏と溝口薫平氏である**【写真14】**。私は、亀の井別荘に案内され、林間の一戸建ての宿に落ち着いた。そこは、金沢出身で、雪の結晶を発見した科学者、中谷宇吉郎博士の別荘を移築した由緒ある別荘だと知った。他にも同じ様式の家が数棟あって、二階建ての本館とともにバランス良く配置され、顧客の安らぎの場になっている。

夕刻から、急きょ地元関係者が集まってきて、講演の運びとなった。さすがに先進由布院の方々の反応は早く、翌年から有機農産物の朝市が開設された。以来30年、相互交流の豊かな関係が続いている。

翌日は、福岡県小郡市に向かい、教育社九州支社を訪問した。そして社長の母上の島田敬子さんの自宅に泊めていただき、歓談のときを過ごした。次に、北九州共生社生協での懇談に臨み、理事の陶田さん宅にお世話になった。旅程の4日目は、九州一円に展開する生協共生社連合の流通センターと店舗を参観し、その合理的なシステムに舌を巻いた。北九州理事会室での交流の後、行岡専務のご自宅に泊めていただいた。いまにして思えば、よく臆面もなく民泊に甘んじ、各地に赴いたものだと恥ずかしくなる。

写真14　中谷健太郎氏（前列左端）、溝口薫平氏（前列左から3人目）

5日目は、山口県長門市に移動し、「長門の教育を考える会」の主催する講演に臨んだ。ハードな日程だったが、住民の前向きな姿勢に共感した。6日目の午前中は、萩市を訪ね、吉田松陰の松下村塾、毛利氏の城趾や歴代藩主の御廟や萩焼の窯元などを駆け足で巡り、明治維新の黎明を引き寄せた歴史のドラマを思い描いた。その後、長門市とは親しい関わりが生まれ、周辺の市町村長や市議の研修に、高畠町に来訪された。そのシンボルのように、わが家の床の間には、萩焼の壺が飾ってある。

旅の終わりは、岩国わかっちの会と愛農会が共催する講演会に臨んだ。錦帯橋を渡り、錦川の流域にひらける城下町の風情は、心に染みた。いまは、オスプレイが配備される基地の町だが、近年親しんだ美酒「獺祭」（「獺祭書屋主人」と号した正岡子規にちなんで名付けられた）のほうが、格別に豊かなイメージがふくらんでくる。冬中とはいえ、1週間の長旅は、内面の土壌を耕す得がたい機会となった。その培った地力を以って、3月18日、上和田有機米生産組合の出発に、自信を持って参加することができた。初代組合長には、青年団活動以来の朋友菊地良一さんが就任した。

3月は卒業式の季節で、私は町内の小・中学校の卒業式に臨席し、役目柄祝辞を述べた。下旬には長女の卒業式があり、妻が妹の今井多恵子と一緒に京都へ出かけて行った。瀬戸内寂聴さんの法話を聞き、女子寮の引っ越しの手順を済ませ、娘と一緒に帰宅した。4年間、恵まれた文化環境の中で学んだ里香子は、もう社会人として、4月2日から出勤である。わが家も、兼業農家の一員になったわけである。

農耕の仕事が本番を迎える前に、父の7回忌の法要を済ませ、また、子どもたちが相談して内輪の銀婚祝いを営んでくれた。光陰の流れは早く、あっという間に25年も経っていたのだった。しかも、ハアハア息急き切ってきって駆けてきた感じなのである。

田植えの済んだ6月上旬、NHK仙台の「農業セミナー」の取材が、3日続けて入った。リンゴの摘果と山形やさいと卵の会の援農風景を収録した。その番組は教育テレビで放映され、のちに「NHK東北ふるさと賞」受賞の対象となった。

梅雨入り間近の7月初旬、山形市を会場に、「日本女性会議」の大きな集いが開かれた。上野千鶴子、樋口恵子氏をはじめ、第一線の論客が顔を揃える中で、どういう風の吹き回しか、パネラーのひとりに加えられた。2日目の分科会で、「くらしと文化」というテーマで、講演をすることになった。圧倒的な女性パワーの波間で、一粒の砂のように流されそうな自分がいた。

稲の脱穀と収納を終えた10月中下旬、新潟県津南町の鶴巻義夫さんを訪ねた。豪雪地帯として有名な風土で、「津南高原加工所」という名の農産加工会社を営み、私たちはりんごジュースや、玄米餅の製造をお願いしてきた。工場は、手造りの要素を留めながら、最新の設備を整え、技法《わざ》を駆使してレベルの高い食品を世に出してきた。その工程を丁寧に説明していただき、さらには原料の人参や芍《シャク》薬《ヤク》、大豆畑などに案内していただいた。高畠のりんごジュースも、離乳食から中高年の健康増進まで、嗜好と機能性の高い飲料として幅広い支持を得ている。津南高原の澄んだ空気と、鶴巻社長とスタッフの技術力の所産にちがいない。夜は、紅葉に包まれたリゾート公園の農林年金会館に宿泊し、日本の有機農業運動の現状とこれからについて、じっくりと意見を交わした。その後、鶴巻さんとは、日本有機農業研究会の幹事として、さらには「有機農業の明日を語る会」の呼びかけ人として、改革のための提言を続けてきた。

ふじりんごの出荷が一段落した師走下旬、大阪泉北生協と神戸学生青年センターを訪ねた。その際に、大阪府立体育館で開催された全国中学バレーボール大会〝第1回さわやか杯〟の応援に駆けつけた。高畠三中の女子バレーチームを主力とした山形県チームが出場していたからである。あの熱戦の場面が、いまでも蘇ることがある。町職員のご用初めの所感で、全国の檜舞台でのその活躍ぶりを報告した。

果樹園だより

奥羽の尾根に
わき立つ雲を染めて
陽がのぼるとき、
あたらしいゆきに包まれて
里は夢のくにに変つた

山も、木も
野も、畑も
荒れた休耕田さえ
白にめざめ
はなやいでいる

むらは無言だが
ぼくは雪を踏みしめ
ひとり果樹園に向つた。
すると樹々たちは
白い盛装で迎えてくれる、
摘み残こしたりんご二つ
紅を溶いて
元旦の朝にもえて、

「幻の果実が戻つてきた」
何年ぶりか、
ぼくがもらつた玉杯に
涙の粒が落ちた

それは、流した汗の総量に
造物主からの贈り物。

ぼくを囲む樹々たちが
その樹形に刻んでいる
三十年の時の重さ、

桑の古木を掘り起こし
ふじの細い苗木を植え、
五年たつて初成り、
十年たつて成木に、
その年、モニリヤ病で全滅。

土づくりから再起、

十五年かけて鈴成り、
つづいて台風、
冷害、豪雪、日照り、
無農薬に挑み、
ふたたび壊滅。

回復までに三年、
来る年も、また
病虫害とのせめぎ合い、
あ然とする結果と
わずかのよろこびと
はてしないくり返し。

りんごに恋して三十年、

ふと炭焼きの煙から生れた
天然の木酢液《エキス》が
樹々たちの野生を醒まし
地のみのりを結ばせたが、

きらめく朝、ぼくは
生きてきた果樹園の
手さぐりの履歴書を胸に
地球の鼓動を聞いている。

1988年（昭和63年）

山が動いてきた

88年正月、農水省の幹部職員研修に招かれた。国の農政を推進する中堅幹部を前に、少し緊張したが、もうひとつの農の道と実践について、淡々と語った。有機農業を経営として確立するには、生産と同時に新たな流通システムの打開、産直提携が不可欠であることに触れ、政策的な支援も要望した。

2月には、農水省、農林水産研究所（八王子）と、日本農業研究所での講演の後、長野に向かった。須坂市の古川清氏のりんご園をじっくり参観し、良質な堆肥の投与で良果を豊産する栽培から、消費者と直結する方式まで、ヒントを頂いた。

翌日は、松本市の浅間温泉で、長野県経済連の役職員研修会で講演をした。近代化を先駆ける長野県で、農協が安全な食料生産に関心を寄せることに、時代の変化を感じた。

まだ寒さ厳しい2月下旬、福島県飯舘村から声がかかった。教育長の菅野典雄氏とは面識があり、送迎からご自宅での宿泊まで対応してくださった。講演には村長をはじめ三役が出席し、村づくりにかける熱意が伝わってきた。菅野さんは、実績のある酪農家で、早朝から20数頭の乳牛の世話と搾乳を済ませ、役場に出勤する日常だった。広い視野を持ち、青年と女性の人材育成に力を注いでいた。若妻のヨーロッパ研修は、当時注目を集めていた。菅野さんはやがて村長になり、「までいな村づくり」

で発展の途上にあるとき、福島原発の過酷事故が発生し、全村避難の憂き目に会った。苦節6年、ようやくこの春（2017年）から帰還の運びとなった。

2月下旬には、再び長門市に赴き、夜は俵山地区公民館での農民大学で話をし、翌日は長門市中央公民館での婦人講座に出た。いずれも、市民の主体的な意気込みが伝わってきた。

春耕に精を出し、さつきも済ませた5月下旬、山形県庁の係長研修に出向き、6月下旬には庄内経済連のシンポジウムで、コーディネーターを務めた。熊本から竹熊宣孝氏も来形され、今日の食をめぐる状況と課題に深く切り込んだ。

ようやく手取り除草を終えた7月末、仙台で自治体学会のシンポジウムが開かれ、参席した。その頃、地域の田んぼや河川には国立環境研究所の水生生物調査が入った。畠山氏をリーダーとするチームは、ヌカエビテストを皮切りに、空散の影響と棲息する小さな生き物の生態系を、2か年にわたって調査し、貴重なデータと所見を提示した。

稲刈りを前にした9月半ば、松山市で開催された愛媛県有機農業研究会の総会に出向いた。道後温泉の夏目漱石ゆかりの宿に投宿し、歴史のロマンを体感した。正岡子規記念館を参観し、伊予市の福岡正信氏の自然農法の水稲や、今治市の越智一馬氏の圃場を見学した。10月には、新潟県議団が来訪し、11月下旬には全中主催の有機農業農協全国交流会が伊豆長岡温泉で開催された。12月下旬には、広島県農業協同組合中央会営農指導員研修会で講演し、大きな手応えを覚えた。このように、88年は国や自治体、そして農協系統など農政と生産現場に密着した分野から、山が動いてきた年となった。

1989年（昭和64年／平成元年）

大学の新しい波

1月7日、昭和天皇が崩御され、新元号が平成になった。平成元年1月19日、立教大学学生部の西田邦昭氏と京角紀子さんが来訪され、農業体験フィールドワークの受け入れについて相談を受けた。寒い雪の日だったが、急遽、上和田有機米生産組合の菊地良一組合長、渡辺五郎・二宮隆一両副組合長、渡部宗雄事務局長の4名のリーダーに集まっていただいた。まず、大学の意向について、西田さんから説明があり、半日かけて懇談、協議を詰めた。その結果、大学生の農業体験を、民泊で受け入れるという初めての試みに取り組むことになった。そして、夏休みの後半、9月上旬の一週間、立大学生部主催の事業として、象牙の塔を出て、農業・農村の現場に学ぶ、新しい教育実践がおこなわれたのである。

2月中旬、宝塚市での兵庫県教研集会と、兵庫県有機農研、神戸学生青年センターにおける連続講演を務め、3月には東北私立高校教育研究集会に出た。5月25日、文化の町づくりのシンボル「浜田広介記念館」が竣工、開館した。6月22日、東邦生命ホールで、NHK「食と緑を考えるシンポジウム」が開催された。テーマは、「人類、食料、地球～21世紀の選択」という大きなもので、パネラーとして木村尚三郎氏（東大名誉教授）と同席した。8月下旬に、千葉大法経学部野沢ゼミの援農と調査、

9月下旬には、早大西川潤ゼミのフィールドワークが入り、それぞれのテーマと個性を持った取り組みがおこなわれた。さらに11月には、横浜国際平和会議場で、「地方の時代」シンポジウムが開催され、長洲一二神奈川県知事の主催者のことばと、渡部格慶大名誉教授の「物質文明から生命文明へ」という基調講演が、つよく印象に残った。このように、大学、研究機関、教研集会、メディアなどが相次いで環境と生命、食と農など、文明のありように深い関心を持ち、地域の現場で学ぶ行動を起こした年として特筆される。そうした時代の潮流の中で、高畠の教育や有機農業が、一定の機能を示すことができたと思える。たとえば、国立環境研究所のヌカエビテストや、水生生物の2か月に渡る生息調査の結果がまとまり、公表されたこと、そして大学生の教育ファームとしての役割を担い始めたことなどに、それは表現されよう。

1990年（平成2年）

たかはた共生塾とまほろばの里農学校

ベルリンの壁が音を立てて崩壊し、90年代は東西冷戦構造の終焉から幕が開いた。その人類史の節目に、従来の枠組みや価値観にこだわらず、ひとりの人間として自立して生きぬく筋道を探求しようと立ち上げた自前の学習集団たかはた共生塾が誕生した。初代の塾長は、40代から町の助役を13年間務め、退任後も地域社会の十指に余るボランティア団体の代表を担う鈴木久蔵氏である。私は副塾長として、大人《タイジン》鈴木塾長の女房役を10年務め、その後、塾長を引き受けた。共生塾は、和田民俗資料館を拠点として活動を展開したが、宮沢賢治の「羅須地人協会」に習い、農耕と文化活動を一体化させた学習をイメージ化してきた。とりわけ、今日的テーマの環境、健康、食と農、地域づくりなどに迫るために、連続講座と「まほろばの里農学校」を事業の柱に据え、20数年継続してきた。その交流の中から数多くの出会いや愛情が生まれ、移住してきた新まほろば人も80余名に及ぶ。その存在と活動が、町づくりの大きな原動力となった。

　私個人の足どりをたどると、3月半ば、太宰治のふるさと津軽金木町に招かれ、講演の後、太宰の生家「斜陽館」に泊めていただいた。猛烈な地吹雪の夜、ひのき造りの豪邸はひと晩中ガタガタと鳴った。5月、田植えの済んだ直後、NHK仙台の『週刊とうほくゼミナール』で、「百姓百品の世界」と称し、わが家の居間に自給作物（加工保存食も含め）100余種を揃え、取材に応じた。7月には、新たに高畠町と日本文藝家協会が共催で開設した「ひろすけ童話賞」の選考委員会や、目白の椿山荘で開かれた「有吉佐和子さん七回忌」、そして、「自然農法全国大会」での講演と、相次ぎ上京した。8月には、井上ひさし氏のふるさと川西町で開催された「遅筆堂生活者大学校」で、山下惣一氏と対談した。9月、韓国農業視察団（15名）が来町し、現場で対応した。11月、共生塾で俵萠子氏を招き、講演会を催した。教育の真髄にふれて、「豊かな自然と、親の愛と、ほどほどの貧しさがあれば、子どもたちは育つもんじゃ」と語ったあるお婆さんの言葉を紹介して、自らの子育て体験を語った。

　91年2月、町教育委員会の研修で上京し、交流の深まる墨田区役所を表敬訪問し、学校給食を通して高畠との絆を結ぶ原点となった堤小学校を参観した。翌日、文部省ではなく農水省を訪問し、企画室長の篠原孝氏と懇談した。国会会期中だったが、浜口義曠事務次官が昼の休憩時にお越しいただき、応接室で親しく懇談することができた。その折に、浜口氏は拙著『鍬の詩』を持参されたことが印象に残っている。高畠町の小・中学校で実践している「耕す教育」についても、関心を示された。午後は、NHK放送センターを訪問し、高校時代からの親友杉山徹アナの案内で、情報の牙城のポイントの所を参観した。教委の研修にしては、型破りな旅程だった。

帰宅翌日、岩手県室生村の営農大学に出向いた。「森は海の恋人」というキャッチフレーズのもとに、気仙沼の畠山重篤氏をリーダーとする漁民たちが、湾に注ぐ川の上流の山に植林している山村である。日帰りのハードな日程だったが、時を置かずに東京中野区の大きな漬物メーカーの大野真次社長が来訪する予定が入っていた。上和田農産加工組合で塩蔵している青菜漬を、大量に引き取りに来ていただいた。醤油で本漬けした製品の、みやぎ生協との産直と併せ、「ヤマシン社」(漬物)との連携は、大きな支えとなった。その背景には、ゆうきの里たかはたに、格別の思い入れを注ぐ久保田琢磨氏の存在があった。

その年、スタジオジブリの高畑勲監督とスタッフが、鋭意制作に打ち込んできた長編アニメ『おもひでぽろぽろ』が完成した。有機農業青年トシオくんのイメージの舞台になった高畠の地で、ぜひ先行上映して欲しいという要望が高まり、共生塾が主体となり実現に向けて動き出した。事務局長の河原俊雄さんが、スタジオジブリ、東映、徳間書店など関係各社と精力的に交渉を重ね、紆余曲折を経ながら、ついに実現にこぎつけた。有料の先行上映会なので、800名の入館者を確保することをめあてとしたのだが、会場の町営体育館前は長蛇の列で、2100名の来館となった。映像や音声は、映画館での上映のように鮮明なものではなかったが、ご当地の親しみと誇りも重なって、大きな感動の波を呼び起こした。その後、本格的な上映の輪が全国に広がるにつれて、「おもひでぽろぽろ現象」と呼ばれる波動が起こった。都会の若い女性が2人、3人と連れ立って、農村を訪れる姿である。300万人の観客を動員したアニメの波及効果である。けれど、その現象は一過性のものでしかなかった。私たちは、その教訓を生かして、もっと地道な農体験と学習の機会を準備しようと考えた。ほぼ一年間の論議と準備期間を経て、たかはた共生塾の主力事業として世に問うたのが、「まほろばの里農学校」である。学生とかOLだけに限らず、広範な都市市民を対象にした農体験と交流の短期農学校として開講した。その呼びかけのパンフレットには、(1)耕すことの喜びを体験したい人、(2)農村への移住をめざす人、(3)農村を通して地球の明日を考えたい人、(4)自分だけの田舎が欲しい人、に門戸が開かれると記してある。入学希望者は、参加動機と自己紹介の文言を添えて申し込み、初期の頃は選考によって定員を決めるほどの活況を呈した。内容は、合宿と全体講座、農家での農作業と民泊、参加者の経験交流、文化イベント、町内めぐりなどを組み合わせ、土と自然と親しみながら一週間を過ごした。10回目頃からは、前期と後期に分けて参加を促し、22回を重ねた。農学校が契機となって移住した人も多い。

91年7月、群馬県富士見村に「俵萌子塾」を訪ねた。鈴木久蔵塾長を先頭に、共生塾の修学旅行である。赤城山麓の高台の村に、俵萌子さんは陶芸教室を開設し、月の半分は悠々と田舎ぐらしを楽しみ、半分は練馬の自宅に戻り、文化活動に力を注ぐ。かつて公選制の教育委員長として、抜群の活躍をした俵さんは、一期4年の任期を終えると、みごとな転身を遂げ、カジカ蛙や沢ガニが棲息し、夕べにはホタルの舞う小川のほとりの窯場で土を捏《こ》ねていた。俵さんは、遠来の私たちをにこやかに迎え入れ、茶葉の接待をされながら、自らの生き方について恂々《じゅんじゅん》と語られるのであった。

帰途に、栃木県西那須野にアジア学院を訪ね、海外の留学生が日本の風土と歴史から学び、祖国の村づくりに貢献しようとする真摯な姿に感動を覚えた。アジア学院の学生たちは、これまで何度か高畠や置賜を訪れ、農民たちと経験交流を積んできた。初秋には、千葉大法経学部野沢ゼミ、立教大学生部のフィールドワークが来町し、9月中旬から1か月間、わが家で農水省の研修生佐藤正さんをホームステイで受け入れた。東大法学部卒の若手職員は、初めての農作業と農家生活にだいぶ苦労したようだ。佐藤君が帰京した直後に、岩手県東和町に移住した先輩の役重真喜子さんが来訪し、牛の世話や稲刈りなどを手伝っていただいた。この年のまぶしい一コマである。

師走半ば、共生塾講座に小島慶三氏を迎え、「文明としての農業」と題する貴重な講演を拝聴した。小島氏は、財界人で、参議院議員も務め、全国に「小島塾」を展開している。「文化としての田んぼ」(ダイヤモンド社)を編む座談会で、立松和平氏とともに語り合った。その造詣の深い農の文化論と、温和な面立ちが印象に残っている。

長女の結婚

長女里香子が、90年に県職員として初めての一歩を踏み出した職場は、米沢市にある東南置賜地方事務所税務課だった。そこで同期の小山田孝浩君とめぐり会い、交際するうち愛が芽生え、結婚を考えるようになった。彼は、西村山郡河北町の農家の次男で、山形大学人文学部で政治学を学び、行政マンになっていた。91年秋には、孝浩くんと小山田家の両親も来訪し、合意が整った。

翌92年2月、職場の上司浜田武敏ご夫妻の媒酌で、結納の儀が整った。会場の菜山館の前では、上山市の伝統文化行事〝かせ島〟の隊列に水がかけられ、福を呼ぶかけ声が響き渡った。それから4か月後、急ぎさつきを済ませた5月31日、山形市のオーヌマホテルで、浜田ご夫妻のご媒酌のもとに、星家、小山田家の結婚式がとりおこなわれた。披露宴では、島津助蔵高畠町長、北川忠明山大教授をはじめ、友人、知人のご祝辞をいただき、宴の席は盛り上がった。首都圏や関西、新潟からも、消費者グループの代表が馳せ参じて下さって、次世代につなぐ提携の絆を、かたく結んでいただいた。お祝いの出し物は、新郎新婦の職場仲間が主役なので、私たちは多くのみなさんにお礼とお願いの酒を注ぐだけである。娘の晴れ姿を前に、両家代表のあいさつは、何かしどろもどろであった。

新郎の孝浩は次男なので、婿養子に迎えることを前提としていた。けれど、入籍の前に養子縁組みをし、戸籍上は息子として登記した。いわば、権利も義務も娘たちと対等である。以来20数年、地方公務員の職責を全うしながら、兼業農家としての主要な仕事もこなしている。さらに、集落や地域の役割も積極的に担い、頼れる存在になってきた。もちろん父親、母親として、家族の柱であり、子どもたちの養育と、祖父母の私たちの面倒も、しっかりとみてくれる。多世代同居の幸福度をかみしめている昨今である。

目を地域社会の動きに転ずると、92年は特筆すべき事柄がいくつもあった。まず、1月21日、『有機農業運動の地域的展開～山形県高畠町の実践から』松村和則・青木辰司編（家の光協会）の出版祝賀会が、農協会館ハピネスで開かれた。筑波大の松村助教授（農村社会学）と、秋田農業短大助教授の青木氏が、10年間高畠町に通い続け、丹念な調査と考察の成果をまとめ、世に問うた論集である。加えて、谷口吉光氏（秋田農業短大講師）と、桝潟俊子氏（清泉女子大講師）も、有機農家のヒアリングに参加し、提携スタイルにも言及している。有機農研会員の住む地区や集落、さらには対象農家の履歴まで調べ、その上で当時の農業経営と生活スタイルを詳述している。それぞれの実践をふまえ、地域や町全体との関わり、農協や行政の施策にも光を当て、ゆうきの里の全体像を描き出した。農村社会学者の共働の所産として高く評価され、後進の研究者や学生の教科書となった。対象となった当事者や高畠町にとっても、課題や可能性が示唆され、今後の展開方向を考える上で、大事なヒントをいただいた。

1月末には、自給運動のメッカ秋田県仁賀保町で、日本有機農研の全国大会、総会が開催された。仲間とともに参加したその会期中に、佐藤喜作組合長のご夫人が急逝されるという悲報に接した。その衝撃に耐えて、大会日程を完遂した佐藤実行委員長の毅然たるリーダーシップに頭が下がった。

帰宅後間もなく、宮城県多賀城市文化センターで開かれた第10回みやぎ生協産直交流会に出向いた。

1000名を超える参加者を前に基調講演をし、午後は仙南加工連の窪田立士常務との対談に臨んだ。

2月22日、江ノ島の神奈川県婦人センターでの「安全な食べ物をつくって食べる会」の講演に赴き、翌23日は、お茶の水で営まれた映画監督小川伸介氏の告別式に参列した。三里塚から撮影の舞台を上山市牧野に移し、木村迪夫《みちお》氏の友情に支えられて、『牧野物語』、『ニッポン国古屋敷村』、『千年刻みの日時計』、『峠』など、記録映画の不朽の名作を生み続けた巨人は、突然にこの世を去った。その命脈は、「山形国際ドキュメンタリー映画祭」に、脈々と生き続けている。

北の国から〜富良野の心象風景

同じく映画・演劇の関わりでは、『北の国から』の倉本聰監督を富良野に訪ねた。9月初旬、町教委の研修旅行で、北大、小樽(博物館、文学館)、富良野塾と駆けめぐった中で、倉本聰氏のご自宅におじゃまして、ほぼ1時間歓談した。森の中の閑静な部屋で、奥様の入れて下さったコーヒーは格別だった。すでに前日、富良野塾のがっしりした丸太造りの道場や、広大なアスパラ農園などは参観させていただいているので、ご自宅では倉本さんご自身の世界観や生き方に話題が及んだ。そのご縁で、高畠町文化ホールまほらの柿落《こけらおと》しの記念講演で熱演していただき、さらには富良野塾の公演も実現することができた。

92年は、べに花国体の開催年で、高畠町は軟式野球の会場を担い、その準備と運営に忙殺されていた。10月5日の開始式から、4日間の競技には、高円宮ご夫妻も臨席された。県と町をあげてのスポーツの祭典は、郷土史に大きな足跡を刻み、成功裏に閉幕した。

そうした中で、私の第二詩集『はてしない気圏の夢をはらみ』（世織書房）が、伊藤晶宣社長の肝いりで上梓された。栞に栗原彬氏、松永伍一氏、安田常雄氏から過分な論稿をいただき、メタファーの詩群は気圏に翔び立った。しかも、８月８日には地元ハピネスで、８月20日には東京神田の学士会館で、大勢の仲間や先達の手で、出版記念会を催して下さった。その延長の所で、栗原彬先生と伊藤晶宣氏、それに西田邦昭氏（立大）が中心となり、「環境と生命」立大フォーラムが開催され、12回を重ねた。私は毎回ゲストとして呼ばれ、テーマに関わって討論をした。季節は12月、正門前の２本のモミの木が、巨きなクリスマスツリーに変身し、それを眺めるのが楽しみだった。息の長い開催と運営に協力していただいた学生やOBの方々に感謝しなければならない。

このように、数々の文化的な果実に恵まれた年だったが、一方で身内の訃報や受難にも接した。４月末、季節はずれの雪が積もった夕方、義弟遠藤辰雄さんが他界した。米沢市関で酪農にいそしみ、村づくりに情熱を傾け、市政の変革を志していただけに、若くしての夭折は惜しまれる。

また、４月半ば、福井県美浜町の地域医療に生涯を捧げた義理の叔父幸恒足氏（熊本藩医の末裔）が他界した。練馬区で開業医を営む長男の近く、大泉学園本照寺での葬儀に参列した。

晩秋の菊香る季節、日本の有機農業運動をけん引した築地文太郎氏が急逝された。11月８日、川崎市麻生での告別式に赴き、別れを惜しんだ。

師走半ば、妹の遠藤恵子が、山形市の済生病院で手術を受けた。春に主人を亡くし、搾乳などの負荷が重くかかり、股関節の痛みがひどくなった。それを和らげるための加療である。

有機農業の仲間佐藤治一君の交通裁判が、多くの支援の下で無罪をかちとった。長いたたかいの果ての無実を祝う会が、12月6日、地元の旅館エビスヤで開かれた。幾山河を越えて、新たな地平を拓いた意味は重い。

1993年（平成5年）

それでも大地に生きる

93年弥生半ば、梅のほころぶ頃に遠藤正真君と設楽裕子さん（天童市）の媒酌人を務めた。遠藤君は、祖母の縁戚に当たり、管内中学校の教師としてすぐれた教育力を発揮していた（現高畠中学校初代校長）。裕子さんは、高畠町職員として、健康保険の充実のために日々精進していた。名ばかりの仲人とはいえ、新しいカップルの誕生に一役果たすことは、この上ない喜びである。

4月半ば、春たけなわの熊本県菊池町の「養生園まつり」に出かけた。佐賀の山下惣一氏と一緒に、百姓一揆をテーマにした寸劇と、今日の「いのちと政治」に関するフォーラムに呼ばれたからである。食の祭りは盛会だったが、即興劇は出番のタイミングがずれて、失敗だった。翌日は、日青協の幹部の江藤君と、杷木町（福岡）の果樹園農家小ノ上喜三氏の案内で、阿蘇の外輪山を走り、坊ガツルの久住高原を間近に望みながら、大分県九重町に向かった。農業と観光を柱にした新感覚の町づくりに取り組む住民たちには、力がみなぎっていた。手づくりのふるさと産品をセットにして届ける、いわば6次産業のはしりを具現化していた。夜7時からの講演には、坂本町長はじめ、住民が熱心に耳を傾け、話し合いも楽しかった。終わって、洞窟から湧き出す温泉に板を浮かべ、徳利と盃をのせ、酒を呑む仕草は、野猿に似た風情だと笑った。

翌日は、福岡県杷木町の富有柿つくりの名人、小ノ上喜三さんのみごとな果樹園を、つぶさに参観させていただき、帰途についた。

93年は、すでに3月からディレクターの深野淳子さんが来訪され、NHKスペシャルの特別番組の企画、山下惣一氏と私の往復書簡を軸にした、唐津と高畠の二元中継の取材と収録に終始した。

具体的に動き出したのは、6月20日山下さんに書簡を書き、7月初旬からスタッフが6日間泊まり込みで、農作業、援農交流、風景、インタビューなどを撮影した。農作業は、田の草取りや、りんごの袋かけが主だった。

7月下旬には2回目の取材が入り、高房神社の祭礼、りんご袋かけ、田の草取り、家族団らん（夕食）、まほろばの里農学校開校式などを収録した。いつもだと、暑い夏が訪れる8月になっても冷たい雨の日が続き、下旬からは台風と秋雨前線が居座る感じになった。その頃、メディア一流の直感なのかTBSも現地取材に入ってきた。稲の様子だけでなく、移住して住居を構える足立陽子さんの入居祝いの宴なども撮影した。

9月中下旬、NHKの取材はヘリコプターによる空からの撮影なども加わり、追い込みに入ってきた。もちろん至近距離からの稲の姿や、有機農業提携センターの集会の模様なども収めた。私たちも、冷害の様相を察知し、不安を募らせつつあった。出穂した稲穂がすでに低温による生理障害を受け、空っぽの籾を着けていたからである。

10月に入り、まほろばの里農学校の後期の稲刈りと、神戸鈴蘭台食品公害セミナーの援農が加わり、わが家の田んぼの稲刈りと杭かけを撮影した。手応えとしては、7分作位の感触で、インタビューに応ずる私の顔も、消費者の声も冴えなかった。取材の締めくくりは、不運にも、記録的な不作の収録になったのである。全国的にも、戦後最悪の凶作となり、政府は200万トンの外国産米の緊急輸入に踏み切った。主食の米だけは100%国内自給、というテーゼが崩れたのである。

予測を超える気象変動と、厳しさが募る社会環境の中で、北と南の農民は苦闘していた。けれど、農に生きることを諦めはしない。土の力を信じ、どっこい生きている姿を捉え、NHKは番組のタイトルを『それでも大地に生きる』とした。10月29日夜7時30分からの放映の反響は、かつてなく広範で、励ましのエールをはらむものだった。半年かけて、現地取材を重ね、特別番組を製作し、社会にインパクトをもたらしたディレクターの深野淳子さん、カメラマンの寺崎浩さんを中心としたスタッフの労を多としたい。この作品は、後日、〝地方の時代大賞〟を受賞し、町内のよしのやで祝う会を催した。

立大学生部のフィールドワークと前後して、立大法学部栗原ゼミの農体験学習も開始された。こちらは、有機農業提携センターが受け手となって、10年間継続した。教授自らが、学生と一緒になって、田んぼや果樹園で汗を流す姿には頭が下がった。

11月上旬、懸案の県立高畠高校の改築について、推進期成会のビジョン案を持って、高橋和雄知事や金森教育長に陳情した。その柱は、環境、福祉、観光、情報など、進路に合わせて選択できる総合学科制への転身である。その夢は、やがて叶えられることとなった。中旬には、調布市で、都が主催する「有機農産物東京フォーラム」において、１０００人の参加者に基調講演をおこなった。下旬には、ふじの収穫で忙しい時期だったが、京大学園祭に出向き、学生に親しく語る機会を得た。

有機農業運動をけん引してきた築地文太郎氏が他界されて1年余り、後れ馳せだったが、ゆかりの高畠の地で偲ぶ会を開催した。駅前の割烹旅館よしのやに、一樂照雄氏をはじめ、遠くから多くの朋友が参席して下さった。そこで一樂先生が追悼のことばを述べられ、涙ながらに25分間に及んだ。有能なジャーナリストを協同組合経営研究所に迎え入れ、自らの右腕として有機農業を推進してきた一樂さんにとって、愛弟子の早世は骨身にこたえる出来事だったにちがいない。

94年2月3日、農協界の天皇と呼ばれ、また日本の有機農業の父と称される一樂照雄氏が他界された。朋友の後を追うような訃報に愕然とし、巨星墜つの感慨に戸惑うばかりだった。2月6日、東京五反田の霊源寺で営まれた告別式に参列し、大勢の同士とともに遺徳を偲んだ。やがて、その大河のような生涯を克明にたどった評伝『暗夜に種を播く如く』が出版され、後進の鑑として数多くの示唆を及ぼしている。世にいう「一樂思想」の全容を紐解く教科書として、外国の研究者の関心も高まりつつある。高畠町では、和田民俗資料館の前庭に、有志の協賛事業で記念碑を建立し、毎年11月初旬に「一樂忌」、「一樂思想を語る会」を開催している。碑文には、かつて揮毫された「子どもに自然を／老人に仕事を」という凝縮された文言が刻んである。集いは、今年で15回を重ねた。自分にとって、一樂思想とは何かを問い直す得がたい機会になっている。

2月下旬、宮崎県綾町で開かれた「グリーンコープ青果の会」に招かれて講演した。照葉樹林の美しい森に囲まれた綾町は、郷田町長のリーダーシップによる町ぐるみの有機農業の展開で有名な所だ。翌日は、独自の安全基準を設けて野菜類を集出荷している有機農業開発センターや、堆肥センター、圃場などにご案内いただいた。高畠とは一味ちがうダイナミックな取り組みに舌を巻いた。帰途、神々の宿る高千穂の里に赴き、悠久の歴史に思いを馳せた。

1994年（平成6年）

孫の誕生と、新たな出会い

94年4月11日、里香子が男子を出産した。悠一郎と命名した。初孫の誕生は、祖父母の身になって知ることばの要らない境地である。河北町の孝浩の両親が、孫のために伝統工芸作家長春の鯉のぼりを贈って下さった。旗竿に悠々と泳ぐ晴れ姿に、両家の希望が託された。

初夏の頃、毎日新聞社論説委員の原剛記者が、わが家に来訪された。戦後50年の節目に、各分野の軌跡と到達点を写真入りの社説で構成する企画を携えての取材であった。

原氏が、玄関に入って初めて目にしたのが、蚊帳《かや》の中に入って母親に団扇《うちわ》で扇いでもらっている生後4か月の悠一郎だった、と原氏は記している。その出会いが契機となって、早大大学院アジア太平洋研究科原剛ゼミの院生が、長期にわたる高畠調査を実施し、さらには早稲田環境塾の5次にわたる高畠合宿などを通して、「環境日本学」創成の一翼を担えることにつながった。以来、20年の相互交流が続いている【写真15】。

地域振興計画のビジョンづくり

この年、第1回全国環境保全型農業推進会議が、大手町のサンケイビルで開催された。新しい食糧・農業・農村基本法の精神を体現すべく、農水省と、全国農協中央会、日本生協連合会が事務局を担当し、各界の代表20余名で、環境に調和する農業のありようを論議し、政策化しようというめあてを持ってのスタートである。東大名誉教授で土壌学者の熊沢喜久雄博士を座長に、学者、文化人、業界、市場関係者など、多彩な顔ぶれだが、私は有機農業からの代表として加わった。年2回の推進会議の他に、表彰の推挙や現地調査などもおこなった。私は、8年間委員を務め、当初は環境保全型農業の一分野としての位置付けだった有機農業を、政策の一本の柱として比重を高めていただいた。それも、熊沢喜久雄会長、嘉田良平教授（京大）などの見識による所が大きい。

当時、私は、自治省の人材養成審議会、国土庁の後継者問題審議会、農水省の職員研修、県総合開発審議会、県「源流の森」構想審議会、産業構造審議会、新農基法に関する懇談会、町振興審議会、

写真15　原剛氏（左）と筆者
（写真：佐藤充男）

都市計画審議会などの委員を務め、多忙な明け暮れだった。とりわけ、高梨吉正町長のもとでの町振興審議会においては、第4次高畠町総合発展計画の論議とビジョンづくりに力を注ぎ、共生の町づくりの輪郭を描く一助となった。「1万年の歴史」、「温かい心」、「みどり豊かな豊穣の里」を柱とするまほろばの里づくりである。たとえば、施策の大綱の中で、農業の振興については、次のように述べている。「農業・農村の資源は、国土の保全や環境の保護に重要な役割を果たすとともに、人びとにゆとりと安らぎ、そして癒しの効果をもたらしている。（中略）特に、地域自給の向上を軸にしながら、有機農業の実践など、消費者の需要に応じた農産物の生産供給や、地域特産物の開発など、付加価値のある農産物の生産をめざす」としている。町出身の経済学者大塚勝夫氏（早大教授）の識見もあって、23年も前に時代を先どりする総合計画ができ上がった。

8月下旬、客観的な眼差しで明日の町づくりを考えるべく、「たかはたシンポジュウム」を開催した。パネラーは、飯沼二郎（京大）、栗原彬（立大）、保田茂（神戸大）、槌田劭（京都精華大）、佐藤誠（九州大）の各氏である。日本の第一人者が揃う提言と討論は、田舎まちでのレベルを超える洞察力を以って、私たちに新たな地平を示唆していただいた。

私的な場では、この春、エッセイ集『農業新時代～コメが地球を救う～』（ダイヤモンド社）を上梓した。本書は、第10回真壁仁・野の文化賞を受賞した【写真16】。

写真16　第10回野の文化賞授賞式にて

１９９５年（平成７年）

阪神淡路大震災の惨禍

95年１月17日の早朝、７時前に、神戸鈴蘭台セミナーの津村富代さんから緊急の電話が入った。「いま神戸市に、もの凄い大地震が発生し、大揺れに耐えてます。大被害が出た模様です」とのただならぬ知らせだった。すぐにテレビの電源を入れると、ニュースは空前の臨時ニュースを報じ始めた。家屋の倒壊から火災が発生し、一面火の海になった映像に打ちのめされる思いだった。もう電話は全く不通になって、友人、知人の安否を確かめるすべもなかった。不安を抱えたまま、その３日後、泉北生協の川島三夫氏の案内で、京都から滋賀県に向かった。湖西地区の農業者の集いに呼ばれていたからである。けれど、高島市のガリバーホールは、近県に起こった大震災に、重苦しい落ち着かない空気で、何を話したのか覚えていない。

帰宅してすぐに、町役場に阪神淡路大震災の義援金を届けた。その日のうちに有機農研の総会を持ち、私たちなりの支援対策について相談をした。１月26日から28日まで、日本青年館セミナーで講義と討論に参加し、29日は、虎ノ門パレスで営まれた一樂照雄氏の一周忌に参列した。

２月２日、渡部富夫君の４トン車に、集積した救援物資を積み込んだ。米、野菜　果物、手づくり加工食、衣類などである。北陸道が開通し、ようやく神戸まで車で行けるようになった。３日に、渡部務さんが同乗し、関西に向かうことになった。一方、私は前から交流のあった徳島県海部町に赴いた。農業改良普及センターの主催する町づくり講座を担うためである。途中、四国生協事業連に立ち寄り、道順を確かめて、たどり着いた海部町は、海の幸、山の幸に恵まれた豊かな農漁村だった。翌朝、町内をご案内いただいて、大阪に向かった。車窓から、瓦礫の町を目の当たりにし、辛うじて鈴蘭台にたどり着いた。鈴蘭台食品公害セミナーの拠点のある北区は、神戸市街地の外縁にあって、震災の被害は比較的軽度だった。けれど、会員や親戚は広範に及び、交通や生活物資の窮状はみな同じだった。セミナーの事務所にリーダーの皆さんが待っておられ、午後２時に到着した車から荷物を降ろし終えた所だった。その後、しばらくは会員の安否を確かめつつ懇談をした。提携の絆は、１５００㎞の距離感を超えて、身近な親戚のような関係であった。翌２月５日は、務さんとふたりで大阪堺市の泉北生協と、梅田で大阪やさいの会に、心ばかりのお見舞のあいさつをした。胸のつぶれる思いで瓦礫の街を歩き、擽《よじ》れる線路の傍を通りながら、牙をむいた自然の爪痕に立ちすくんだ。そして、芦屋市の被災現場を目に納め、帰途に着いた。帰宅早々に、案じて待つ仲間たちに報告の場を持った。

そうした苦渋とふれあいの場面の合間で、『農業新時代～コメが地球を救う～』で第10回真壁仁・野の文化賞受賞を祝う会を、いくつもの団体が催して下さったのはうれしかった。町内の小中学校校長、教頭会、土の会（中学校同級生）、興福会（高校学年会）などの心温まる集いである。

それに背中を押されて、私は再び動き始めた。３月下旬、島根県平田市農業委員会主催の講演、富山県高岡市（戸出農業センター）、東北・北海道有機農業技術交換大会（札幌市、北大研修センター）、北海道訓子府《くんねっぷ》町、青森県農協連携集会（青森市）などを駆けめぐった。とりわけ、高岡市の大友家持の故事にちなんだ〝万葉の里〟や、特産の青銅器の製造工程の参観は、鮮やかな印象に残っている。

田植えを終えた5月下旬、愛媛有機農産生協15周年の総会に招かれ、その折に福岡正信仙人の自然果樹園を見学した【写真17】。数ヘクタールの全山みかんの花の芳香に包まれ、枝には熟した夏柑が、たわわに成っていた。果樹園の地面は、菜種や大根の花が咲き、場所を選んで麦の穂が見える。もちろん沢合いには、ミズやイワブキも群れをなす。不耕起で、剪定や防除もしないで、花咲き実を結ぶ夢の桃源郷がそこにあった。

中国青海省からの賓客

6月下旬、山田洋次監督の講演会を文化ホールまほらで開催し【写真18】、「米つぶしに黙っていられない東北集会」に、青森県黒石市に出かけた。中旬に、中国青海省から副省長や教育長など要人5名が来形した。まず県庁に、高橋和雄知事を表敬訪問したのち、山形市西工業団地に立地する食肉加工メーカー〝ヤガイ〟に案内した。その後、高畠町和田民俗資料館に投宿した。青海省

写真18　山田洋次監督（中央）と、講演会の控え室にて

写真17　福岡正信氏

はチベットに隣接する高冷地で、冬虫夏草など漢方薬の宝庫として知られる。そこで、薬草ときのこの研究家島津憲一氏と同好の仲間たちに集まってもらい、郷土料理で交流会を催した。楽しく、イメージをふくらます宴だった。翌日は、町役場に島津助蔵町長を表敬訪問した。日中友好に熱心な町長は、応接室に両国の国旗を掲げて、歓迎の意を表した。

7月には千葉大法経学部の正規の授業で、2回教壇に立ち、レポートの採点もした。

夏休みに入ると、東京農大大久保ゼミ、立大法学部の栗原ゼミ、立大学生部環境と生命ゼミ、明大滝沢ゼミ、第4回まほろばの里農学校などのフィールドワークが相次いだ。また、町制40周年記念事業として企画準備を進めてきた「たかはたシンポジュウム」には、京大農学部長坂本慶一教授の記念講演を軸に、高畑勲氏（映画監督）、杉岡碩夫氏（千葉大教授、経済評論家）、役重真喜子氏（元農水相、岩手県東和町）などをパネラーに迎え、新時代の町づくりについて熱い論議を展開した。コーディネーターを務めたNHK山形局の黒沢アナウンサーは、事前に高畠に足を運び、有機農業を核とした町づくりについて学び込んでいるので、討論の内容は充実したものになった。NHKは、その模様を収録し、9月30日のBSフォーラムで全国放送した。フロアーから発言した所沢生活村の白根節子さんの消費者の声や、会津熱塩加納村農協の小林芳正営農部長の発言が印象に残っている。

稲刈りから杭かけ天日乾燥、脱穀、籾摺りまでの田んぼの作業と、りんごの袋はがし、収穫、出荷の仕事が重なる季節、各種の会議の日程が目白押しで、かなり無理がたたったせいか腰痛がひどくなった。南陽市の佐藤指圧院で手当てを受け、佐渡で開催された全国過疎問題シンポジウム（国土庁と新潟県共催）に出向いたときは、まともに背を伸ばすことができなかった。帰宅して、友人の菊地良一さんににんにく灸をたててもらったが、なかなか治らず、仙台市の沼田治療医院に数回通った。結局、福島県大玉村に薬草園を営む漢方の名医伊沢凡人先生を訪ね、温湯リハビリの療法を教わり、自宅に設備をし、シャワーを腰に当てながら根気づよく体操を続けるうちに、痛みは和らいでいった。11月、12月には、北海道北竜町、新潟県紫雲寺町、明治大学農業経済研究室などでの講演を何とかこなし、ハードな年が暮れていった。

1996年（平成8年）

初めてのヨーロッパ研修

正月早々、横浜土を守る会のリーダー唐沢とし子さんの別荘（海上）新宅を祝う会が、和田民俗資料館で開かれた。70アールの畠付きの立派な住居である。2月下旬、ダイヤモンド社の佐藤徹郎氏の企画で、小島慶三氏と、立松和平氏との鼎談が、愛宕山で持たれた。『文化としての田んぼ』という本を編むためである。中旬には、「農と生命を考えるシンポジュウム」に参加するために、再び熊本に向かった。熊大法学部富樫貞夫教授の肝いりで開催されたこの集いは、熊本市国際交流会館を参加者の熱気で充たした。富樫氏は、高畠町の出身で、水俣病を法律の分野から支援してきた人として著名である。集いは、まず私が基調講演した後、地元の山口力男氏も登壇し、夕刻まで討論をくり広げた。そこには火の国の心意気が汪溢していた。終わって、山口力男氏が営む「阿蘇百姓村」に向かった。そこは、廃校になった小学校を借り受け、宿泊交流施設として活用し、イチゴ園なども併設する懐かしい農民宿であった。すでに大牟田をはじめ、各地から個性的な活動家が集っており、深夜まで歓談は続いた。翌朝は、熊本空港から羽田に飛び、御殿場市で開催される静岡県農業シンポジウムに参加した。高原地ビールや、ハム、ソーセージなどの工程と観光を結んだ6次産業化を見分して、嘉田良平氏（京大）や役重真喜子さん（岩手）を交えたシンポも面白かった。

2月20日、宮崎県南郷村に向かった。深い森の中のかくれ里のような村は、「百済《くだら》の里」と称し、昔、移住した朝鮮民族の文化遺産を大切に保存し、今日のムラづくりに活かしている。途中、若山牧水の生家と記念館を参観した。

弥生半ば、丹波の氷上パスミルク生産会10周年の集いに出向き、帰途に神戸ＮＨＫ文化センターの杉山徹氏と会った。一年前の大震災の爪痕は、少しずつ復興に向かっているものの、まだまだこれからだという状況だった。杉山氏の案内で、神戸市文化会館を訪ねた折、2階に登る踊り場の壁に、油絵の大作が掲げてあった。杉山氏の説明で署名を見ると、高校時代の同級生、遠藤賢太郎（山大教授）の作だと判った。彼は、若い頃17年間も、兵庫県で美術の教師をしていたことも、その時知った。午後は、1年ぶりで鈴蘭台セミナーを訪ね、お互いの無事と復興を確かめ合った。交流の後は、三宮ターミナルホテルに、中川信行さんと同宿し、翌日は、富田林にオルター大阪の西川栄郎代表を訪ねた。西川氏は、徳島から大阪に移住し、新たな消費者団体を立ち上げていた。その足で、交通事故で養生している厚子夫人を、河内長野のご自宅に見舞った。

4月上旬、尾瀬の長蔵小屋で出会って、農業志望を伺っていた袈裟丸孝《たか》さんが来町した。佐賀出身の女性で、登山愛好家の仲間と山小屋で働いていたが、土に根ざした生き方がしたいのだという。東京から移住し、町職員として活躍している足立陽子さん宅に同居させていただき、わが家に通って農業研修をすることになった。聡明で健康な袈裟丸さんの仕事力は、わが家の生産とくらしに大きな活力となった。また、写真が上手で、折節に撮った作品は、年間の記録としても貴重である【写真19】。

6月、東京農大大久保ゼミのフィールドワークを終えた後、町教委の研修旅行で、ヨーロッパに出発した。6月25日、成田空港から飛び立ち、シベリア上空経由で13時間かけてロンドン・ヒースロー空港に着いた。26日、午前中は市内の公立中学校を訪問、女性の校長先生が丁寧に迎えて下さった。鈴木征治教育長の流暢な英語力を介して、中学校教育の理念と学校経営の概要について説明を受けた。教室での授業は、グループワーク形式で、自由闊達な空気がみちていた。グラウンドでは、サッカーの授業がおこなわれていて、指導教官はオリンピック選手だという。公教育のほんの一端を垣間見ただけだが、施設設備よりも、ソフト面を重視し、健康な心身の発達と、社会性の涵養を図っていると感じた。

写真19　袈裟丸孝さんと

午後は、大英博物館を参観した。その世界的なスケールと展示内容に、大勢の参観者が詰めかけるが、驚いたことに入館料は無料だった。古代ギリシャの遺跡や、ピラミッドからの遺品は目を見張るばかりだが、とりわけロゼッタ石【写真20】や、ツタンカーメンのマスク、パルテノン神殿の壁彫刻などは圧巻だった。

27日には、イギリス国会議事堂【写真21】、ビッグベン【写真22】、チャーチル首相の銅像など、政治と行政の中心街と、テームズ川の風情を目に納めた。そして、バッキンガム宮殿に赴き、伝統ゆかしき儀仗兵の隊列と吹奏、さらに騎馬兵の勇姿などに、王室文化の命脈を実感した。

半日、自由視察の折に、市内を散策した。街頭芸人の演技は珍しく、西欧の大衆文化の一端を見た。ただ、食文化については、意外にシンプルで、味もいまいちだと感じた。今度のツアーの日程はロン

写真 20 ロゼッタ石

写真 21 イギリス国会議事堂

写真 22 ビッグベンを背景に

ドン市内だけで、名高いカントリーサイドに足をのばせなかったが、28日パリに向かう上空から、美しい田園風景を眺めることができた。ドーバー海峡を越え、昼近くドゴール空港に着いた。パリ市街地に向かう途中、ブーローニュの豊かな森に包まれた公園に立ち寄った。緑陰で安らぐ市民の姿は、幸福度の高さを偲ばせた。旧市街地に入ると、石造りの伝来の建物がぎっしりと連なり、まち全体が大きな博物館のようだ。エッフェル塔の近くのホテルに投宿し、さっそく市内見学に出た。まずセーヌ河の悠久の川面を眺め、ノートルダム寺院の壮麗な神殿を拝み、キリスト教文化の本拠地に来たのだという思いにかられた。日没後も日は長く、セーヌの夕景は息を呑むような美しさだった。

写真23　オペラ座前にて

パリ2日目の29日は、パリ市役所の前に立ち、リベラルな市政の牙城を望んだ。街を歩くと、どこのヴェランダにも花が飾られ、並木のない所でも華やぎがある。ただ、道路の両側の路上駐車はいただけないし、見ると多くの車に傷跡があった。けれど、レストランでいただく食事は、どこでも美味しかった。移動は、自動車に限らず、地下鉄も利用した。オペラ座【写真23】の通りを歩いているとき、高梨委員がスリに遭った。少年ふたりにはさまれ、新聞をかざした下から財布を抜きとられた。フランスでは、路傍にテーブルを設えたカフェが多く、市民の憩いと談笑の場になっている。次に訪ねたコンコルド広場は、フランス革命の聖地である【写真24】。その一隅に、マリー・アントワネットが処刑された所があって、傍に石碑が立っていた。歴史の渦潮は引いても、時空を超えた市民の熱気が漂っているようだ。そして、シャンゼリゼ通りの向こうに凱旋門を望みながら、午後は一気に電車で20分、郊外のヴェルサイユ宮殿に赴いた。

太陽王ルイ14世が、半世紀をかけて造営した壮大な宮殿と庭園は、想像をはるかに超えるものだった。城郭のスケールの巨きさに度肝を抜かれたが、正面から入った鏡の間は、目も眩むばかりの金色の彫像や、シャンデリアに飾られた夢の広間だった。歩を進めると、回廊や部屋、天井は、ルイ王朝の歴代の肖像画や、絢爛この上もない調度品、芸術品に包まれていた。それらは、私の乏しい経験知や五感では捉え切れない世界なので、表現することばも持たない。その中で、マリー・アントワネットの肖像が、ふしぎに心にかかった。贅沢な暮らしに包まれながら、幸せとは遠い表情に思えたからである。そういえば、ルイ16世とマリー・アントワネットは、トリアノン宮殿の小さな住まいと農的な風情を好んで過ごしたという。やがて、王妃は王朝累代の罪を背負うように、ギロチンの露と消える命運を予感させる表情のようであった。ただ、歴史的ドラマの背景とは別に、花咲き匂う広大な庭園と城郭は、人類の文化遺産としての存在感は絶大である。

ヴェルサイユから急ぎ戻った私たちは、パリ郊外に住むラーソンたみ子さん（旧姓山村）のご自宅に向かった。山村さんは、高畠町の出身で、駐仏アメリカ大使夫人の立場だった。ふるさとの教委の

写真24　コンコルド広場

一行を快く迎えられ、アパートの2階の自宅にご案内いただいた。そのテーブルの上に、新野弥文次委員が代々営む「ヤブンジ商店」のカレンダー付きのござの敷物が敷いてあった。コーヒーをいただきながら、しばらくは懐かしい四方山《よもやま》話を交わした。夕餉は、近くのファミリーレストランでいただいたが、豊潤な醍醐味を心ゆくまで堪能した。遠い旅先で、ふるさとの人情が交う経験は、この上ないよろこびだった。

パリ3日目の30日は、もっぱら美術館で世界の名画や彫刻、工芸品、埋蔵品などの観賞に費やした。まず、フランス歴代の王が住んだルーヴル宮の重厚、華麗な雄姿に圧倒されるが、その大半が美術館として活用されているという【写真25】。開館前から長蛇の列ができていたが、前庭に新設されたピラミッド型の透明なハウスには違和感を覚えた。入館すると、想像以上の広さで、展示室が２２５もあるとのことで、25万点をじっくり観賞するには1週間もかかるという。お目当ては「ミロのヴィーナス」と、レオナルド・ダ・ヴィンチの「モナ・リザ」であり、ぎっしりと人びとが群れていた。超有名なその実物を見ただけで満足なのだが、ミケランジェロの「奴隷」やサモトラケの「勝利の女神」などを鮮烈な印象に刻んで、午

写真 25　ルーヴル宮殿の中庭にて

後はオルセー美術館に赴いた。パリ万博の際に建造された旧オルセー駅を改修し、1986年、ミッテラン大統領の時に美術館として開館した。オルセーのお目当ては、何といってもミレーの名画と、ロダンの彫刻である。1階フロアーの左手の部屋に、憧れの「晩鐘」「落ち穂拾い」「羊飼いの少女」が掲げられていて、私は足が釘付けになったままだった。2階フロアーの圧巻は、ロダンに追いすがる愛人のカミーユ・クローデルの物語性にみちた入魂の彫刻《ブロンズ》である。さらに回廊をめぐると、バルビゾン派、印象派の作品群の中にモネの「睡蓮」や、ドガの「踊り子」などに出会い、目を見張るばかりだった。

フランスの旅、最後の日程の7月1日は、フォンテーヌブローとバルビゾン村の探訪である。中学校の教室の煤けた壁にかかる「晩鐘」の複製画を、毎日眺めて生い立った少年が、半世紀近くも温めてきた憧れの地に立つことができるのだ。本格的なバカンスの季節に入り、パリから放射状に農山漁村に向かう家族連れの車の列に加わり、JTBのチャーターしたマイクロバスは東南65㎞の道のりをフォンテーヌブローの森へと向かった。沿道の並木がきれると、窓外には麦秋のみのりの風景が現れ、金色の波はど

写真26 バルビゾン村、麦秋

こまでも続く【写真26】。ふと、ガイドさんの声に促され、はるかな向こうの丘を望むと、小さな尖塔が見えた。「あれが〝晩鐘〟の背景に描かれた教会の塔です。150年前と少しも変わらぬ村の姿ですネ」と力を込めた。たしかに夢にまで見た情景だ。ふと目の前に、若い農民夫婦のシルエットが現れそうだ。

ほぼ1時間半、たどり着いたフォンテーヌブローの森は、ひそかに妖精が舞いそうな神秘的な清浄さにみちていた。貴族の狩猟の舞台として自然生態系が保たれてきたのかも知れない。その豊かな森に接するように、バルビゾンの農村が開けていた。麦畑と甜菜《てんさい》の濃い緑、トウモロコシやヒマワリなど色とりどりの作物が、広大な区割で栽培されている。村の中心部の街並みを歩くと、石壁に蔦の這うミレーの家はすぐにわかった。中は丸ごと記念館になっていて、アトリエを中心に、20数年家族と過ごした暮らしの余韻がただよっていた【写真28】。大作は、オルセー、ボストン、山梨県立美術館など、各地に収蔵、展示されているが、ここにはデッサンから完成品まで、やや雑然と置かれ、親しみを覚える。その中で、「落ち穂拾い」の原画が光彩を放っていた。白い髭《ひげ》を生やした気品のある館長さんが、丁寧にミレーの物語を語ってく

写真 27　ミレーについて説明する館長

写真 28　ミレーの家にて

れた【写真27】。深い感銘を胸にたたんで、再び車中の人となり、パリへの帰途についた。精神の大地に立ったよろこびは、その後の生き方のゆるがぬ糧となった。

7月2日朝8時、ドゴール空港を飛び立ち、パリの空の下、白亜の大都市を目に納め、間もなく緑と麦秋のモザイク模様の大地を眺めつつ、限りない魅力に富んだ西洋の文化風土とドラマを反芻《はんすう》していた。復路も同じ北回り航路で、シベリア上空から、広大無辺の大地を眺め、密林《タイガ》をぬう大河のかがやきを瞼に納め、一路成田へと南下した。エコノミークラスの窓際の座席で、身動きできない長時間の旅は、帰国後、予期せぬ腰痛と大腿部の激痛を呼び起こすこととなった。

96年度、私は集落の区長を担っていたので、帰宅するとすぐにゴミ収集所の整備とか、河川の草刈り清掃などの全戸出労の事業が待っていた。無理してそうした地域の役割と、教委関係の諸行事をこなしているうち、腰痛がどんどんひどくなり、病院の整形外科を受診した。そこで椎間板ヘルニアの疑いが濃いと診断された。友人の菊地良一さんが「にんにく灸」の治療に8回も通ってくれた。なかなか快癒せず、三友堂病院（米沢市）でMRIの検査を受けた。脊椎間の軟骨が飛び出て、神経にさわることが痛みの原因だとわかったが、夜も大腿部まで激痛が襲うのは耐えがたかった。不明にしてその遠因がエコノミークラス症候群にあることを知らなかった。

第5回まほろばの里農学校が閉講し、鯉除草の水揚げを済ませ、島津憲一薬局長の車で大玉村の薬草園を再訪した。そこで伊沢凡人先生の診療と漢方薬の処方、風呂の温湯を活用したリハビリのご指導をいただいた。改めてその両方に取り組むうち、いつしか薄皮が剥がれるように痛みは和らいでいった。それでも、ハードな仕事がたたって再発の兆しがあれば、町内の渡辺整骨院で、けん引とテルミー

（温灸）療法で治めていただいている。9月1日、和田地区住民2000人が集う地区大運動会において、区長としての役割を果たし、ホッと一息ついた。

その後は立大学生部ゼミ、明大滝沢ゼミ、消費者グループの稲刈り援農などに対応し、県産業構造審議会、新農基法に関する懇談会、生涯学習懇談会などで意見を述べた。9月下旬、NHK「視点論点」に出演し【写真29】、帰宅した28日、2人目の孫（航希）が誕生した。10月下旬、日本村落研究学会の現地視察に高畠町の有機農業が選ばれ、圃場を案内したのち、和田民俗資料館で懇談が持たれた。26日は、南陽市のハイジアパーク南陽で、研究発表とシンポジウムが開催された。嘉田由紀子氏（京大）、青木辰司氏（東洋大）、大川健嗣氏（山大）の第一線の社会学者が、テーマを焦点化しつつ大会をけん引された。

11月、長年町教育行政に汗を流したことで、県教育功労賞を受賞した。そして月末には、春以来、農業研修に頑張っていただいた袈裟丸孝さんが、唐津に帰郷した。師走下旬、明石市民会館で開かれた兵庫県有機農業フォーラムに出向き、腰痛とたたかいながらの1年が終わった。その間、義兄の落合清二さん（行田市）の逝去や、民間の土壌学者小林辰雄氏（亀岡市）のご他界など、悲しいことにも遭遇した。

写真29　NHK「視点論点」に出演

種を播く人

木漏れ日の中に妖精の舞う
フォンテンブローの森をぬけると
そこは豊穣のくにであつた。
澄み渡った空の下、
はてしない大地が広がる
美わしいバルビゾンの村、
ここを永劫の地と定めた画家が
渾身の想いを込めて描いた
若い農夫の躍動のすがた

沃土というよりあらつちの大地に挑み

いのちの種を播く人よ、
彼は　手に掴んだ麦を
空に向つて十字型に投げ、
あとは、耕した畑に
正確に　美しく
力いつぱい播いてゆく

粗末な赤い上着に　青いズボン
両脚に藁のはばきをはき
おおきな黒い帽子をかぶり
肩から斜めにかけた種袋を
宝物のように抱え
命の糧を産む構えだ。
労働を舞踊にする

その身振りの頼もしさ

若者が播いているのは
一粒百倍の麦だけれど
図らずもミレーが描いたのは
知と創造の種子にちがいない。
はるかな時空を超えて、いまも
ぼくらの魂を揺さぶるのは

生命の世紀の夜明けは
混沌《カオス》の中で苦吟したままだ。
けれど豊穣の大地に耳を当てると
いのちの鼓動が聞こえてくる。
清いこころの若者が

その大きな手で播いた種子が
柔い土の中でポチッと芽を切り
受難の季節を越えて
春を呼ぼうとしている。

1997年（平成9年）

まほろばの町づくり計画

昨年から引きずってきた腰痛などの健康不安が、97年明けに内臓に及んだ。かかりつけの金子胃腸科（南陽市）での心電図や胸部レントゲン検査では、「狭心症」の予兆があるという診断だった。それで、循環器系内科で名声の高い郡山市の星総合病院に赴き、受診した。近くカテーテルの検査入院の予約まで入れていただいたのだが、私の都合で延期となった。その代わり、3月上旬に、有本之子さん（県保健栄養係長）のお世話で、県立中央病院の人間ドックを受診する機会をいただいた。一泊二日の総合的な健康診断では、チェックポイントとともに、主体的な健康管理の道筋を示唆していただいた。

1月下旬に、私が高3の冬に下宿させていただいた叔父の栗野忠治氏が他界された。告別式が済むとすぐ、大阪空港に飛び、鳥取に向かった。29日、鳥取市農業シンポジウムで講演が組まれていたからである。鳥取は初めてだが、市内に従妹夫妻が住んでいて、温かく迎えてくれた。ふたりとも慶大の同期生で、夫君の中山精一氏は、鳥取大の教授（農業経済）である。世界の玩具館や、教科書展など、印象に残った。翌30日は、京都で農業開発研修センターの講座が入っていたので、残念ながら鳥取砂丘には行けなかった。

3月2日、高畠町有機農業推進協議会が発足した。環境農業に取り組む8団体800人が連携して、ゆうきの町づくりを進展しようと結集した。初代会長は中川信行氏で、事務局を農林課に置いた。官民一体の推進体制ができた意味は大きい。

春風薫る4月、小山田家から2人目の孫（航希）に、鯉のぼりを頂いた。伝統工芸長春の鯉がもう一尾加わって、旗竿はさらに勢いづいた。5月下旬、県教育庁の金森教育長が来訪され、県立高畠高校の存続と再生について明確な方針が決定されたという朗報をいただいた。教育関係者だけでなく、全町民の悲願が叶えられる展望に、胸が熱くなった。

先の講演が契機になって、5月30日、調布市図書館文学散歩の一行45名の皆さんが、金沢館長を先頭に来町された。浜田広介記念館を皮切りに、うきたむ風土記の丘考古資料館、町郷土資料館などの文化施設と、縄文の遺跡などをご案内した。

6月初め、有機田に鯉を放飼した。県農試置賜分場と共働で、2年目の除草試験である。立大「環境と生命セミナー」から帰り、東京農大大久保ゼミ、アジア学院留学生のフィールドワークと、消費者グループの来町が相次ぎ、援農と現地学習にいそしんだ。

7月半ば、元県議の山口茂吉氏が他界され、貞泉寺で告別式が営まれた。県連青の団長も務め、やがて県議として地域民主化の運動をリードした大先達であった。またひとつ、大きな空洞ができた。

2年越し、論議を重ねてきた町振興審議会が最終ラウンドを迎えた。8月11日、高梨吉正町長に、「第4次町振興計画」を答申することができたのである。参加・創造・共生を基本理念とし、自然と調和する「まほろばの里づくり」をうたう。その柱に「1万年の歴史」「温かい心」「緑豊かな豊穣の里」を据えた。施策の大綱の中で農業の振興については、地域自給の向上と有機農業の推進が明記された。

8月下旬、全国高校PTA大会が、山形市の山形ビッグウイングを会場に開催された。私も、特別分科会のパネラーで持論を述べたが、小杉文科相も臨席して内容のある集会になった。月末には、愛媛県が主催する地域づくり研修会に出向いた。その折に、大江健三郎氏のふるさと内子町の大規模な農家直売所を見学し、さらに15㎞の山道をたどって石畳という集落に着いた。そこでは、空き家を町が引き受け、改修して、グリーンツーリズムの拠点にしている。実際運営に携わるのは、地元の主婦たちで、いろりで炭火焼きのみそ餅は美味しかった。何日も民泊し、静かな別天地で心身を癒す人も多いという。石垣を積んだ屋敷や棚田にも、隠れ里の平安がみちていた。

9月下旬、昨年フランスでお世話になったラーソンたみ子さん（旧姓山村）が里帰りしたので、囲む会を催した。また、立大学生部と法学部栗原ゼミのフィールドワークも入町し、熱心に援農と生活体験に励んだ。加えて、神奈川総合高校の修学旅行も参入し、みのりの秋は若者たちの歓声にはなやぐのだ。

10月、栗原ゼミの社会人学生で、移住に先鞭をつけた手塚利雄さんが、東京の病院で壮絶な闘病のはてに他界された。仲間たちで偲ぶ会を開催し、天然の素中に還った手塚さんの霊を慰め、生き方をたたえ合った。

ふじりんごの収穫半ばだったが、学習院大アジア文化研究プロジェクトの第10回公開講座に参加した。「日本人と米」というテーマのもとに、宮田登氏（神奈川大）、諏訪春雄氏（学習院大）をはじめ、日韓の民俗学、文化人類学の著名な学者が、研究の成果と持論を披瀝された。私だけが実践者の立場で「有機農業と米づくり」について語った。まず、日本の稲作の起源については、海外からの伝播経路と、列島を北上する農民的技術の卓越性に思い当たる。私の置賜地方では、米沢市万世の天水田で、縄文晩期から稲の栽培が発祥したことが、近年の研究で明らかになった。ただ、私は農民の心情を以って、万葉集の東乙女の一首「稲つけば／かかる吾が手を今宵もか／殿の若子《わくご》がとりて嘆かむ」という歌が、鮮烈な印象として脈打つことから、稲作文化の系譜が生きているのを実感する。今日、私たちが営む有機農業は、五感と手わざを駆使する古代人の営みに通底する要素が多く、現代のＩＴ技術やシステムとは対極を成す。

翌24日、富山空港に飛び、車で白川郷に入った。ＮＨＫ名古屋が、グリーンツーリズムについて、ラジオの生放送で多層民家の炉辺から、対談を発信する企画だ。10人くらいのスタッフがすでに準備を整えていて、移動放送局のような態勢に驚いた。師走は、宮城県北農振局主催のフォーラム（迫町）と、県農業技術課主催の「環境保全農業の集い」（仙台市）のふたつの講演でしめくくった。

１９９８年（平成10年）

カリフォルニアの大地

98年、冬期の共生塾講座は、イギリス人の写真家ジョニー・ハイマスさんと、長野県中野市の農業委員清水照子さんを講師に迎えた。ジョニー・ハイマス氏は、日本の農村をこよなく愛し、人と風景を撮り続け、「米《コメ》」のシリーズは有名である。女子栄養大学の月刊誌『栄養と料理』の〝稲作の情景〟シリーズに、ハイマス氏の写真と私の文章をセットにして3年間連載した。清水さんは京都生まれのOLだったが、脱サラで信州の農家に嫁ぎ、稲作放棄地を借り受けて開墾し、大規模な稲作経営を法人化している。私は、全国環境保全型農業推進会議で同席してきた。また月末には、泉北生協生産者交流集会で、山下惣一氏と対談した。また3月上旬、郡上八幡からの帰途、高梨町長と森義矩高畠高校長と一緒に、立大大橋総長を表敬訪問した。また栗原教授のご案内で新座キャンパスに赴き、4月から開学したコミュニティ福祉学部の関部長と観光学部の岡本部長にごあいさつをし、丁寧なご説明をいただいた。その後、立大と高畠高校の親密な関係を拓く端緒になったと思う。また、3月中旬、神奈川総合高校を視察し、校舎、施設、生徒の舞台発表会、修学旅行で来町した生徒との交流茶話会と、充実した内容の一日となった。

4月3日、新農基法に関する懇談会が、大手町のJAビルで開催された。食料・農業・農村基本問題調査会座長の木村尚三郎氏を囲んでの話し合いとのことで、急ぎ上京した。木村先生は、現場の声にじっくり耳を傾けられて、その意見交換は有意義だった。

4月28日、「有吉佐和子さんを偲ぶ会」が、品川の国民生活センターで開かれ、数多くの作品がもたらした社会的なインパクトと、天才作家の人間味とエピソードなどが語られた。5月末に、由布院とゆかりが深く、また世界各地をひとりで旅した島田敬子さんの訃報が入った。のちに、金沢市の菩提寺（実家）に、香を手向けさせていただいた。

6月下旬、「30人の大百姓宣言」（ダイヤモンド社）の出版記念会が、伊香保温泉ホテル木暮で開かれた。

モデル農家10名を推挙し、それぞれのミニ評伝を書いた著者、佐藤藤三郎氏、山下惣一氏、私の３人と、対象の個性派農民の大半が参加し、編集者の佐藤徹郎氏がコーディネートする伊香保シンポジウムは圧巻だった。30人のその後の活躍はめざましい。

７月、美田の広がる蛇口の里に、渡部務さんと美佐子さんの宿泊研修棟〝さと小屋みずほ〟が完成し、祝う会が開かれた。長年、援農活動に来町している筑波大学松村ゼミと、提携する消費者の厚い支援を頂きながら、美佐子夫人の実家の吉野杉（南陽市）の丸柱を活かしたログハウス調の立派な研修棟である。

９月は、東北大学カルチャー講座、農水省農業者大学校（多摩市）の講座を担い、立大学生部ゼミと栗原ゼミのフィールドワークに対応した。また、中旬には台風５号の大雨の最中、仙台で開かれた全中フォーラム「食糧と地球環境」に車で駆けつけ、辛うじて役割を果たすことができた。その日、大塚勝夫氏（早大教授）の訃報に接し、50代で夭折された学究を悼んだ。翌月に、屋代村塾で、偲ぶ会が営まれた。

その３日後、教委の研修旅行でアメリカ合衆国カリフォルニア地方に出発した。夕刻、成田を発ち、９時間余のフライトでサンフランシスコに着いた。山脈が茶色まだらなのは、乾期で枯れ草の紋様だと知った。初日は、ゴールデンゲートブリッジを望むフィッシャーマンズワーフで食事をとり、市内見学をした。２日目、16日は、日本人学校を訪問した。多民族国家の大きな渦の中で、邦人の存在感と子弟の教育はどのようになされているのか、研修のポイントのひとつである。埼玉県出身だという校長先生は、丁寧にその内容について説明して下さった。そこで、在米のこどもたちは、安全で恵まれた環境の下で教育を受け、成長していくことを知った。

午後は、リトルトーキョーやチャイナタウンなどを見物し、若干のショッピングをした。翌日は、ヨセミテ国立公園に向けて早朝に出発した。市街地を抜けて丘陵地帯にさしかかると、山肌に風力発電の白い塔柱が、延々と連なっている。聞けば4200基を数えるという。スリーマイルの原発事故以来、自然エネルギーにシフトしている実像を見て、深い感慨を覚えた。丘を越えると、果てしない大草原が開けてきた。少し緑がかった牧草や、天然の乾草を食んで、たくさんの赤牛や黒牛が群れている。桁ちがいの畜産大国の情景である。しばらく走ると、照り映える緑の畑が目前にひらけてきた。オレンジや木の実《ナッツ》、そしてぶどう園など、果樹王国の圧倒的な広がりである。乾季でも、スプリンクラーの散水によって、大地の緑と生産を保持しているのだ。聞けば、70年も昔、日本人の移民の先達が、荒地を拓き、果樹を植え、楽園を夢見た途半ば、大戦が勃発して全て接収された悲運の歴史があった。その先達のおびただしい汗と技術《わざ》の遺産によって、カリフォルニアの果樹王国は栄えているといえよう。途中、園地に囲まれたファーマーズマーケットに立ち寄った。大農場主とはいえ、直売所の主人は、まぎれもなく農民の貌だ。そこでは、青い「ふじ」も売っていた。手づくりの加工品まで、品数は多い。この地には、いくつものワイナリーがあって、世界的な美酒を醸しだしている。

途方もない道のりを駆けぬけて、森林地帯にかかると、自然発火の山火事の跡が生々しく残っていた。さらに、シエラネバダ山脈の懐深く入ると、峨々《がが》たる巨岩を背にした渓谷に出会う。昔、ゴールドラッシュの人の波が押し寄せた谷だ。いまは、針葉樹に被われて緑の谷間に変わっている。間もなく、杉の巨木が天を突くヨセミテ国立公園にたどり着いた。そこは、一大観光地で、多くの人びとを迎え入れる施設も整っている。しかし、少し足を伸ばすと、清冽な水面に白い山を映す川が流れ、手で掬って飲めるほどだ。近くに、２００ｍも垂直に切り立った岩壁をよじ登るロッククライマーの姿が、虫のように小さく見えた。向こうの、鬱蒼とした森の山小屋に、千年紀《ミレニアム》を遠望する詩人ゲーリー・スナイダーが住むのだろうか。帰途、大平原の彼方は、夕日に染まっていた。気宇壮大な旅程から、豊穣のみのりも、街を彩る草木も、深い森が育んだ生命《いのち》の水の恵みで活かされているのを知った。

18日は、国内便でロスアンゼルスに飛んだ。その日は、ゆっくりとメルローズ通りやリトルトーキョーなど市内見物をした。センチュリー・プラザホテルも快適である。翌日はトロリーバスで市内を巡った。まず、市民の食卓を賄うスーパーを覗いたが、ほとんどパッケージされない野菜や果物が山積みされていた。また、牛肉などは何キロ単位のブロックのままケースに置かれ、牛乳は10Ｌ以上の大きな容器で売られている。遠くから車で買い出しにくる客のためらしい。さらに、ずらりと並んだワインの棚は、美しく壮観である。サンタモニカの海岸の華やぎや、ビバリーヒルズ大通りの賑わいと銘品は魅力的である。

夕食に選んだのは、寿司の店〝勝《KATU》〟である。ふしぎなご縁で、店長は隣町川西町の出身だった。また、かいがいしく働く女性の店員は、新潟県阿賀野市（旧水原町）の出身だという。加州米の寿司も、それなりに美味しかったし、酒は山形市の蔵元〝男山〟だった。お客の８割はアメリカ人で、日本の食文化をこよなく愛している風情であった。西海岸で出会ったオアシスのような場所である。

英気を養った翌20日は、ドジャー・スタジアムに直行した。野茂英雄投手が活躍した伝説の舞台である。テラスから望む広々としたスタジアムの背景は、豊かな森と山脈《やまなみ》である。売店で、孫のみやげにNOMOのTシャツと、バットのボールペンを買った。今年は、WBCの準決勝で、侍ジャパンがアメリカと対戦し、惜敗した。往年の名選手が始球式に臨んだ姿に、昔日の雄姿を想い浮かべた。

加州視察の最後は、ユニバーサルスタジオ・ハリウッドの見学である。映画の世界の壮大な施設や、奇想天外なイベントの全体像は語り尽くせない。観光文化の公園でありながら、合衆国の歴史を体現している趣がある。その夢の国を求めて、日本人の入場者は多いが、その正面の広場にたむろしている若者のグループが目についた。床にあぐらをかき、円陣を組んで、缶ビールを片手に奇声を発しているのだ。その身振りに人びとは眉をしかめ、通り過ぎていく。親日の空気が満ちる西海岸にいて、彼らの挙動は違和感をかきたてた。

快晴に恵まれて、自然、環境、産業、教育、文化観光と、多角的な見聞と、新たな認識を得ることができた旅であった。

帰国翌日、時差ぼけなどと言っておれず、三中の公開研に出た。武道科目の文科省指定の実践報告と課題がテーマである。安部豊校長は、柔道の指導と心身の練磨に力を注いできた。生徒の向上心はたしかな校風を創っている。

11月、ふじりんごの摘みとりに袈裟丸さん他長蔵小屋ゆかりの方々が、援農に訪れた。また、早大生の廿日出津海雄君も加わって、搬入の大きな戦力になった。収納に目処がついた25日、私は文部大臣表彰式に上京した。国立教育会館に両陛下をお迎えしての儀礼に臨み､責任を自覚した。その翌日、福井県丹生《にゅう》農業改良普及センターの講演に直行した。会場の朝日町は、オルガンの製造で有名で、その工程も参観させていただいた。

12月、「水俣・高畠展」実行委員会準備会を立ち上げ、先進事例としての水俣つくば展を参観した。体調がすぐれず、途中三女のさえ子宅で休憩をとり、つくばにたどり着いた。展示の内容に衝撃を受け、方法にヒントを頂いた。ゆかりの森あかまつ（ログハウス）に宿泊し、朝食は筑波大松村助教授のご自宅でいただいた。帰宅した直後、有機農研の仲間、大木芳昭さんの不慮の夭折に直面した。年末まで悲喜こもごもの一年が終わろうとしていた。

1999年（平成11年）

「水俣・高畠展」に全力投球

1999年正月、長嶋茂雄監督の講演会が開かれた。町体育協会50周年の記念事業である。町営体育館に2200人が来場し、超有名な野球人の講演を、大きな臨場感を以って聴き入った。9年前の『おもひでぽろぽろ』の先行上映会以来の盛況で、体育文化の振興に大きなインパクトをもたらした。控え室で、雪の東北は初めてだとおっしゃる長嶋さんの温顔に接し、素顔の人間味が伝わってきた。そのはず、生まれは房総で冬季は南国に赴きベースキャンプで励む日々なのだからと得心した。

1月20日、共生塾にとっては今年最大の事業と位置づける「水俣・高畠展」実行委員会が発足した。その意義づけについて、水俣フォーラムの栗原彬代表から講演をいただき、懸念や不安を払拭し、信念を持って取り組もうということになった。以来、14回の実行委員会を重ね、町当局と諸団体への要請や、対外的な交渉と協賛のお願いなど、半年間それこそ全力投球で準備を進めた。鈴木久蔵塾長と、河原俊雄事務長を中心として、スタッフ全員が一丸となって開催をめざしたのである。

2月中旬は、JA熊本教育センターや、京都の農業開発研修センターでの講演、そして日本有機農研の茨城大会への参加など、動き廻った。27日には、木村尚三郎先生を迎え、共生塾講座で3時間に及ぶ講演をいただいた。造詣の深い農の文明論をベースに、新農基法の理念や、骨格を成す方針や政策まで、情熱を込めて語られた。夕刻からの交流は、雪の中を和田民俗資料館まで移動していただき、古民家の土間で餅搗きをし、いろりのそばで食べていただいた。敬愛する木村先生と、胸襟を開いて語り合うことができたことは、わが生涯のエポックを成す出来事であった。

牧畜とクラフトの村

3月初旬、岩手県二戸農業セミナーに出た。管内に瀬戸内寂聴師が住職を務めた天台寺がある。住民は、特産の雑穀を活かした村づくりに取り組んでいた。翌日は、木工芸とクラフトの里として脚光を浴びる大野村の有機農業推進大会に出た。佐々木村長を先頭に、ヨーロッパ的景観と調和する農業や牧畜の村づくりを進めている。私の基調講演のあと、シンポジウムには、宮崎県綾町の課長も同席した。大会の熱気もさることながら、終了後参観した木工芸の工房と、木の食器で給食をとる子どもの幸せを垣間みた。また体験型のガラス工房など、ツーリズムの振興にも感心をした。木炭の再興も、新たに風をおこす。牧場の道を駆けぬけるマラソンには、有森裕子選手を招いているという。

3月下旬、母ふよの米寿の祝いを、赤湯温泉のホテル御殿守で催した【写真30】。家族と近親者に囲まれ、赤い烏帽子と袖なしを羽織って小さく座る姿は、いかにも幸せそうだ。父の分までまだまだ長生きして欲しいと願うばかりだ。

4月4日、快晴の日に三男の孫潤哉に小山田家より鯉のぼりを戴いた。親たちの真鯉緋鯉も加え、5尾の鯉が青空に泳ぐ姿は、拓けゆく明日を呼ぶようでうれしかった。

5月、6月、毎週のように実行委員会を重ね、ポスターやチラシを配り、中学校、高校を訪ね参観の要請をした。資料の借用手続きや、水俣からの参加については、水俣フォーラムの実川さんに一任をした。その間、田んぼの中耕除草や、米糠の散布をおこない、りんごの摘果を続けた。6月9日、東京農大百周年記念講堂で、公開の特別講座を担った。テーマは、「農民文学の再興」である。進士五十八学長から客員教授の辞令を受け、その専門分野は農民文学であった。その頃、農大大久保ゼミの援農が入っていた。

6月20日、「水俣・高畠展」実行委員会（14回）の最終打ち合わせをおこない、22日から勤労者体育館と生涯学習センターの会場準備にとりかかった。資料の展示も済んだ23日、前夜祭を営んだ。500余名の遺影に灯りを点し、香と花を供えて御霊《みたま》の安寧と展示の成功を祈念した。24日、初日の

写真 30　母ふよ米寿の祝い

幕が開いた。朝、開会行事と、映画『不知火海』の上映から、4日間の日程は始まった。鈴木塾長が体調を崩し、休養しておられるので、代わりにあいさつをしたり、来客との対応に務めた。主なスタッフは終日本部詰めで、それぞれの役割を担って機敏に行動した。東京から駆けつけて下さった方々の応援もありがたかった。中高生はじめ入館者も多く、戦後史に残る公害の実態に衝撃を隠し切れない表情であった。2日目は、文化ホールまほらで、水俣の語り部杉本栄子さんのお話があった。今回は、ご主人と一緒に、7名のみなさんとともに、熊本から来町されたのである。午後は、生涯学習館ホールで、合唱と映画の集いがおこなわれた。新潟から阿賀野川水銀公害の被害者を支援する方々も加わった。3日目は、杉本栄子さんと、栗原彬氏の対談で、水俣と高畠を結ぶ視点が明らかになった。夜は、和田民俗資料館で、遠来の方も含めてスタッフ交流会がおこなわれた。27日の最終日は、有識者のシンポジウムで、栗原彬氏、赤坂憲雄氏（東北工芸大）、あん・まくどなるど氏（宮城大）に、総括的な論議を深めていただいた。コーディネーターの私には、少し荷が重かったが、締めくくりにふさわしい明確な視点を提示していただいた。4日間の入館者は、2000人を超え、たかはた共生塾と町民が全力を注いで実現した水俣展は、無事閉幕した。

この大きな催しが契機となって、21世紀初頭から、高畠町は環境自治体として船出することになる。7月半ば、今治市農業委員会が主催する農業講演会に出かけた。越智一馬氏をはじめ先達農民の実践と、安井孝課長のリーダーシップによって、地場産の安全な米や野菜を学校給食に供し、「地産地消」の体制をつくりあげた。さらに数年後には「今治市食と農のまちづくり条例」を制定し、「高畠食と農のまちづくり条例」をつくる際のモデルとなった。

町教育委員を退任

7月末、息子の孝浩が日中友好の任を担って訪中した。最近の中国事情について、土産話が楽しみである。8月下旬、県市町村教委鶴岡大会に参加しての帰途、月山道で交通事故に遭遇した。救急車で荘内病院に運ばれ、検査と手当てを受けた。月末に、高畠病院でCT、MRI他の再検査を受けたが、頚椎捻挫との診断だった。鞭打症は時間をかけなければ治らないと観念した。

9月7日、64歳の誕生日を迎えた頃から、少しずつ気力も戻り、次々と訪れる大学生のフィールドワークや、自治体職員の研修にも対応できるようになった。9月30日、24年間務めた町教育委員を退任した。内、16年間は委員長の重責を背負って、ハードな日常の中で役割を果たせたのは、関係職員と多くの町民の支えがあってのことだと痛感する。

10月1日、町長他に退任のあいさつをする。その後、教委関係だけでなく、興譲館高校同級生、立教大学など、いくつものねぎらいの会を催していただき、温情が身にしみた。

10月末、オルター大阪の西川代表他、20名の消費者のみなさんが、現地交流会に訪れ、りんご園など圃場を案内した。

11月半ば、宮城県歌津町（現南三陸町）農業委員会の小野寺事務局長他30名が訪れ、懇談の場を持った。のちに東日本大震災に遭遇し、激甚な被害を被った町である。炊き出しに訪れた際に、小野寺さんにご案内いただき、信じられない光景に息を呑んだ。かたくりの会の佐藤敬子さんと、息子の信也君が、その後も息長く復興支援の活動を続け、今日に至っている。

12月上旬、新潟消費者センターにふじりんごを配送した。4トン車をチャーターして、高橋稔と一緒に届けた後、谷美津枝会長と事務所で懇談し、昼食は新装成った今井家で、妹の多恵子にご馳走になった。甘えびなど日本海の海の幸が、ことのほか美味しい。師走半ば、立大環境と生命フォーラムが、「泥の思想」というテーマで開かれた。その夕べ、馴染みの方々で〝星さんご苦労さまの会〟を催して下さった。四半世紀の間、ひとつのライフワークとして関わってきた教育活動を、立大正門前の巨きなクリスマスツリーの輝きの傍らで締めくくることができたのは、感激である。

2000年（平成12年）

新千年紀の夜明け

新たな千年紀（ミレニアム）の幕が開いた。生命文明の曙にという期待が高まる。正月、『有機農業の力』が創森社から出版された。

2月、教委の公職から離れ、精神的なゆとりが生まれたことで、初めて妻と私的な旅行に出かけた。長年、苦労のかけ通しだったことへ、ささやかな罪ほろぼしの意味も込めてである。2月10日、雪国から脱出し、暖かい伊豆の国へ向かった。新幹線で三島まで直行し、伊豆急行に乗り換え、修善寺温泉についた。投宿した渡月荘は、川縁に立つ純和風のホテルで、おもてなしも料理も、これまで経験したことのないほど上質なものであった。ゆっくりと周辺を散策し、島木健作ゆかりの赤蛙公園や、美しい竹林の風景を楽しんだ。翌日は、観光バスで天城峠を越え、浄蓮の滝に降りた。峡のワサビ田が、身を寄せるように固有の景観を成していた。昭和の森伊豆近代文学博物館では、川端康成のコーナーに釘づけになった。すでに咲き染めた河津桜を見物し、熱川バナナワニ園でバスを降り、そこからは電車で下田に向かった。里山の植生も南国のもので、田んぼには菜の花が咲き、天恵の風土を実感させる。

予約のホテルウラガはビジネスホテルで、夕食は海女さんの店に行ったが、満席で、他の郷土料理の店の暖簾《のれん》をくぐった。運良く魚介類は美味しく、山形の酒〝十四代〟をたしなんだ。3日目は快晴で、石廊崎など南伊豆の海岸を巡り、下田市内では、ロープウェーで寝姿山公園に登り、眼下に下田港を眺めた。また、黒船のペリー提督と唐人お吉の人間ドラマを歴史資料館で偲んだ。

夕刻、特急踊り子号で東京駅に直行し、最終のつばさ号でその夜遅く帰宅した。たかはたは、厳冬の最中である。帰宅早々、全国環境保全型農業推進会議（サンケイ会館）に出席した。また中下旬には、提携センター作付会議が大田区民センターで開かれ、上京した。

地元では、県教育問題懇親会に出たり、東北工芸大真壁仁講座で、赤坂憲雄教授の司会で斎藤たきち氏（地下水代表）と対談した。

3月半ば、愛知県有機農研の総会（名古屋）と、下旬には京滋地区有機農研総会で講演した。かなりオーバーワークになったせいか、4月上旬、急性中耳炎を発症し、激痛に苛まれ、米沢市立病院で何度か加療を受けた。

何とか春の農繁期をのり切り、ほっと一息ついた6月下旬、米沢興譲館の同級生が、『有機農業の力』の出版祝賀会を開いてくれた。その会場は、吉沢章仁郎氏の営む和風レストラン吉亭である。友情が身にしみた。その直後、日本有機農研常任幹事会に出席し、翌日は高松修氏を偲ぶ会(主婦会館)に赴き、お別れのあいさつをした。

農のよろこびセミナー

りんご紅玉から袋かけを始めた6月末日、私は京都に向かった。けいはんな学研都市に立地する国際高等研究所招聘教授《フェロー》の坂本慶一先生が主宰する「農の歓《よろこ》びセミナー」に参加するためである【写真31】。坂本教授は、京大農学部で農学原論を講じ、西欧中世の思想家ルソーやゲーテの哲理を極め、農と教育との相関について、独自の領域を創出された。福井県立大学の初代学長を務められた後、「農」の世界の意味について学問の集大成を図ろうとしておられた。

初めて訪れた国際高等研究所には、北海道教育大草刈善造学長、近畿大池上甲一教授、由布院で花と民宿を営むゆふいんフローラ

写真31 農の歓びセミナーにて

ハウスの安藤正子さんなどが、パネラーとして参加していた。初めに、坂本慶一先生の基調講演があり、それを受けての実践報告と討論は、新たな価値観と生き方を考える場になった。夕べ、けいはんな都ホテルでの交流会は、忘れがたい歓びにみちたものとなった。その後、坂本理論を集約する形で、『「農」の世界の意味～「農」と「生」の相関を中心に』を、高等研選書で上梓された。本書の「農のよろこび」の章では、那須浩、柳田国男、宮沢賢治の思想に光を当て、併せて私の実践を紹介して下さった。

天草と水俣を訪ねる～そして松橋での出会い

りんごの袋かけを済ませ、7月8日天草に向かった。天草の哲ちゃんこと、荒木哲郎氏が中核となって行動する天草環境会議で話をするためである。会場の苓北町《れいほくまち》コミュニティセンターには、福岡県杷木町の柿つくりの名人小ノ上喜三氏も駆けつけてくれた。大型火力電力の造営に反対する漁民の環境意識は高く、活魚を捌いて盛られた夕べの宴は、意気軒昂《いきけんこう》だった。翌早朝、漁家の田嶋さん一家の定置網漁船に乗せていただき、水揚げの様子をつぶさに見学した。奥さんが飛びはねる魚を甲板で捌いて、刺身にしてごちそうになった。山里に暮らす身には、全てが異次元の別世界だった。その余韻を残したまま、小ノ上さんの車で牛深《うしぶか》港に向かった。NHK朝ドラ『藍より青く』の舞台になった所だ。途中、隠れキリシタンの歴史をしのばせる小さな教会を垣間見た。牛深からはフェリーで八代海を渡り、対岸の水俣に着いた。まず杉本夫妻をご自宅に訪ね、昨年の「水俣・高畠展」のお礼を申し上げた【写真32】。すでに解禁された漁から戻ってきた長男の魚で、杉本栄子さん手造りの昼食をご馳走になった。そこから沿岸を北上し、松橋町《まつはせ》（現宇城市）に着いた。グリーンハートという農業法人を営む松村成刀《しげと》氏が催す講演会は、夕刻の7時から開かれた。そのとき、提携する消費者を代表して、あいさつと講師紹介をされたのが吉川直子さんだった。グリーンコープの青果・米委員会委員長の役割を担って、産直活動の第一線で活動しておられたのである。初対面ながら、有機農業のめざす地平を見据えた造詣の深いことばに感銘を受けた。2時間の講演のあと、七草会（松村さん宅）の研修棟に席を移し、交流会が持たれた。そこで同席した吉川さんが持参された拙著に、署名したのを覚えている。以来、今日まで、20年に及ぶ親密な絆を結ぶ出発点になった。

写真 32　水俣にて杉本さんご夫妻と

松村家に泊めていただいた私は、朝、雄鶏の声で目が覚めた。すぐ近くの浜辺に出て、干潮の遠浅を眺めた。泥の中から無数のムツゴロウが頭を出し、ピクピクと跳ねる様子は珍しかった。朝ご飯に烏骨鶏の卵をかけていただいた。ゆうき生活の豊かさを満喫した。

翌朝、福岡県立花町まで移動し、やはり法人組織で環境農業を営む松尾さんの催す講演に臨んだ。当地は、中山間の傾斜地を活かしたキウイフルーツの栽培が盛んだった。会場の町民センターには、作家五木寛之氏のコーナーが設えてあった。ここまで、九州の長い旅程を、自家用車で案内し、多彩な人間関係を以って、細やかなご配慮をいただいた小ノ上喜三さんに感謝したい。午後の日程を終え、松尾さんに福岡空港まで送っていただき、帰途についた。

7月は田の草取りのピークで、畦畔《けいはん》の草刈りも先行しないといけない。その間、河原俊雄氏の『帰農の里』の出版を祝う会（ハピネス）や、高校総合学科制検討会に出席し、まほろばの里農学校で、「農を楽しむ」というテーマで講義した。8月、お盆直前、全国環境保全型農業推進会議（JAビル）に出席し、20日には、日有研対話集会に菊地良一氏とともに参加、東京農大百周年記念講堂で基調講演を務めた。地元では、千葉大法経学部野沢ゼミ、立大学生部、法学部栗原ゼミのフィールドワークが相次ぎ、加えて神奈川総合高校の研修旅行の生徒にも話をした。秋たけなわの高畠は、都市の知識青年の歓声で活気づいた。

10月半ば、早大大学院アジア太平洋研究所原剛教授が来町し、原ゼミの高畠調査の意向を示された。たかはた共生塾の鈴木久蔵塾長宅に同行し、実施についての相談を詰めた。鈴木氏のご好意で、新設した気まぐれ図書館に合宿しながら、11月中旬から院生の本格的な調査活動が開始された。そのテーマを、景観、有機農業、地域づくりの三本柱に絞り、たかはたの場所性を探求しようという取り組みであった。そこを起点として、早稲田環境塾の高畠合宿を積み重ね、『高畠学』（藤原書店）の出版から、「たかはた共生プロジェクト」に至る新たな筋道が描かれることになる。11月下旬、「ごはんを食べよう国民運動シンポジウム」が、霞が関のイイノホールで開かれた。兵庫県が主催し、NHKが協賛したその集まりで、菅原文太氏が講演し、木村尚三郎氏もパネラーに加わった。

12月上旬、「食とみどり、水を守る全国集会」が、花巻志戸平温泉で開催され、現地からの実践報告をした。翌日は、立大「環境と生命」フォーラムに赴き、栗原氏、西田氏との鼎談の後、池袋アーバンホテルでの交流会は楽しかった。12月中旬、詩のモチーフを求めて山梨県立美術館を訪ねた。ミレーの「種を播く人」の原画を中心に、2階フロアーはミレーの大小の作品群で占められていた。「種を播く人」の原画は、ボストン美術館と山梨県立美術館にしかなく、髙島屋のギャラリーでその2点を並べて展示公開したことがあった。構図は全く同じだが、色調と陰影の微妙なちがいを感じたことがあった。師走の八ヶ岳おろしの強風のなか、日帰りで甲府郊外まで出向いたことで、後日、詩集『種を播く人』の誕生につながった。

2001年（平成13年）

農から明日を読む

集英社新書編集長の辻村博夫氏からの要請を受けて、昨年からエッセイを書き始めていた。農作業と社会活動の合間をぬっての執筆なので、思うように捗《はかど》らず、辻村さんにはずいぶん辛抱づよく待っていただいた。ようやく田植え後に脱稿し、6月中旬、初校ゲラが届いた。7月上旬、辻村編集長が来訪、自宅で校正の打ち合わせをおこない、翌日、町役場に案内し、さらに文中に登場する田んぼやりんご園をご覧いただいた。初校から1か月かけて、最終校正が終了した。タイトルについては、最初『尊農攘衣の思想』を考えたが、曲折を経て『農から明日を読む』に落ち着いた。望外なことに井上ひさし氏から過分な巻頭言をいただいた。そして9月中旬、精魂を傾けて書き下ろした新書が誕生した。10月、上京の折に、辻村さんが打ち上げの席を設けてくれた。会席は、両国国技館の近くのちゃんこ料理店「吉葉」で、小さな土俵まで設えてあった。少年の頃ファンだった吉葉山ゆかりの店だという。

下旬には、地元で教委や学校関係者の出版を語る会が催され、やがて県教委木村宰教育長の目にとまり、第5次県教育振興計画審議会委員に引っ張り出される契機になった。

一樂照雄氏の記念碑を建てる

2001年のもうひとつの大きな事業は、有機農業の父、一樂照雄氏記念碑建立の取り組みである。7月上旬に発起人会を開き、和田民俗資料館の前庭に、一樂氏の揮毫された「子供に自然を／老人に仕事を」という文言を刻んだ石碑を建てようということになった。しかも協賛事業で、全国の有志に呼びかけ、自前でつくることを基本とした。地元産の自然石に大理石に彫った碑文を填《は》め込み、側面の由緒文は、私が起草し、戸谷委代さんの達筆で飾っていただいた。工事は、町内の引地石材店に担っていただき、小さな規模でも一樂思想を象徴するような格調の高い記念碑の実現を期した。そして、11月11日、菊香る中で全国の有志の協賛に応える形で、一樂照雄氏記念碑の除幕式がおこなわれた。「自立と互助」をテーゼとし、あるべき農の姿と、生消提携のありかを示す一樂思想のシンボルができたことで、改めて認識を深めるべく、毎年11月初旬に一樂忌を営んできた。七回忌の後は「一樂思想を語る会」として、今日まで継続している。そこでは、先生のご子息や、一樂先生と親交を結ばれた方々から講話をいただき、ふり返りとともに今日の課題にどう切り結ぶのか、参加者全員が語り合う場としている。夕刻からの懇談会は、地元のお母さんの手になる郷土料理と地酒で大いに盛り上がり、再会を約して散会する。昨年、15回の節目に、代表を中川信行氏にバトンタッチし、広く実行委員会を構成して取り組んでいる。

目線をわが家の足元に移すと、孫の悠一郎（長男）が和田小学校に入学した。航希（次男）、潤哉（三男）も和田保育所に入園した。私は、東京農大進士学長の依嘱を受けて客員教授に就任した。担当分野は農民文学である。次女の敦子は、県立小国高校の司書から、米沢興譲館高校に移った。4月には三女さえ子が龍ケ崎市の大庭常彦君と結婚した。

町内では、正月明けに島津助蔵前町長（名誉町民）が逝去され、2月10日、まほらで盛大な告別式が挙行された。3月には、島津信六前助役が他界され、7月には、菩提寺常照院の中井川運戒和尚が彼岸に旅立たれた。また10月には、教委元管理課長島津幹男氏が他界され、師走に入り森義矩前高畠高校長が急逝された。年末には沢登晴雄氏の訃報が入り国立市応禅寺での告別式に参列した。相次ぐ悲報に胸が痛んだ年であった。

そうした悲喜交々《ひきこもごも》の間を縫って、私と妻は3月中下旬、南紀熊野の旅に出た。名古屋からワイドビュー南紀7号に乗り、まず勝浦温泉で降りた。海辺のホテル浦島に泊まり、夕暮れの熊野灘に遊覧船で漕ぎ出した。その昔、水軍の砦を忍ばせる島影を望みながら、黒潮の波間に遊んだ。2日目は、定期観光バスで熊野三山参詣である。熊野川の清流を眺め、杉の美林をくぐり、熊野古道の情景に浸りながら熊野本宮大社本殿に着いた。鬱蒼とした巨木に囲まれた神殿は、この国の熊野信仰の本山にふさわしい風格がある。次に急な石段を喘ぎながら登って、朱塗りの熊野那智大社を参拝した。谷の向こうに那智の大滝を望み、しばらく深呼吸をした。新宮で佐藤春夫記念館を短い時間だが参観した。高校時代に初めて買った本が佐藤春夫の『殉情詩集』であり、その文体とフレーズの美しさに魅了された日のことを想いおこした。「紀の國の五月なかばは／椎の木のくらき下かげ／うす濁るながれのほとり／野うばらの花のひとむれ／ひとしれず白くさくなり、」（ためいき）

夕刻、白浜のホテルシーモアに投宿し、海女さんたちの営む海鮮の店を訪ねたが予約で一杯だった。運良く探し当てた海辺のレストランで、海の幸を堪能した。翌日は、南方熊楠記念館をじっくり参観した後、海底見物の遊覧船で魚の群れや海女さんの仕事ぶりを見た。遠浅の海辺を彩る青のりの緑が目にしみた。その後、パンダを飼育する高台の公園から、黒潮洗う南紀の風景を望み、ふと補陀落《ふだらく》信仰で渡海した衆生のことを想った。午後、くろしお16号で大阪に向かった。車窓に展ける有吉佐和子さんの作品の舞台、有田川、紀ノ川の風物を脳裡に刻んだ。

田植えを済ませた6月初旬、新潟消費者センター50周年記念式典に、中川信行さん、高橋稔さんとともに参列した。下旬には、紅玉りんごの袋かけの手を休め、東京農大総合研究所特別講演を担った。

8月初め、山内丸山遺跡を参観したのち、青森ねぶた祭りを見物した。大きな山車《だし》と勇壮なはね人《と》のかけ声が響き渡り、街は熱い渦に呑み込まれる。長い冬にうっ積したエネルギーが、短い夏に噴出するかのようだ。呼応する観衆もほとぼりが醒める頃、バスで1時間かけて馬門《まかど》温泉にたどり着いた。

翌日は、八甲田山山麓をぬって奥入瀬渓流のしぶきを浴び、十和田湖の静謐ときらめきで心身を癒した。夏の終わりに、屋久島在住の詩人山尾三省氏の訃報に接した。春美夫人の実家（南陽市）を訪ねる予定で、その折に『地下水』代表の斉藤たきちさんと私が赤湯温泉でお迎えし、歓談するのを楽しみにしていた。ところが三省さんは末期がんの症状がつのり、やむなく東京から引き返したのだった。そして、屋久島の深い森と、奥様や仲間たちの深い愛に包まれて、天界へと旅立った。

10月初め、東北芸工大開学10周年記念の薪能がキャンパスの水辺で開催された。その幽玄な舞に引き込まれ、夜の冷気を忘れて見入っていた。秋の取り入れが一段落した10月下旬、佐藤徹郎氏入魂の『美の匠たち』の出版祝賀会に上京した。伝統工芸に生涯をかける女性作家の作品と生き方を集大成した選集で、世に出した編集者の心意気が胸を打つ。この年から、女子栄養大学の月刊誌『栄養と料理』で、ジョニー・ハイマス氏の写真と私のエッセイを重ねた「稲作の情景」の連載が始まった。新潟県柏崎農業普及センターの農村女性研修や、米沢女子短大の講座などで、女性の元気度を実感した年だった。

併せて、渡部宗雄氏の新宅、渡部務氏の〝さと小屋みずほ〟の竣工など、師走を慶事でしめくくれたのはうれしい。

2002年（平成14年）

学校給食を問い直す

正月の松をおろした2月上旬、三女さえ子の縁談が整い、茨城県利根町の大庭家の両親が来訪し、長男常彦君との結納を交わした。そして、春うららの4月、龍ヶ崎市で結婚式を挙げた。自立心のつよい娘なので、常総の風土と人情に包まれて、新たな生活を築いて欲しいと願うばかりだ。

私は、この年も多忙をきわめ、1月は農水省係長研修、埼玉県ゆうき100倍ネットワーク大会、滋賀県甲賀地域農業の集いなどで講演した。2月は、群馬県甘楽町、青森県弘前市、全農林東北地本労働講座（宮城）、学校給食を考える全国集会（教育会館一ツ橋ホール）、3月には『栄養と料理』誌上で、女子栄養大香川学長と國學院大古沢広祐教授と鼎談した。4月に秋田県大館地区「学校給食を考える集い」、7月に岡山県学校栄養士研修会、10月に大分県学校給食を考える集会と、年間を通して給食のありかたを問い直す場に臨み講演をした。これも地元の和田小学校周辺のお母さんたちが、64年から自給野菜組合をつくり、朝採りの有機野菜を給食室に届けてきた長い間の実践をふまえ、地産地消のシステムを示すことができたからである。

そうした中で、身辺のかけがえない方々が相次いで他界される悲しみに遭遇した。4月、友人で有機農業の同志、渡部有喜さんが若くして不帰の人となり、5月初めには、まほろばの大人《たいじん》鈴木久蔵氏が昇天された。鈴木氏には、町助役時代から、退任後たかはた共生塾々長として10余年、言い尽くせぬ恩義を賜った身で、5月11日亀岡小体育館で営まれた合同葬の実行委員長を務めた。わが胸中に、そしてまほろばの里に、巨きな空洞が残った。夜、資料館で共生塾の偲ぶ会を済まし、翌12日、予定の日程なので、土の会の白神山地研修旅行に出かけた。会員の山内寀一《しんいち》さんのワゴン車に、一行7名が同乗し、東北自動車道を一路北上した。岩手から秋田県藤里町に向かい、世界自然遺産白神山地の大自然の精気にひたりたいと願った。夕刻、ホテルゆとりあ藤里に、無事到着した。たまたま今日から山開きということだったが、お客さんはまばらで、私たちの貸切りのような感じで、丁寧な応対を受けたのは幸いだった。翌13日は、朝から待望のブナ林散策である。ワゴン車で粕毛林道を登り、駒ヶ岳登山道入口に駐車し、そこからは未だ誰も踏まない乾いた落葉の山道をゆっくりと歩いた。ブナの原生林に入ると、そこは聖地のような英気がただよう。樹齢400年と記された巨木の前では、手を合わせ、頭《こうべ》を垂れて、しばし佇んだ。わが家の庭先に、樹齢200年とおぼしきブナの木があるが、白神の巨樹は桁ちがいの存在感をもってそこに立っていた【写真33】。手つかずの自然が本来持って

写真 33 白神山地のブナ林にて

いる時空を超えたいのちの循環の前で、分刻みにせきたてられる現代社会の貧しさを洗い流したいと思った。

6月下旬、「第11回まほろばの里農学校」（前期日程）が開催された。今回遠く熊本から、吉川直子さんが初めて参加された。２０００年、天草からの復路、松橋町（現宇城市）のグリーンハート、松村成刀さんが主催する講演会で初めて出会い、交流を深めてきたが、農学校への参加という懸案が初めて実現した。開校式の講座で、私は「農の作る風景」と題し、景観の魅力について話した【写真34】。翌日からのファームステイは、吉川さんと、『栄養と料理』の編集者監物奈美さんだった。りんご紅玉の袋かけに精出していただいた後の夕餉は、時の経つのも忘れて歓談した。以来、20年近くの歳月、折節の催しや援農に、高畠に来町された足跡が続いている。

写真34　第11回まほろばの里農学校にて

7月16日、ひろすけ童話賞の選考委員会が、文京区シニアワークで開かれた。日本児童文芸家協会の全面的な協力により、多数の推薦作から入念な予備選を経て、数点の候補作の中から受賞作を決定する場である。そのとき、高畠町出身の日本を代表する木彫家鈴木実氏の訃報が入った。選考委員のひとりとして、広角の視座からの意見は貴重だった。浜田広介記念館理事長高梨吉正氏（元町長）他、上京した事務局員とともに、会議が終わるとすぐに、自宅とアトリエのある取手市に赴いた。生涯かけて稀有な秀作を次々と生み出した彫刻家は、居間の畳に仰臥《ぎょうが》し、無言でふるさとの弔問者を迎えた。

その枕辺に、最上の銘酒〝絹〟が供えられていた。

環境事業団の自然保護講座

8月下旬、環境事業団が主催し、たかはた共生塾が共催を組み、「環境と農業」をテーマに自然保護講座が高畠町で開かれた。初日、まほらでセミナーの趣旨説明とセレモニーがおこなわれ、翌30日は里山と有機農場（渡部務、星）の現地視察に出かけた。午後は「ゆうき農業と景観」についてシンポジウムに移った。早稲田大学の原剛教授を中心に、星、他がパネラーを務めた。夜、和田民俗資料館と農協直売所2階を会場にした交流会は、大いに盛り上がった。遠く鹿児島から参加された純心女子大学教授の高田久美子さんや、日仏協会の石井幸子さんと歓談している中で、フランスの理想郷アルカディアの風物や、ジャン・ジオノの描く『木を植えた男』の物語が話題となった。そうしたストーリー性が体感できるようなフランス旅行を実現したいネ、という発案がなされた。その夢を正夢にしようと、石井さんに人間関係や情報を駆使して、プランを練りあげていただけることになった。本セミナーが生み出してくれた思わぬ幸運の誕生である。3日目は、町内コース別研修で締めくくった。結びは、そば教室で、そば粉100％の上和田そばの手打ちと会食で、食文化の一端を五感に刻み解散した。このように充実した手応えで全日程を終えることができたのは、事務局を担った環境事業団の加藤さんと、たかはた共生塾の小林さんの貢献によるところが大きい。加藤さんは、のちに早稲田環境塾の環境問題の専門家として、とりわけクリーンエネルギーの推進に活躍されている。

風の盆、魂の風情

9月初め、一度は見たいと思っていた富山県八尾町（現富山市八尾地区）の〝おわら風の盆〟を見物に出かけた。丸山、平、高橋（俊）、の各氏と私の4人の小さなツアーである。3日間で80万人も全国から訪れるおわら風の盆とあって、近くに宿はとれず、富山市内のホテルに泊まり、JR線で通っての盆踊り鑑賞ということになった。明るいうちに到着したので、住民が一貫して保全してきた諏訪本町通りなど伝承の街並みを、ゆっくりと歩いて雰囲気を味わった。続いて曳山展示館で山車や装着具や衣装に見入り、早々に盆踊りパレードを望む居場所を定めた。夕暮れになると、独特の哀愁を帯びた笛の音と、太鼓の響きが近づき、菅笠を深くかぶった踊り手の列が現れた。女性は華やかな振袖、男子は紺色の股引《ももひき》、半纏《はんてん》の姿で、静かな歩調のまま踊る。佐渡おけさに一脈通ずる手振り身振りのようだが、何か幽玄の気を感じさせる。風の盆の踊りは、素人の私がこれまで味わったことのない魂の底に沈積するような何かを残してくれた。翌日は、加賀百万石博と兼六園を鑑賞して帰途に着いた。風祭りの二百十日になれば、越中越後の美田は穂を垂れこめ、刈り取りを待つばかりだ。

おばあちゃんのおにぎり

高畠では、稲の取り入れと、中生種りんごの収穫も終えた11月中旬、第13回ひろすけ童話賞の贈呈式がまほらでおこなわれた。受賞作は、さだまさしさんの『おばあちゃんのおにぎり』である。超多忙な音楽家が、歌手活動の合間に、よくぞ感動的な秀作を書いたものだとうなってしまう。内容はお読みいただく他はないが、物語の前半は北辺の砂漠を跋扈《ばっこ》する匪賊《ひぞく》の手から、たくまざる知恵と度胸をもって砂金の袋を守りぬいた祖母の生活力を描いて読者を引き込んでいく。後半は、少年の誕生日におばあちゃんが心をこめてつくってくれたおにぎりを、ある誤解から食べなかったことが、トラウマとなって残ってしまった少年の感情を、ういういしいタッチで綴る。おそらくは、作者自身の体験をベースにした童話であろう。授賞式でのトークや熱唱も、さだまさしの世界そのものであった。これを機に、初回から13年務めた選考委員を岡信子さんとともに勇退した。

ふり返ると、エポックを成す事柄が多かった年であったが、次々と訪れる大学のフィールドワークへの対応や、各種会議での提言、各地での講演などは、平常心で役割を果たすことができた。家族や地域住民、有機農業の仲間、提携消費者市民などの協力とご支援の賜物である。

2003年（平成15年）

「いのちの教育」に全力を注ぐ

2003年度は、不相応の重い荷物を背負って、これから先10年間の県教育ビジョンの策定に全力を傾注した年となった。ふり返ると、町教育委員を退任して4年も経った私の所に、県教委総務課長の森さんと伊藤補佐が来訪された。木村宰教育長の指示で、第5次山形教育振興計画（5教振）審議委員会の委員になって欲しいという要請をもってのことである。すでに教育行政から退いて時が経ち、昨今の事情にも疎く、しかも全県を視野に納めた論議に加わる能力はないと固辞した。けれど10日後に森課長が再訪され、どうしても審議委員を引き受けて欲しいと要請された。承諾されなければ、木村教育長が直接足を運ぶとのことなので、それでは申し訳ないと思い、非力を省みずお受けすることにした。3日後には、5教振の初めての会合が、県庁講堂で開催され、各界を代表する委員の顔ぶれが集った。初等中等教育の関係者だけでなく、文化人、報道、大学教授など多彩である。その中で、どういう風の吹き廻しか、素人の私が審議委員会の委員長に選任されてしまった。さっそく協議を進める羽目になったのである。

5月上旬、5教振事務局スタッフの中核を担う総務課の伊藤丈志補佐と計画の大枠について打ち合わせをした。伊藤さんは、鶴岡市出身の東大出のエリートで、誠実な人間味と実務能力の持ち主である。この人と一緒に何とか舞台廻しができるのではないかと予感した。

5月下旬、田植えの季節だったが、朝日新聞社が主催する「転機の教育シンポジウム」の聴講に単身上京した。事前の予約を必要としたが、会場の朝日ホールは満席で、熱気がみちていた。集会は3回の予定で、1回目は初等中等教育、2回目は社会教育、3回目は高等教育と続くが、私は1回、2回と参加し、議論の内容を事務局に伝えた。当時、ゆとり教育が叫ばれ、いかにして児童生徒が主体的に学ぶ力を養うかがテーマになり、2回目の社会教育・生涯教育のときには、いじめの根絶に向けての環境をどうつくるかが話題となった。時代の波と、地域や学校の固有の条件とのかみ合わせが難しいところだ。

6月1日、県教委の伊藤さんが来町し、素案づくりの打ち合わせをおこなった。翌日は、4教振づくりをリードされた県立米沢女子短大の沢井学長を訪ね、「感性教育」から引き継ぐテーマ性について、ご意見を伺った。その2日後の4日には、県庁で5教振専門委員会に出席、9日には同じく社会教育専門部会に同席し、各委員の熱心な提言を聴いた。それらをふまえ、7月14日、15日に上和田のゆうきの里さんさんに合宿して、5教振事務局の集中討議がおこなわれた。築200余年の古民家を改修した和田民俗資料館の自然に開かれた雰囲気の中で、伊藤和夫次長はじめ8名のスタッフが昼夜兼行で交わした議論の中から、5教振のキーワードになるフレーズが生まれた。「いのちの教育」である。この理念を大黒柱に、さっそく素案を構成しようということになった。ゆうきの里の和田地区は、種なしぶどうデラウェアの一大産地で、加温物の熟期を迎えていた。初夏の風は、その甘酸っぱい芳香を胸元に運んできた。

その10日後、主筆伊藤補佐の手になる素案が送られてきた。教育県山形の精神風土をベースに、今日的な課題に切り結ぶ英知のきらめきが感じられ、最初の叩き台としては共感できる内容だった。7月末日開催予定の5教振審議委員会を前にして、伊藤補佐と素案のすり合わせをおこなった。審議会では、説明を受けておおむね肯定的な受け止めが多かったが、いずれにせよ本番はこれから始まると実感した。

まず、内向きの発想にならないように、外部の有識者の助言をいただくべく東大の佐藤学教授、明治大の栗原彬教授（社会学）、筑波大の門脇厚司教授に素案を送付した。

お盆明けの23日、高畠町の地域教育のリーダー数名の方々に、わが家の撫心庵に寄っていただき、主筆の伊藤さんから素案の説明と、忌憚《きたん》のない意見交換をした。県民参加型の教育ビジョンづくりを基本姿勢にして、現場の第一線の先生方の意見を大事にし、加えて各界の識者の意見を伺う地域懇談会を開催した。私は、置賜地区と村山教育事務所管内の場に参席した。いずれも傾聴すべき意見がたくさん述べられた。4つのブロックの懇談会を終えた11月上旬、修正加筆した素案を提示して、学校教育小委員会と社会教育小委員会が自治会館で開かれた。インターネットでの公開も併せ、中間案の構成にスタートを切った。師走半ば、識者の助言を直接伺うために、伊藤さんと上京した。立教大の名誉教授の栗原彬先生に大学の応接室を用意していただき、半日を費やしてご意見を伺うことができた。夕刻からは、「立大環境と生命フォーラム」が、哲学者の内山節氏をゲストに迎え、市民公開で開かれた。そこに参加した伊藤さんと、ホテルのロビーで深夜まで熱く語り続けた。このように寝ても覚めても5教振に関わり続けた2003年だが、まだまだ途半ばで、取り組みは年度末の成案答申まで続く。正月早々から関連のサブ資料を読み、気づいた点はすぐに伝えたが、木村教育長を中心にスタッフが一丸となって取り組み、3月上旬中間案をまとめあげた。そして3月半ば、「いのちの教育」を基本テーゼとし、「いのち」、そして「まなび」と「かかわり」を柱とした5教振の成案ができ上がった。吉野弘の詩や、斎藤茂吉の歌などを挿入した異色の教育計画は、データやイラストも添えて、150頁にも及ぶものとなった。3月15日、教委総務課で答申案の検討をおこない、18日には教育長室で3時間かけて丹念に成案を検討した。さらに23日、伊藤補佐が来訪し、答申案の最終チェックをおこなった。いよいよ25日の午前中、答申を前に、国語の大家である木村教育長とともに、文体や言語表現について精査をした。そして午後2時30分、万感の思いを込めて、5教振の成案を木村教育長に答申した。それは、年度内に開催された県教育委員会において、全会一致で議決された。私の重い荷物は、ようやくやせた肩からおろされたのであった。

私が時系列をたどってきたのは、策定の経緯だけであって、内容にはほとんど触れずじまいだった。ぜひストーリー性を備えた山形の教育ビジョンを改めて紐解いていただきたい。

計画推進の1年目は、各地の教職員、PTAなどの研修の機会に出向き、啓発、普及に努めた。実践の具体例のひとつに、少人数学級の更なる推進があり、長南博昭次長の働きかけで共鳴する府県との連携で、国の制度的な改善を要望するなど、広がりを見せた。

沖縄具志頭村《ぐしかみ》で

2003年は、5教振一色で動いた年だが、私の身辺の所ではいくつかのエポックがあった。昨年7月、能代市でおこなわれたふるさと活性化セミナーのご縁で、沖縄県具志頭村の金城氏とめぐり会い、2月中旬の4日間沖縄の実情をつぶさに参観、研修の機会を得ることができた。2月12日の夕刻、那覇空港に着き、翌朝、具志頭村役場で村長を表敬訪問した。その後、村内の施設や農業の実情を、つぶさにご案内いただいた。サトウキビや甘藷《かんしょ》だけでなく、パパイヤやマンゴーなどの施設園芸が急成長していた。午後は、摩文仁《まぶに》の丘、戦没者墓地や、沖縄激戦の趾地に佇み、想像を超える人間の悲劇を胸に刻んだ。14日は、講演会場の設営や催物などに立ち合い、夜の講演に備えた。その折に、旧交を温めてきた輿石《こしいし》正氏に会った。輿石さんは東京の出身で、名護市嘉陽に移住し、開拓農民から出発したが、いまは予備校を経営する文化人である。私の詩「願望」に出てくる〝青いささげ〟は、氏から贈られたものであった。映像を入れての講演は、北国東北の農業と地域づくりについて、関心と理解を深める契機になったと思われる。

夜は、安里経済課長宅での交流会を楽しんだ。中学生が奏でる蛇味線のリズムにのせ、伝統の踊りや民謡の調べが深夜まで続き、南国の春を呼んでいた。そのまま、安里課長宅に泊めていただいたが、前泊の海辺のホテルから眺めた珊瑚礁《さんごしょう》の美しい遠浅の海が、鮮やかな印象のまま残っている。最終日は、歴史資料館や、那覇の公設市場を参観し、活魚を捌いた昼食をいただき、帰途に着いた。亜熱帯の風土に息づく産業と文化、そして温かい人情に浴した時空は、いまも宝石のように輝いている。帰宅後、息つく間もなく、北海道農協中央会の主催するパワーアップセミナーに飛んだ。定山渓温泉の湯船に身を沈めながら、窓外に雪の舞う北の大地と、琉球弧の気象風土の格差を、改めて体感した。

3月3日、桃の節句とは名ばかりの寒い雪の中、NHKの中野ディレクターが、「心の時代」の収録に訪れた。りんご園で、録音機の電池がすぐに凍ってしまい、何度も交換しながらの取材だった。それは、「土のぬくもり」というタイトルで、立春の日のラジオ深夜便で放送され、予期せぬ反響を呼んだ。その中野さんの訃報を杉山徹アナから聞いたのは、何年後のことだろう。

4月、春まだ浅い季節、親友の有本仙央さんの愛妻之子さんが他界された。県立中央病院の保健栄養課長として、県民の健康増進のために尽くしてきた方だけに、その夭折は惜しまれる。地域青年の開かれた私塾有本学校を支えた内助の功は大きく、また退職後は安久津八幡宮門前のアトリエで、趣味のガラス刻彫にいそしんでいた。6月半ば、之子夫人を偲び有本仙央さんを励ます会が、赤湯温泉竹屋旅館でひらかれた。中下旬に、秋田県湯沢市での有事立法反対集会に駆けつけ、むのたけじ氏とともにスピーチをした。その折に、羽後町の農民運動家・高橋良蔵氏の自宅を訪問し、自給的酪農経営の姿に感銘を受けた。

願望

まだ見ぬ沖縄の友から
山原《やんばる》の香気を詰めて
あおいささげが届いた。
珊瑚の海をこえ
三千キロの天空を駆けて
さやかな形のまま
竹笊にあふれる　いのちの群れ

掌にのせると
北の冷気に肌をそめて
とおい赤土のぬくもりを
ひたひた伝えてくる。

小刻みな時間とか
目の廻る忙しさとかを
すつと超えるもの

ふところの手帳に
ひしめく暦の　とらわれの時
失われた余白への願望
（中略）
青いささげを抱え
ふと立ちあらわれた
野生のモモは　語りかける
「はてしない野道を
ゆつくり　ゆつくり歩こうよ
足跡など消えてもいいよ。」

あたり一面の草花や
鳥や、虫たちや、
風の音や、水の音、
いのちの饗宴《うたげ》に溶けこんで
ぼくは直ぐに　やさしい生き物になる

もう幾何学もようの世界から
解き放たれて
耕す土の豊穣や
あの山なみの曲線や
円みをおびた水平線に
ぼくの複眼が吸い込まれて
かすかに地球の明日が
見えてくる。

秋、次女の結婚

8月末、我が家では、米沢興譲高校の司書を務めていた次女の敦子が、小田原市の酒井慶章君と結納を交わし、10月4日に郡山市で結婚式を挙げた。酒井君は東海大卒の技術者で、三菱系列の郡山支社に勤務していた。披露宴で3人の孫たちが、「世界にひとつだけの花」を唄ったのを鮮明に覚えている。

10月には、国民文化祭児童文学部門の大会が高畠町で開催され、私は受賞作の選考を担った。まほらでおこなわれた立松和平氏の記念講演は、傾聴すべき内容であった。

11月半ば、新生ひろすけ会の結成総会がひろすけホールで開かれ、岩木信孝氏を会長に選んだ。私は、副会長の任を引き受けた。

12月上旬、早大オープンカレッジが開かれ、講演をした。また、地元東北芸工大のキャリアプランニング講座の講師を引き受け、学生のレポートに目を通した。息つく間もなく2003年は暮れた。

そのように忙しすぎる日常ではあったが、時折クッションになるような息抜きが必要だと考えていた。3月中旬、オールドボーイズの九州の旅で、湯布院温泉の玉の湯に泊まり、溝口薫平氏から格別のおもてなしを受けた。それから松村成刀さんの案内で、神々の宿る高千穂、そして雄大な阿蘇草千里を望み、熊本菊南温泉に着いた。かつて、たかはたワインの常務だった三池勲氏と、グリーンコープの吉川直子さんが待っておられ、交流の宴がはずんだ。3日目は、三池さんが新たに立ち上げた〝くまもとワイン〟の工場を見学し、さらに熊本城へとご案内いただいた。日本の名城の壮大なスケールと、石垣の精巧な美しさに見とれた。

2004年（平成16年）

バルビゾン村、ミレー再訪

2004年2月初め、千葉県東葛地区農業市民交流集会に招かれ、講演した。普及センターが主催する都市近郊農業の振興を描く集まりで、市民を巻き込んだ意欲的な内容だった。

2月中旬、食と農を考える南信セミナーが信州大農学部（伊那市）で開かれた。キャンパスの百合樹《ユリノキ》の並木の堂々とした姿が印象的だった。

3月上旬、妻と伊勢志摩、和歌の浦の旅に出た。鳥羽に泊まり、遊覧船で湾内を巡り、伊勢志摩真珠館を参観した。翌日は伊勢神宮を参拝し二見浦の夫婦岩を見て、JR線で和歌山に向かった。ホテル萬波に泊まり、紀州の食文化をかみしめた。3日目、和歌浦の万葉館を参観し、山部赤人歌碑の前に佇んだ。圧巻は、和歌山城の天守閣に昇ったことである。

5教振答申を終えた3月下旬、昨年に続きオールドボーイズの九州旅行に出かけた。27日午前中に長崎空港に着き、オランダ坂、グラバー邸、原爆資料館、平和公園、永井隆記念館、浦上天主堂などをはりつめた思いで参観した。とりわけ被爆の救済に命をかけた永井博士の博愛に魂を揺さぶられる思いだった。高台のホテル長崎から眺めた1000万ドルの夜景は、この世のものとは思えない華やかさだが、あるいは鎮魂のきらめきにも見えた。翌日はハウステンボスを参観、オフンダ文化のテーマパークのスケールの大きさに感嘆した。福岡杷木町の小ノ上さんが、長崎まで出迎えて下さって、佐賀の有田焼の窯元や吉野ヶ里遺跡に案内していただいた。そこから熊本の玉名温泉に投宿し、司ロイヤルホテルで小ノ上、村松、桝本（元ＮＨＫ）の各氏と、吉川さんも加わって賑やかな交歓の席となった。3日目は、水郷の柳川でその風情にひたり、北原白秋記念館で日本の抒情と感性に触れた。九州各地の友人知人のおかげで、心が洗われるような旅になった。

帰宅直後の4月2日、赤坂プリンスホテルで佐藤徹郎氏が編集する「知遊」の誌上対談に臨んだ。お相手は、私が最も敬愛する木村尚三郎先生である。中世西洋思想の研究家として著名で、「耕す文化の時代」や「美しい農の時代」は愛読してやまない。対談では木村先生がむしろ農の現場のことをたずねられ、それに論理的裏付けをなされたように思う。私にとっては、かけがえのない幸せな時間であった。

4月25日、川西町町長に原田俊二氏が当選した。原田さんは都立高校の教諭を辞めてUターンし、農業にいそしみながら町議を務めていた。帰郷後は、しばらく上和田の山裾の畑に通い、佳矢乃夫人とともに野菜や雑穀を作り、高畠町有機農研の事務長を担っていただいた。隣町に新しいまちづくりのリーダーが誕生したことを喜んだ。5月末、飯豊町町民総合センター「あーす」で置賜文化フォーラムが催され、芳賀徹氏が「イザベラ・バードの道」と題して講演した。バードが日本奥地紀行の中で「ここは東洋のアルカディアだ」と絶賛した中心地で、碩学の格調高い講演は、人びとに誇りと自信を呼び覚ました。6月5日、三女さえ子に女児が誕生した。あんりと名付けた。6月半ば、メキシコ大学院大学の田中道子教授が来訪された。帰国のたびに高畠においでいただけるのはありがたい。6月下旬、第13回まほろばの里農学校が開校し、「新しい田園文化社会を描く」というテーマで講演した。ファームステイではりんごの袋かけをやっていただいた。田んぼの雑草が勢いづいて伸びるので、中耕除草を1回、2回とおこない、その後は手取りである。梅雨期の集中豪雨で、各地で被害が出た。梅雨明けの7月下旬、東大法学部森田ゼミが来町し、まなびネット公開講座では、県教育長木村宰氏の「いのちの教育とは何か」という講演をいただいた。

8月初め、石井幸子さんが日仏協会のクリスティーヌさんを同行して、フランスの旅の打ち合わせに来訪した。有本さんのアトリエに遠藤周次さんご夫妻と私も集まり、石井さんに企画立案していただいたスケジュールを検討した。その際、木村尚三郎先生からアドバイス頂いた参観のポイントを活かして、さらに充実した旅にしようということになった。出発の直前に、新潟県五泉市の給食を考える集会で講演し、和田小職員研修に出たり、中学校時代の恩師鈴木慶子先生の告別式に参列した。終戦直後の仮教室の煤けた壁にかかっていた「晩鐘」の複製画がはるかフランスへの旅の原点であることを思うと、ふしぎな運命の糸を感ずる。

いよいよ8月30日正午、エールフランス機に搭乗し成田を発った。案内も全て頼りきりの石井さんと、有本さん、遠藤さんご夫妻、私の5名のプライベートの旅である。ドゴール空港に着いたのは、時差もあって夕刻だが、パリ市内のホテルアゴラに落ち着いた。夕食は街に出て、地下の海賊の洞窟のようなレストランでとった。翌朝は名物の朝市を見物した。その後、密度の濃い市内観光を体感した。ジャンヌダルク像、セーヌ川、モンマルトル広場、サクレクール寺院などを次々とご案内いただき、午後はオルセー美術館をじっくり参観した。ミレーの「晩鐘」、他の名画とは二度目の対面である。一流の芸術に真向かい、楽園のような経験に酔った。一日の終わりに、レ・ドゥ・マゴという有名なカフェで、生ビールとコーヒーを飲んだ【写真35】。その二階に、かつて実存主義の哲学者サルトルとボーヴォワールが住んでいて、各地から若い思想家や芸術家、文学者が集まり、連日議論を交わした伝説の店である。アンドレ・ジイドやピカソも常連だったといわれる。その夜も2階で哲学者の集まりがあって、品の良い初老の女性が案内していた。

パリ4日目は、もうひとつのお目当てであるルーヴル美術館を参観した。８世紀にわたって歴代王朝の宮殿であったルーヴル宮は、その建造物自体が壮麗な博物館である。東西１㎞、南北３００ｍの館内には、30万点の作品が収蔵展示され、全部を見るには7日もかかるといわれる。古代オリエント美術、古代エジプト、ギリシャ、ローマ美術、フランス絵画、北欧、イタリア、スペイン絵画・彫刻・美術工芸品などが1階から3階までのフロアーをぎっしり埋め尽くしている。けれど人びとの最大の関心は、ミロのヴィーナスであり、そしてレオナルド・ダ・ヴィンチの傑作モナ・リザである。さらには、ドラクロワの大作「民衆を導く自由の女神」であり、ノートルダム

写真35 パリのカフェ「レ・ドゥ・マゴ」にて

大聖堂での「ナポレオン一世の戴冠式」である。私は、「ミロのヴィーナス」とは二度目の対面だが、1820年にエーゲ海のメロス島で発見された紀元前1世紀の作とされる。発掘時から両腕のないギリシャ彫刻の女性像が、2000年以上も経ったいまでも世の人びとを魅了するのは何だろう。開館直後の早い時刻なので、正面からだけでなく側面や後ろ姿なども眺めることができた。写真家有本さんの数葉の作品が、その秘密を解いてくれるかも知れない。「モナ・リザ」についてはその謎の微笑を一目見ようと、世界中から多くの人びとがやってくる。卓越した芸術の、時代を超えた生命力のようなものを感ずる。館内から大判の複製画を求めてきたので、額に納め、いつでも永遠の微笑にまみえるようにしたい。話は前後するが、オルセーでミレーの名画と対面した翌朝、特急電車でフォンテンブローに向かった。ミレーの永劫の地バルビゾンを訪ねるためである。パリの南東65㎞の北に広がるフォンテンブローの森はかつて王侯貴族たちの狩猟の場であった。その森と湖の神秘的な美しさは多くの画家たちを引きつけ、やがてバルビゾン派を成す背景となった。パリを離れて移住してくる画家たちを農民たちは心から歓迎し、祭りや結婚式も一緒になって陽気に盛り上げたという。

バルビゾン村の中心街を歩くうち、ミレーの家はすぐにわかったが、家に入る前に名画の対象となった畑に行ってみようということになった。シャイイ平原の大地は、青空の下に無辺に広がっていたが、そこからは「晩鐘」の背景を成す教会の塔は見えなかった。もう少し北寄りの所かも知れない。私たちは野道を歩き、畑に立ち、麦を刈った後の赤土の畑は意外に固かった。一方では、油を絞るためのヒマワリ畑や、甜菜《てんさい》の濃い緑、そして麦の後作に蒔いた菜種《なたね》の薄緑など大きな区割のモザイク模様が広がっていた。

しばらく散策のあと、お目当てのミレーの家に入館した。蔦かずらの這う古い石造りの建物である【写真36】。８年前に温かく迎えて下さった白髪の老館長さんは亡くなられたとのこと。いまは若い女性館長に代わっていた。だが、ミレーが28年間も創作の火を燃やしたアトリエや、様々な作品群はそのままだった。大作の多くはオルセー美術館、ボストン美術館、山梨県立美術館などに納められて、自宅には小品やデッサンなどが多いけれど、１５０年前の創作の情熱や、９人の子どもを育てた家庭の匂いが立ち込めているようだ。

写真 36 ミレーの家を再訪

「晩鐘」の原風景について

あれから
半世紀も経つのだろうか、
木造の中学校舎の
すすけた壁に掛る一枚の絵、
「晩鐘」の小さな複製画が
ふしぎな光彩を放ち
少年の心臓をつかんだ日の
あの鮮烈な驚き、

未だ見ぬ異郷の大地に
夕日が映え、

鐘の音が鳴りひびき、
音色は教室のホールに共鳴し
小さな宇宙を創り出す

一日の仕事を終えた
若い農民夫婦が、鋤を置いて
造物主に祈りをささげる
安らぎの波動
生きる歓びの脈拍

その一枚の絵との邂逅が
ぼくの支柱となり、
ひそかな誇りとなり、
ゆるがぬ根つことなつた。

そして、この弓なりの列島の
北の大地に播かれた種子のように
ぼくは一介の百姓になつた

天地《あめつち》の理に身をゆだね
時代の波にもまれながら
土を耕し、作物を育て
五十年の農歴を刻んだいま
手のたらばしが大きくなり
額のしわが深くなつた

それなのに
ぼくの原郷に水滴のように光る
「晩鐘」の風景は変らない、

憧れのように広がる
フランス・バルビゾンの村。

その精神の大地に立ちたい、
胸ふかく抱いてきたぼくの夢
それが正夢となつた初夏《なつ》の日
オルセー美術館で原画とまみえ
ふるえがとまらぬぼくをのせて
マイバスは一路南へと向つた

バカンスの車の流れにのつて
ほぼ一時間、沿道の並木がきれると
そこは豊穣のくにであつた。
バルビゾンの農村は

どこまでも麦秋の波が広がり
うねつていた、
造物主の意志を映して
きん色にかがやく光景は
この地に生きとし生ける
いのちの色だ

「向こうの丘をごらん下さい、
小さな尖塔が見えるでしよう、
あれが「晩鐘」の背景に描かれた
教会の塔です。
百五十年の昔と少しも変らぬ
この村の姿です」
ガイドさんの声に力がこもる

ぼくは車窓に顔をすりつけて
網膜に刻もうと必死だつた、
たしかに忘れもしない塔が
はてしない麦畑の彼方に浮ぶ、
ふと目の前に、農具を置いた
農夫のシルエットが現れそうだ。
ぼくの鼓膜にひびくのは
永遠のときを告げる鐘だ

やがてフォンテンブローの森に
かかるあたり
ゆかしげな家並が現れる、
石造りの館は草花や樹々に埋れ

ひっそりと静まっている
中ほどにミレーの家はあった。
扉をくぐると、ほのかに
庶民の暮らしが匂ってくる、
妻や子どもに囲まれた
小さな幸せの空間がそこにある

アトリエも広くはないが
二十数年、創作の火を燃やした
精気のようなものが
はるか時空を超えて迫ってくる、
傍では、白い髭の老人が
ていねいにミレーの物語りを
語ってくれる

そこには、神格化されない
生身のミレーがいて、
ふと、したしげに
立ち現れそうな気がする、
同じ大地の子の哀歓と誇りを
共有しようと呼びかけながら。

南仏プロヴァンスの限りない魅力

渡仏4日目、9月2日の午後、最後の目的地南仏プロヴァンスに向かった。パリ駅から新幹線TGVに乗り、エクス駅まで2時間ノンストップの旅程である。フランスは広大な国だからその地方によって固有の顔を持っている。中央部の平原に広がる穀倉地帯や、樹林に包まれた町を過ぎると、山岳地帯にさしかかる。なだらかな草原に白牛が放牧されていた。おそらく肉牛なのであろう。

ローヌ川の支流ドローム川を渡ると南仏特有の風景が開ける。ワイン用のブドウをはじめ、様々な果樹が栽培され、果樹王国の豊かさを感じさせる。遠くリュベロン山脈を望めるが、高い峰は雪をかぶったように白かった。頂上はむき出しの石灰岩で、草木の生えない岩の白さだと知った。ふしぎなことにアビニヨン地方の果樹園は平地なのに細かく区切られ、畑の周囲は立木で囲まれていた。この地方特有の強い風ミストラルが10日も続くことがあるので、作物を守るための防風林だという。しかし、列車が猛スピードで南進し、エクス・アン・プロヴァンスに近づくにつれて、風景も広やかでやさしくなり、天恵の風土に入ったことを伺わせた。イギリスの作家ピーター・メイルの作品を読んで、南仏プロヴァンスはすでに憧れの地になっていたが、私には他にもつよい動機づけがあった。日本の知性を代表するひとり、木村尚三郎先生を育んだエクス・アン・プロヴァンス大学のある風土に触れたいという思いと、オーバーニュ市近郊で有機農業を営む農家ダニエル・ヴィロン夫妻を訪ねることであった。2月に当地でAMAP（家族農業を守る会）の国際会議が開催され、それに参加された日本有機農業研究会の久保田裕子さんから事前に参観をお願いし、受け入れを快諾して下さっていた。到着したエクス駅には作家なだいなだ氏の娘さん、ファベネック由希さんが出迎えて下さった。ホテルに着いた17時40分は、まだまだ明るいのでエクス市内から郊外へ案内して下さるという。

オーバーニュでAMAPの農場を見る

「パリに次ぐ美しき都」と称されるエクス・アン・プロヴァンスはプラタナスの街路樹に被われ、市内に100以上もある噴水がしぶきを上げる水の都である。センスのいい商品を眺めながら、ゆっくり歩くだけで、別世界に来たことを実感する。由希さんの運転する車は若き日の木村尚三郎さんが学んだ大学の前に直行して下さった。そして郊外の畑と森をぬけ、セザンヌが愛したセント・ヴィクトワール山が間近に見える所までたどり着いた【写真37】。雄大な山塊の中腹までは白い石灰岩で、夕日に映えて徐々に薄紅色に変わってきた。劇的に変容するパノラマに息を呑んで見とれるばかりであった。南仏は見るもの全てが刺激的であったが、その夜はレストランでの晩餐に由希さんを招待し、エクスホテルでしばし疲れを休めた。

翌朝は、名物の朝市を見た【写真38】。果物やきのこ類など

写真37　セント・ヴィクトワール山を背景に、ファベネック由希さんと（写真・有本仙央氏）

産品も多彩で、人出も多い。私はお土産にオリーブオイルを買った。

5日目の大きな目当てはオーバーニュ市の農家ダニエル・ヴィロン氏の農法と、AMAPの実践に学ぶことである。チャーターしたタクシーで2時間ほど、多彩な農村風景を眺めながら目的地に着いた。フランスの農家のたたずまいや、暮らしの内実に触れることの幸せと、ヴィロン一家の歓待にまず感謝したい。あいさつを交わすと、中庭に設営された豪華な昼食パーティに招待された【写真39】。テーブルに色とりどりの野菜や手づくりのハム、ソーセージが並び、名産の赤ワインで乾杯した後、お互いの自己紹介に移った。石井さんの流暢なフランス語を介し、意思の疎通はなめらかである。高い庭木に仔雀が2羽止まって、遠来の客を歓迎するかのようだ。私たちが温かい宴に酔っている間に、ダニエル氏は畑に出て、午後から来る消費者【写真40】に提供する野菜を摘み取っているのだった。家の傍らの畑には様々な野菜が混植されていて、作物間の共栄関係《コンパニオンプランツ》を創り出しているようだった。白茄子やキュウリ、ピーマンなどはよくできていた。何種類かのハーブも育っていて、病虫害を防ぐ

写真 38 エクス・アン・プロヴァンスの朝市

写真 39 ヴィロン家で歓待を受ける

効果を発揮しているのだろう。ただ、傍らの果樹園は葉が病んでいて、別天地のような南仏でも果樹の有機栽培の難しさを物語っていた。その中で、イチジクの木はすこぶる元気で、完熟した果実は美味しかった。

私たちの訪問を知ったテレビ局や地元紙が来て、インタビューを受けた。私は短期間でこれだけの実践と地産地消を実現した行動力を高く評価しながら、土づくりについては緒に着いたばかりだと感じ、柔かい生きた土を培うには息の長い取り組みが必要だとコメントした【写真41】。夕刻、といってもまだ陽が明るいうちだが、消費者の方々が自家用車でやってくる。そして納屋に品目ごとにコンテナに入れて並べてある野菜や果物から欲しいものを選び、伝票に記入して持ち帰る。その喜びに満ちたいそいそとした仕草は、実に新鮮な印象として残った。ふと私は、30余年前の、日本の産直提携のはしりの情景を思い浮かべていた。その手探りの実践が現代のフランスにおいて再現されつつある姿に感慨を覚えつつ、ヴィロン夫妻に別れを告げた。

写真41　テレビ局の取材を受ける

写真40　ダニエル氏の産物を買いにきた消費者

リュベロン地方の村々を巡る

プロヴァンス3日目は、ピーター・メイルがその魅力を語るリュベロン地方を巡る旅である。ファベネック由希さんが終日自家用車を運転し、地域の事情に精通しているセルジュ・パナロットさんが同行して下さることになった。エクス市内から農村部に入って、まず広大なぶどう園に目を見張った。車を降りて間近に眺めると、赤ワイン用の品種は紫色に熟し、あと1か月もすれば収穫が始まるのかも知れない。オリーブの樹もいたるところに育ち、プラム、ネクタリン、桃、梨、りんご、サクランボと多彩な果樹が栽培されている。途中、カミュのお墓があるルールマランに立ち寄った。小さな村ながら、高台にある城跡の街には、画家や工芸家のアトリエも多く、かつてカミュの住んだ館では、折節に演劇が公演されるという。眺望の美しい芸術村である。次に木村先生おすすめの陶芸の町ヴァロリスに赴いた。古くからの伝統を受け継ぎ、現代の前衛芸術の作品まで、町はとりどりのカタチと色彩に溢れている。その中心にある国立ピカソ美術館を参観した**【写真42】**。ピカソはこの町が気に入り、9年間滞在したといわれるが、住民への感謝を込めて、「戦争と平和」の超大作を贈った。街なかをずいぶん歩いて異文化を感性に刻み、いただいた昼食のプロヴァンス料理は格別だった。そこから、有名なアプトの朝市の大賑わいの中に入っていった。お客さんは

写真42　国立ピカソ美術館にて

地域住民だけでなく、バカンス帰りのパリ市民も必ず立ち寄るとされ、想像以上の混雑ぶりである。地中海の海の幸や豊かな農産物や加工品、美しい工芸品などの店が所狭しと並び、まるでお祭りのようである。その一隅に有機農民ダネィロル氏の出店があり、馴染みの消費者が次々と訪れ、あっという間に売り切れてしまった。石井さんの通訳で話を聞くことができたが、哲学者のような風貌の彼はまだ40代という。20年ほど前から有機農業に取り組んでいるが、いまでも変わり者扱いだという【写真43】。ダネィロル氏は、数冊の著書を出していて、インテリ農民といえそうだ。アプトの朝市の里を抜けてホテルへの帰途、名産のワイナリーに立ち寄り、ロゼワインを呑んだ。風土の香りがした。しばらく走るうち、案内のセルジュ・バナロットさんが牧野の一角に石積みのトーチカのようなものを見つけ、車を止めて近寄った。聞けば、羊飼いが急な雷雨に見舞われたときの避難小屋だという。

エクスホテル最後の夕食は、遠藤さんの手造りである。石井さんと徳子夫人のはからいで、ふるさとの和食の風味を味わった。

南仏最後の日程は、コートダジュール地方の村や、古代の歴史を秘める城砦や、地中海の紺碧の海原に陽光が照り映える風景を瞼に納めながら、漁港と観光の町ニースに着いた。そこではフランス研修中の鈴木久蔵さんの孫娘鈴木久美さんが出迎えてくれた。夕べは久美さんと大阪出身の友人を囲んで、海鮮レストランで、ふるさとの消息を語りながら楽しい夕食をとった。海外でも

写真43　アプトの朝市で出会った有機農民ダネィロル氏（左）

目的に向かってしっかり学ぶ現代っ子の自立心を頼もしく感じたひとときだった。

翌9月6日、シャトルバスでニース空港に向かい、空から美しい景観を眺めながらパリへと飛んだ。そして午後2時、帰国の途に着いた。星の王子さまのように、空から見おろすパリの白い街の広がりは生涯忘れ得ぬ美しさだった。この度は、エコノミークラス症候群にならないように、機内での姿勢や食事に留意した。成田に着いたのは、7日の午前8時だった。荷物は宅急便で発送し、東京駅に向かった。駅ビルにある東京大丸椿山荘で昼食反省会を持ち、足かけ10日間にわたるフランスの旅をしめくくった。全てが石井幸子さんに頼り切った充実と感動の旅であった。この紀行に多くの字数を費やしたのは、波乱の半生の中で、ひとしきり輝く大事な頁だからである。主要部分は「栄養と料理」と「たかはた文学」に寄稿した文章から再録した。このように2004年は、5教振の「命の教育」の確立と、憧れのフランスツアーの実現によって、我が自分史の特筆すべき年となった。もちろん他に様々な取り組みがあり、米やりんごの育ちも順調だった。9月17日からの第13回まほろばの里農学校には、鹿児島の西盛男さん、熊本の吉川直子さん、埼玉の相馬直美さん、仙台の広瀬広明さん他がファームステイでわが家を訪れ、稲刈りやりんごの袋はがしに汗を流していただいた。

10月、中越地震が発生し、十日町、小千谷、長岡、見附などに大被害をもたらした。高畠でも小、中学生まで義援活動にのり出し、子どもたちの善意は120万円にのぼった。11月、全国土地連の集会が砂防会館で開催され、その席で気力を込めた講演をした。その折に会長の野中広務氏にお会いし、話を交わした。下旬には、東京農大実践農学会の設立総会で、日本の農民文学について記念講演を担った。12月、山形大学講座「自然と人間の共生」で持論を提起した。また横浜市栄区の生涯学習講座に招かれ、上和田有機米と連携する「共同購入の会」の皆さんと交流し、また高校のクラスメイト二村君、本間君と会い、旧交を温めた。あわただしくも充実した年が暮れた。

2005年（平成17年）

薩摩と阿蘇の懐で

2005年3月、第33回日有研全国大会が、二本松市の男女共生センターを主会場に開催された。佐藤栄作知事も臨席し、県がバックアップする大会だけに、盛況であった。

高畠では、第7回まなびネットの講師に、慶応大金子勝教授をお迎えし、豊富なデータに基づく気鋭の講演を聴いた。

その直後、オールドボーイズの3度目の九州ツアーに出かけた。熊本空港から小型機で天草に飛び、今回も松村成刀さん、荒木哲郎さんにお世話になった。天草国際ホテルに落ち着き、イルカウォッチングを観て、夕刻からは苓北町町民総合センターで、活魚づくしの交流会で歓談した。翌朝、定置網漁船に乗り、その水揚げを見て、魚湧く海の豊かさを実感した。その後、天草の仙人と呼ばれる中井俊作氏を訪ね、そのライフスタイルに鮮烈なインパクトを受けた。さらに苓北センターの荒木さんの案内で、天然塩の工房やロザリオ館などを参観し、牛深へと向かった。牛深港よりフェリーで鹿児島に向かい、桜島を間近に望む錦江高原ホテルに投宿した。純心女子短大の高田久美子先生の教え子が女将を担う豪華なホテルで、高田さん、大和田明江さん（地球畑）を交えた交流会も格別だった。その席で「富乃宝山」という焼酎の銘酒のたしなみ方を教わった。翌18日は、高田さんに鹿児島市内をご案内いただき、とりわけ西郷南洲顕彰館と薩摩藩士の眠る墓地では頭を垂れた。西南の役で最後まで西郷に殉じたふたりの若い庄内藩士の墓は北を向き、いつも花が供えられているという。午後は列車で水俣に向かい、公害の跡を埋め立てた浜辺にたくさんのお地蔵様が立ち並ぶ姿に合掌し、水俣病資料館で改めてチッソの有機水銀汚染の全体像を知った。すでに水俣まで吉川直子さんが出迎えて下さって、現地での説明と熊本までの案内をいただいた。熊本駅には、吉川榮一氏（熊本大教授）が待機しておられて、直子さんとともに自家用車で各地をご案内いただけるという。夕刻なので、火の国の風物を眺めながら阿蘇内牧温泉に向かった。ホテル角萬が今宵の宿である。そこでは、吉川夫妻を囲んで親しい宴を楽しんだ。

翌朝、地元の湯浅陸雄さんが見えられ、近くの花原川《かばるがわ》遊歩道に立てた私の詩の看板をたどって下さるという。以前、湯浅さんからのご依頼で数点選んだ詩篇が、阿蘇の清流の川辺を飾っていた。その日は、まず阿蘇神社に参拝し、馬が遊ぶ草千里、噴煙をあげる火口、火山博物館などを次々と見学し、大阿蘇の壮大な地勢と生い立ちを認識した。また外輪山から眺望する広大なカルデラ盆地の美しさにも息を呑んだ。下山してからの帰途、阿蘇の伏流水がこんこんと湧き出る白川水源地に立ち寄り、透明な名水を掬って飲んだ。そして、水の都熊本市民の幸せを思った。空港まで送ってくださった吉川夫妻に3度にわたるオールドボーイズ九州ツアー最終の旅程を、心づくしの処遇で、感動に充ちたものにしていただいたことにお礼を述べ、帰宅の途に着いた。

それと入れ替わりに、上和田農産加工組合の佐藤敬子さん、大浦冨栄さん、妻のキヨと、平治子さんの4人の小旅行が北九州に入った。福岡から「ゆふいんの森号」で、由布院に着いた。坂本慶一先生の「農のよろこびセミナー」で面識のあった安藤さんのゆふいんフローラハウスに泊まり、ゆかしい街なかを散策した。折あしく福岡県西方沖地震に遭遇し、交通機関が乱れ、由布院、博多から唐津にたどり着くまで10余時間もかかったという。夜遅くまで、唐津シーサイドホテルに袈裟丸孝さんが待ってくれて、無事を喜びあった。翌日、袈裟丸さんが勤務している唐津焼の人間国宝隆太窯を参観し、3日目は福岡の田中万里子さんの案内で、太宰府天満宮を参詣し、博多の西鉄グランドホテルに泊まり、4日目、仙台空港まわりで帰宅した。いつも働きづくめの農村女性にとって、得がたい経験となった。

山形大学入学式にて

4月8日、仙道富士郎学長の破格の要請を受けて、山形大学の入学式で記念講演の大役を担うことになった。式場の県営体育館は霞城公園の中にあり、桜の蕾がふくらみそめる季節だった。広いアリーナには、学生、院生1600人、2階には父兄1000人が着席し、式典はとどこおりなく進んだ。終了直後にステージに登壇し、仙道学長のご紹介を得て、「山形の風土に生きる」というタイトルで50分間お話をした。県外からの入学者が8割を占めるので、まず山形の自然風土と歴史性、そこに培われた精神風土についてふれた。母なる川最上川の流域に県民の8割が暮らす一体感は、元駐日大使ライシャワー博士をして「山の向こうのもうひとつの日本」と呼ばしめた。北前船と最上川舟運により京、上方との交易と文化交流がおこなわれ、内陸の懐深くまで固有の産業と文化が生成された。奥の細道で芭蕉が愛でた村山、最上と、美《うま》しくに庄内の風土、そして上杉鷹山公の「成せば成る」の改革の精神を受け継ぐ置賜の人びとなど、地勢と伝統を生かしながら未来を見つめて生きている。

その中で私は、小さな一粒の存在ながら、人と自然にやさしい有機農業にこだわり、いのちの磁場に生きてきた。価値を共有する消費者市民と提携し、さらに大学やメディアとの共働の中で、田園文化社会をめざしたいと抱負を語った。ただその成否は、大学の各分野で教養と知識と技能を身につけた若い学究が、国際貢献をし、とりわけ郷土の発展の中核になって活躍するかにかかっている、と期待を述べて締めくくった。その間仙道学長は、ステージの上で講演の成りゆきを見守って下さった。

山大学長主導のたかはた研修

そうしたご縁で、6月4日から学長室主導のフィールドワークが高畠町で実施された。主テーマは「有機農業と新しい地域づくり」で、各学部を越えての自主参加である。医学部、工学部、地域教育文化学部の学生も多い。正規の授業として単位にもカウントされるという。会場はゆうきの里さんさんで、開講のセレモニーとミーティングの後講座に入った。受け入れ母体は、たかはた共生塾とゆうきの里さんさん事務所なので、仙道学長さんの他に私も講義をひとつ受け持った。農体験は初日の午後と2日目の午前中で、わが家では4名の学生にりんごの摘果をやっていただいた。

7月17日から、今年度2回目の高畠研修がおこなわれた。34℃と猛暑日の中、わが家では学長他3名の学生に畑の草取りをやっていただいた。夕方、太陽館の温泉で汗と疲れを流していただき、夜の交流会を楽しんだ。世代の垣根を超えた共感が、土と作物を介して生まれてくるのを感ずる。2日目は、「いのちの教育に込めた願い」と題して、講話を担い、反省会でコメントをした。地元の学生のフィールドワークだけに親近感があり、その真摯な態度と、学生と一緒に働く仙道学長の熱意に脱帽した。

学長室主催の現地研修と併せて、7月8日、地域教育文化学部の平田俊博教授による公開講座「いのちを育むくにづくり」が開催された。小白川キャンパスには多くの市民が訪れ、テーマへの関心の高さを示した。そこでも私は、平田先生ご夫妻の熱意にほだされて講師を務めた。

また山大では、大学改革のシンボルでもある草木塔研究センターの活動や、貴重な出版物も注目すべきところだ。首都圏の大学では、長く続いている立教大学生部の「環境と生命」ゼミ、東京農大大久保ゼミの他に、法政大堀上ゼミ、早大細金ゼミ、早大大学院アジア太平洋研究センターの原ゼミも来町した。とりわけ原剛ゼミには、関良基さん、半井小絵さん、吉川成美さんら、意欲的な行動を見せる学生が目立った。

消費者グループの援農も活発に続けられていたが、7月下旬生駒市のよつ葉牛乳を飲む会の綛谷淳二氏の訃報が入った。綛谷先生は大阪の高校の校長で、章子夫人とともに奈良生駒市の消費者市民運動を支えてこられた方である。その霊《みたま》は、高野山で永遠《とわ》に生きつづけることであろう。

9月初め、高畠町有機農研発足30周年を記念して、提携センターの現地交流会がおこなわれた。多くの提携グループの参加を得て、出来秋のみのりを見て、交流会では30年の足跡を確かめ合った。提携センター女性部が旬の郷土料理で歓待し、明日への英気を養った。神戸鈴蘭セミナーの安藤康子さん、佐藤たみさん他は、翌日から援農に入った。

10月上旬、川西町フレンドリープラザで「NHKラジオ深夜便の集い」が開かれた。前半私が講演し、後半は遠藤ふき子、水野節彦両アンカーのトークショーがおこなわれた。名物の大輪のダリアがステージを飾り、参加者との応答もはずんだ。その模様は10月29日にNHK「心の時代」で放送された。

10月2日、町民の悲願であった県立高畠高校の移転新築の起工式と竣工祝賀会が開催された。長い道程《みちのり》だったが、高畠駅から歩いて5分の絶好の位置に用地が決まり、町が取得して、いよいよ完成に向けて槌音高く動き出した。10月中旬、県議会文教公安委員会が来町し、私はゆうきの里さんさんで食と農を基軸にした地域づくりについて説明した。

その直後都内の病院に入院した三女さえ子の義父大庭忠司氏を見舞った。大庭さんは大手企業の取締役や監査役を長く務め、人望が厚く、その日も故郷宇和島から友人が訪ねておられた。持参した松茸の香りに喜ばれ、孫娘あんりの成長に希望を語った。その大庭さんが、10月に帰らぬ人となり、牛久市つくば典礼でお通夜と告別式が営まれた。

11月、能登で開催された石川県農業委員大会で講演した。「耕稼春秋」など加賀農書の伝統を受け継ぐ土地柄なので、今日の局面する課題についても果敢に挑戦する気風がみなぎっている。ちなみに石川県農業会議の会長は有名なホテル加賀屋の社長さんだった。終わって、松井秀喜野球記念館を見学した。

11月下旬福岡杷木町の小ノ上果樹園柿祭に招待された。斜面を切り拓いて10ヘクタールのみごとな富有柿の団地を造成した気力と技術力に頭が下がる。毎年天草から活魚を抱えて漁民の仲間が訪れる。陽光を浴びたたわわな豊穣の中で、九州の農業指導者松田氏の哲学の結晶を見た。夕べは、原鶴温泉で、小ノ上さん、アイガモ農法の古野隆雄さん、他と交流を深めた。翌日再び3か所の柿園を案内していただき、太宰府市にオープンしたばかりの国立九州博物館まで送っていただいた。「美の国日本」と銘打つ開館記念展は壮大な建造空間に展開される古くからの美術、工芸の名品は、日本人の美意識とわざの秀逸を物語っていた。そこからは、枝に付いた柿を下げて帰途に着いた。

師走に入り記録映画『いのち耕す人々』の製作上映支援会が結成され、高梨吉正前町長が会長、私が副会長に選任された。桜映画社の原村政樹監督は、すでに4月から撮影に入っており、支援体制ができたことで機動力を伴った取材が可能になった。年の暮れにうれしい知らせが飛び込んできた。たかはた共生塾が山新3P賞平和賞を受賞することになったとの朗報である。このように悲喜こもごもの一年だったが、農作業も順調に進み、米もりんごも良い作柄を手にすることができたのは、年間を通して援農、助力いただいた大浦利雄、冨栄夫妻のおかげである。

2006年（平成18年）

私の最も頼りにしていた大浦利雄さんが体調を崩して置賜総合病院に入院した。置賜地域の高度医療を担う拠点病院なので、必ず快癒して帰宅できるものと信じていた。

2月3日、山新3P賞の授賞式が、山形市のグランドホテルでおこなわれた。中川さん他4名の塾生とともに参席し、塾長の私が代表してお受けし、お礼のあいさつを述べた。

2月21日、第34回日本有機農業研究会全国大会が、千葉県館山市三芳村で開催され、堂本暁子知事も来賓として臨席された。三芳村小学校体育館を会場としたシンポジウムに、地元の和田博之さんや、提携する「安全な食物をつくって食べる会」のリーダー戸谷委代さんとともに登壇し、コーディネーターを務めた。堂本知事は終わるまで在席し、発言をしっかり受け止めて、拍手の中を退場された。さすが日本の有機農業と提携の草分けの地、運営と討議の内容も先端を行くものだった。分科会では、農業と平和の問題が提起された。

母の入院

房総から帰って間もなく、母が体調を崩し救急車で公立高畠病院に入院する事態になった。93歳まで元気そのもので、自給野菜を作り、3人のひ孫の世話をしてくれた母が、目の前で苦吟する姿に茫然とし、たじろいだ。病院で診察の結果、軽い脳梗塞と判明した。副病院長の八巻先生の丁寧な加療で病状は良くなり、家族や子どもたちの介助で、1週間で退院できた。その間、風間正巳叔父(母の実弟)の逝去の知らせに、少なからず心を痛めたのだろうか。2月末に容態が急変し、救急車で高畠病院に再入院する羽目になった。それから5月下旬までの3か月間、毎日家族、子ども、孫まで加って介助、看護を続けた。少し手足が不自由になり、食事他の身辺の支えが必要になっていた。症状が落ち着き、退院を間近に控えて、主治医の八巻先生から丁寧に自宅での介護の留意点をご指導いただき、またケアマネージャーからは、専用ベッドの借用や、これからの訪問看護のあり方などについて説明をいただいた。急遽、部屋の備品を整え、5月25日、無事に帰宅することができた。それからも母はたくさんの本を読みつづけ、けっしてボケることはなかった。その母を誇りに思う。

長編記録映画『いのち耕す人々』～その製作、上映の支援～

映画『いのち耕す人々』の撮影は秋までにほぼ終了し、原村監督は20年前に撮ったフィルムと合わせ20時間に及ぶ記録映像の編集にかかった。その間、製作支援会は全国の有志に、とりわけ高畠と関わる方々や団体に向けてご協賛のお願いをすることになった。製作費約3000万円の内、文化庁の助成を700万ほど頂ける見通しなので、支援会はほぼ同額を目標にご寄付を募ることにし、残りは桜映画社の上映収入でカバーしていただくこととした。鋭意編集作業を進めた原村監督とスタッフは、3月8日に第1回目の試写会にこぎつけた。糠野目の生涯学習館に、高梨会長以下支援会のメンバーが集まり、固唾《かたず》を呑んで映像を追った。2時間を超える長編ドキュメントだが、製作者の視点と住民の主体的思いが噛み合わないという意見がつよく出た。支援会には、かつて映画プロダクションで仕事をした秋津ミチ子さん（大阪出身）と市原啓子さん（東京）の両人がいて、プロの目で見た厳しさがある。わが家で意見を出し合い、1週間後の第2回試写会に臨んだ。だいぶ地元の意向を汲んで前進したが、まだまだ不満が残った。監督としたら被写体の側から批判されるなど憤まんやるかたない思いだったろうが、高畠の取り組みに免じて、3月17日に3回目の試写会に応じた。その帰り道、めまいを感じ苦しかった。血圧が急上昇していたのである。その2日後、秋津さん、市原さんと、ナレーションの最終の詰めをおこなった。そして4月8日、完成品の試写を観て、納得のいく良い作品が誕生したことを喜び合った。

5月からは、いよいよ上映活動の開始である。皮切りの13日は、ご当地高畠町文化ホールまほらでの上映会である。500名の来館者が期待を以って映像とストーリーを追った。見慣れたふるさとの風景や、登場する友人知人の生きざまに触れて、それぞれの思いを胸にたたんだ。終わりに協賛者の氏名が字幕に表記し終えるまで誰も帰る人がなかった。

翌14日は、山形上映会が遊学館で開催された。中ホール満席の入館者である。支援会を代表して、私があいさつをした。映画は2時間15分という長編だが、みなその流れに没入している感じである。その答えは終わっての拍手に表現されていた。いつも辛口の佐藤藤三郎さんが「よかったね」と言ってくれた。続いて、田植えを済ませ、母が退院した直後の5月27日、東京上映会に出かけた。渡部宗雄、猪野惣一両君と一緒である。前もって招待者のリストを提示していたこともあって、渋谷区神宮前の東京ウィメンズプラザには250名の方々にご来館いただいた。入り口で桜映画社の幹部と一緒にお礼のあいさつを交わしながら、ゆかりの皆さんとの出会いを歓んだ。来館者の多くは、価値観を共有し、高畠に関心を寄せる方々なので、その手応えは大きなものがあった。これからの全国各地での上映活動に弾みをつける場となった。

日時は前後するが、5月21日松山市で愛媛有機農産生協の総会と上映会に出向いた。上映のあと1

時間ほどのトークをし、記録映画製作にまつわる経緯やエピソードなどを話した。この作品が、有機農業運動の進展に少しでも役立つことを願って総会にも参席した。その夜は夏目漱石の『坊ちゃん』の舞台となった道後温泉の旅館に泊まり、翌日帰宅した。

8月4日には、米沢市芸文協会の亀岡会長のお骨折りで伝国の杜ホールで米沢上映会、5月には高畠高校での上映があり、それぞれ参席をした。高畠高校では、映画が契機となり、「いのち耕す体験」という1年生全員参加の農業体験学習をおこなうことになった。さらにアジア学院（栃木）、大田原市総合文化会館、憲政会館（東京）、日有研幹事会（代々木オリンピックセンター）他の上映会に出向き、トークをした。11月下旬、山中龍雲氏の書道展が大田区民ホールで開催され、参観した後、熊本県上映会に行く予定だった。そのとき、信頼する大浦利雄さんの訃報が飛び込んできた。ひどいショックだったが、急遽熊本ゆきをキャンセルして、帰宅することにした。熊本上映会を長い月日をかけて入念に準備されてきた吉川直子さんに事情を話し、申し訳ないが私のメッセージを代読していただくようお願いをした。

12月、たかはた再上映会をまほらでおこない、渡部務さんと一緒に大口のご寄付をいただいたJA県4連と、JA山形おきたまに、報告とお礼のあいさつに参上した。かくして2006年の上映推進活動は終わった。その経過と会計のまとめについて、有本さんのアトリエで支援会の幹事会を開き、透明性を確保した。事務局の菊地秀雄氏の努力を多としたい。

カレンダーを前に戻すが、6月3日から、山大学長室主催の第2回のフィールドワークがおこなわれた。この度も仙道学長と学生ふたりにりんごの摘果を手伝っていただいた。夕べは学生のディスカッションがおこなわれ、それぞれの体験を通した課題や意見が相次いだ。翌4日は、午前を援農に、午後は反省会とまとめの講評に入った。学生全員のレポートについては、学長自ら丹念に読み、一人ひとり指導されると伺った。5日には東京農大大久保ゼミが入町し、夜は2時間ほど講話をした。

6月11日、栗原彬教授が日本ボランティア学会酒田集会の打ち合わせに、東北公益文化大の呉助教授とともに来訪された。そして7月1日、秀麗な鳥海山と神宿る月山を望む豊饒の大地庄内平野で、大会は開かれた。東北公益文化大は、酒田市のやや高台の黒松林に囲まれて、豊かな学究環境に恵まれた新しい大学である。構内には学生と市民の連携の輪がつくられた。集会はボランティア学会会長の栗原彬氏から、山形酒田大会の意義と視点についてあいさつがあり、そのあと私が講演した。有機農業運動と提携の姿は、主婦を主体にした消費者市民の、食の安全を確保する究極のボランティア活動と言えそうだ。庄内では農家の主婦がレストランや民宿を経営している事例が多く、見学したけや・きのオーナーや、ほなみ街道の庄司さんのように、女性の感性ともてなしの心を発現している。後半のシンポジウムでも、農村らしいボランティア精神に関心が集まった。

7月15日から、山大フィールドワークの7月講座が始まった。この度は、仙道学長の北大時代の同期生合田寅彦氏が、茨城から駆けつけてくれた。合田さんは、元講談社の編集者で、消費者自給農場たまごの会のリーダーのひとりとして活躍した。提携する高畠有機農研はずいぶんお世話になり、その恩義は忘れられない。現在は、すわらじ学園という農業の担い手育成の私塾を開いている。この度も、仙道学長と職員スタッフに、紅玉りんごの袋かけなどを手伝っていただいた。手を休めぬままの会話もまた楽しい。夕べは、さんさんで合田さんを囲む交流会が開かれ、旧交を温めた。翌日は、朝援農のあと、私が「いのちの教育」をテーマに90分講演をし、午後は反省、総括をして締めくくった。

7月下旬、鈴木久蔵夫人の成子さんが他界された。大人《たいじん》久蔵さんを内側から支え、助役退任後も気まぐれ図書館に集う若者や学生、さらには教育関係者などに、やさしく細やかに対応して下さった陰の恩人である。25日にナウエルホール高畠で告別式が営まれた。8月5日、全国農業教育研究会が、川西町浴々センター「まどか」で開催された。私の基調講演の後のシンポジウムには、早大大学院原剛教授と、院生の相馬直美さん、半井小絵さんが参席し、視線はその方に集まった。

イーハトブの精神風土

お盆が過ぎてのオールドボーイズの旅行は、今年は岩手県花巻市を中心に実施された。まず、平賀喜代美さんの案内で太田地区にある高村光太郎記念館を参観し、愛妻千恵子が亡くなってから7年間過ごした庵はしっかりと保存され、生活と創作の軌跡を確かめることができた。光太郎は、孤高の毎日ではなく、村びとと、とりわけ子どもたちと交流し、人びとから慕われた。夜になると裏の小高い丘に登り、永劫の伴侶千恵子の名を呼び続けたという。光太郎が立つ岩を、人呼んで千恵子岩と名づけ、純愛のシンボルにしている。金婚亭という雑穀をメインにしたレストランで昼食をとり、つづいて宮沢賢治記念館を訪ねた。訪れる度に施設や展示内容が充実してきたのを感ずる。イーハトブをひとつのドリームランドとして捉えた賢治の夢を、広大な構内に具現するかのようだ。いたる所に童話のモチーフがちりばめられているのはうれしい。

さらに、新渡戸稲造記念館を参観し、宿泊地の志戸平温泉に向かった。新しく整備された温泉郷で、ホテルのスケールの大きさと完備された設備、そして行き届いたサービスにくつろいだ。翌日は、平泉中尊寺、金色堂、毛越寺と名所を見物し、最後は塩釜魚市場で買い物をして帰宅した。ジェイ・ツアーズという米沢の旅行社の社長が運転しての楽しい旅だった。

日、中、韓、台ワークショップ

9月4日、早大原ゼミが主導する4か国共同ワークショップが、JA和田支店で開催された。日、中、韓、台の各大学の著名な研究者が、現代のくにづくり、まちづくりについて報告をし、討論した。それは、文明論から固有の実践論に及び、傾聴すべき内容だった。日本からは、早大西川潤教授が持論を展開し、原剛教授がコーディネートする主要な役割を果たした。これだけのワークショップが、田んぼの中のJA和田支店の2階でおこなわれたことは、感慨深い出来事であった。夕べは、さんさんで、手づくりの郷土料理を賞味しながら、国境を越えた交流がおこなわれた。

9月17日、和田ぶどうの産地を日本的な銘柄に育てた後藤正五氏の告別式が営まれた。高畠町農協の常務、組合長を務め、一樂照雄氏と連携して和田民俗資料館を造営した恩人である。10月20日、わが敬愛する木村尚三郎先生の訃報が入った。入院中の枕辺に佐藤徹郎さんが拙著『耕す教育の時代』(清流出版)を届けて下さった折には、喜んでおられたと伺っていただけに、ご逝去の知らせは大きな衝撃だった。すぐに弔文をしたため、お送りした。10月30日、木村尚三郎先生お別れの会が芝、増上寺で営まれ、佐藤徹郎さんとともに列席した。開会の前にＮＨＫが取材、放送したヨーロッパ歴史探訪のシリーズが映された。先生のご専門の分野だけに、実にいきいきした表情と造詣の深さに心を奪われた。お別れの会には、実に大勢の方が参列され、広範な活躍と好誼の豊かさを物語った。日本の知性を失った空洞は計り知れない。

叙勲を喜ぶ母

11月3日、秋の叙勲で旭日双光章の受章に浴した。8日、赤坂プリンスホテルでの受章式に妻と一緒に参列した。小渕優子文部科学大臣政務官から晴れて受領し、翌日は皇居で天皇陛下の拝謁を賜った。古希の節目の栄誉である。帰宅して母に報告すると、父子二代の受章を心から喜んでくれた。12月14日、後藤康太郎実行委員長を中心に多くの有志が入念に準備して下さった祝賀会が、よねおりかんこうセンターホールで開かれた。１８５名の参席して下さった皆様に囲まれて、私と妻は恐縮するばかりだった。私はこんなに多くの方々に支えられて生きてきたのであり、受章はみんなのものだと思った。

11月24日、農業の盟友大浦利雄さんが亡くなった。熊本ゆきをとりやめて、急ぎ帰宅してすぐに弔問すると、安らかな寝顔に対面した。精一杯頑張って生き通した誇りのようなものがにじんでいた。2日後、地元の公民館で営まれた告別式に、痛惜の想いと感謝の心を込めて弔辞を述べた。

12月2日、母ふよの94歳の誕生日を家族でお祝いした。とりわけ3人のひ孫たちを胸元に抱えて育んできた母にとって、健康そのものの男の子の成長は、何よりうれしげだった。

師走も暮れ近い26日、賀状の詩のイメージを求めて、良寛のふるさと越後出雲崎を訪れた。素封家の跡継ぎである良寛が、出家して修業と遍歴を重ね、20年ぶりにふるさとに帰ってきたときには、超俗の風情をただよわせていた。托鉢によって日々の糧を得ていたが、やがて国上山の麓の五合庵に住むようになってからは、究極の清貧のくらしに安住した。「焚くほどは／風がもてくる落ち葉かな」とうたう自然と融合する存在になった。そこに訪れた貞心尼は、良寛の身辺の世話をしながら、短歌《うた》の心と作法を学んだ。いつしか慕い合う心が芽生え、最晩年の良寛のひそかな幸せとなった。超俗の人は、けっして孤独ではなく、自然の生きとし生けるものが友である。手まりつきながら子どもたちと無心に遊ぶ姿は、権力や名声を追う生きざまの対極を成す。海辺に立つ銅像のかなた、佐渡の海に沈む夕日に染まる良寛のほんとうの幸せを偲んだ。記念館は3度目の訪問だが、内外の環境と設備は格段に整備され、展示の内容も充実の度を増した。これから何度も訪れ、良寛のこころを汲みたい。夕べは寺泊のホテルに泊まり、翌日は分水町（現燕市分水）の良寛史料館を参観するのを楽しみにしていた。ところが史料館に着いて間もなく、家から電話が入り、昨日から奥羽山系に100ミリを超える集中豪雨が降り、わが家の目の前の油子川が増水し、渡部正一さんから借りている田んぼの土堤が決壊したという。急遽予定を諦め帰途についた。災害現場に町建設課の金田課長、米沢平野水利組合の小平剛氏、川北上区長の立ち合いのもと、早急に復旧工事にとりかかる計画を立てていただいた。小平氏の熱心な対応に感謝したい。年明け早々に正式な手続きを整え、地元の金子建設に工事を進めていただくことになった。そんな慌ただしさの中で、賀状詩「わが心の良寛」を書き上げ、29日、高畠印刷にプリントをお願いした。翌30日には仕上がり、正月の宛名書きに間に合わせることができた。

良寛、こころの旅

混沌の雲海を脱けたくて
良寛の聖地へ
小さな旅に出た

越後出雲崎は
氷雨《ひさめ》にけむり
夕日の丘に立っても
鉛色の泡立つ波が
佐渡の島影を隠したままだ

超俗のひとの
修行と遍歴の風景は

凡夫の身には計り知れぬが
ただ、見えるのは
国上山《くがみやま》の草庵で過ごした
清貧のたたずまいと
里の童らと無心のあそび
手鞠つきつつ
「ひ　ふ　み　よ　い　む　な」とうたう
無垢のたましい

杉木立の五合庵は
せまい板敷の間に
鍋と茶碗、甕と摺鉢の他は
調度品とてなく
あとはうすい蒲団のみで
折節の暮らしをつなぐ

「たくほどは
　風がもてくる落葉かな」
天地《あめつち》の理に身をゆだね
自足する心地良さ
深みゆく思索の井戸

身に一物も持たず
地位や力も持たず
名刺を捨てて
ひたすらに道を求め
優游のいまを生きる
無為の充実、
天然の妙なる音色を聴き
自らも風になる

里びとに食を乞い
慈愛と平安を施す
懐しい風の良寛に
ふしぎ、晩年のはなやぎ
訪うひそやかな幸せ

大きさを競う世界に
はるか時空を超えて
無一物のゆたかさと
小さな美しさを示す
わがこころの良寛、
国上山の祖霊のよう
迷えるぼくらを誘《いざな》うか

2007年（平成19年）

悲喜こもごもの年を越したが、2007年は何か波乱の年になりそうな予感がした。だが1月は、第22回真壁仁・野の文化賞を、「地下水」代表の斉藤たきちさんが受賞し、式場で敬愛する友の足跡と人となりを語った。また、私の果樹栽培の師匠東根市の矢萩良蔵さんが大日本農会の「緑白綬有功章」を受章され、祝賀会で祝辞を述べた。2月上旬、母はデイサービスや往診、訪問看護などで症状が落ち着いてきたので、かねて予定していた京都、倉敷の旅に妻と出かけた。初めての倉敷は、風致地区の街並みが素晴らしく、その美しさに見とれた。また、大原美術館では、所蔵する西欧の数々の名画に魂を奪われた。2日目の京都では、清水寺、三十三間堂、北野天満宮、龍安寺の石庭、金閣寺、北山杉などを見学し、千年の古都の文化遺産を瞼に刻んで帰宅した。

2月11日、栃木県アジア学院と大田原市で、講演と『いのち耕す人々』の上映会が開かれ、大田原市総合文化会館には350人が来館された。また、12日、クロスパルにいがたで開かれた新潟上映会にも、同じく350人が来場された。

2月14日、山形県総務部長、山形放送社長を歴任された吉田劼《かつお》夫氏が他界された。吉田氏は高畠町の出身で、父の代からお世話になった方だけに、その喪失感は大きかった。3月9日から豊橋市で日有研の全国大会が開催され、ライフポートとよはしを主会場とした集会に参加した。大会の運営から実践圃場の参観まで、松沢政満氏の貢献は大きい。帰宅直後の11日、上和田有機生産組合の総会のあと、ツルネン・マルテイ氏の講演を聴いた。氏はフィンランド出身で、日本に帰化し、参議院議員となり有機農業議員連盟の事務局長として、「有機農業推進法」実現の原動力となった。こよなく日本を愛するツルネン氏の生き方に、深い感銘を覚えた。

3月15日、農林中金総合研究所の食育勉強会が、大手町JAビルで開かれた。その講演と質疑の全記録が、会の研究誌に掲載された。

翌16日、『耕す教育の時代』を上梓していただいた清流出版の加登屋陽一社長の昼食会に招待された。藤木部長と編集の長沼里香さんも同席し、出版までのエピソードを語った。終わって、電動の車椅子をみごとに操縦し、歩行者よりも速く社に向かう加登屋氏のパワーに感嘆した。3月春分の日に、栃木県の忍精寺で、檀徒を対象とした講演と『いのち耕す人々』の上映会が企画されていたので、那須町高久の竹原典子さんご夫妻にお世話になり、前泊させていただくことになった。竹原さんは、元千葉土の会からの会員で、いまは草のつうしんのリーダーのひとりで、ご主人の退職を機に那須に移住された。白樺林の別荘地に、コテージ風の立派な住まいを建てられて、衣食住の多くを自給し、趣味に打ち込む優雅な生活を送っておられる。そのくらしを目のあたりにできた提携の絆のありがたさを思った。送迎していただいた忍精寺の法会《ほうえ》と、講話、上映会は、寺社の森の静謐の中でおこなわれた。

3月末日、孫3人と両親が、ディズニーランド遊覧に出かけた。長男の悠一郎は、4月からは中学生になる。4月8日は、高畠第三中学校の入学式を迎えた。子らの成長は早い。

4月21日、地下水同人佐藤治助氏の告別式が。プリエール鶴岡で営まれ、高速バスで駆けつけた。治助さんは、黒川能の研究で真壁先生を支え、また庄内農民のワッパ一揆の検証で、貴重な論考を残した文化人である。

23日、中学校時代の恩師武田一雄先生がご逝去された。先生は、われわれの青年時代も、読書会の文集づくりや演劇活動を、情熱を込めて支援、指導して下さった恩人である。26日、ナウエルホールで営まれた告別式で、追悼の誠をささげ、弔辞を述べた。武田先生との公私にわたる永年のご交誼をたどり、読み進むうちに、涙がにじみ声がつまった。またひとつ、大きな後楯を失ってしまったのである。5月14日、持続可能な農業に関する調査プロジェクトに関する総括研究会が、有楽町の東京国際フォーラムで開かれた。三重大学の大原興太郎教授の主導で取り組んできた2年間のプロジェクトである。その成果と課題を確かめ、銀座吉水旅館で交流会がおこなわれた。徹底した自然派の宿が、銀座にあるとは驚きだった。

6月9日から、3年目を迎えた山大学長室のフィールドワークがおこなわれた。初日は、援農に汗を流し、夕べは『いのち耕す人々』の上映である。2日目も半日しっかりと農作業に取り組み、午後は5時まで反省と学習をおこなった。提出された全員のレポートを、仙道学長自ら丹念に読み、赤ペンで評価と指導助言のコメントを記入されていた。驚くべき配慮と教育力である。いずれも参加学生は、真面目で、育てることの意味を摑《つか》もうとしていた。

6月18日、山形県有機農業協議会の設立総会が、県農業総合研究センターで開催された。庄内を含めて全県的なまとまりと、県農政との連携を図ろうとするものである。高畠から上和田有機米生産組合と、おきたま興農舎が団体で加入し、私は個人の資格で参加した。また、川西町、南陽市に拠点を持つおきたま産直センターも、有力な会員となった。

ホタル前線北上す

6月23日、新潟県有機農業シンポジウムが、新潟大農学部で開かれ、私が「有機農業の力」と題して基調講演をした。そして6月30日、立教大学新座キャンパスで、西田部長と岡田教授、私も加わっての鼎談があり、終わって映画の上映がおこなわれた。7月7日、福井県越前市の上映会と講演が、農林部長佐々木哲夫氏の肝いりでおこなわれた。3月に越前市有機研のメンバーが、高畠を訪れ交流しただけに、関心が高く、多くの入館者があり、運営も万全だった。翌日は、越前和紙の工房や、ゆかしい街並を見学し、有機栽培実践田で土と生育の状態を見分した。今立町時代からの長い積み上げの成果が、みごとに出ていると実感した。帰宅して7月12日からNHKの「ホタル前線北上す」の取材に対応した。動物写真家小原玲氏の導きで、九州から北海道まで、ホタル発生の季節を追って撮影しようという企画である。幼虫が清流に棲息するゲンジボタルは各地に名所があるが、田んぼに幼虫が棲むヘイケボタルは絶滅寸前にあると小原氏はいう。農薬と化肥などの多用で、幼虫の棲息環境が悪化したためだと指摘する。NHKから委託された「えふ分の壱」のスタッフが訪れたのは、有機栽培歴33年目の田んぼにヘイケボタルが舞いはじめる頃であった。ふた晩、夕刻からカメラを据えて小さな青い光の点滅と飛翔の軌跡を捉えた。それはスタッフにとって感動的な場面だったにちがいない。撮影が終わった9時過ぎから取材のご苦労をねぎらって撫心庵で乾杯した。ビールのつまみは、傍の畑から摘んだキュウリに味噌をつけたものである。窓からは、周りの田んぼに舞うヘイケボタルを眺め、歓談のひとときを過ごした。

その翌日7月14日から、山大現地研修の最終日程が組まれた。台風4号が九州に上陸し、暑い日であったが、学長と3名の学生はホタルの田んぼの草取りに挑戦した。稲はもう穂ばらみ期にかかっており、茎葉に顔を埋めて葉を抜くのはきつい作業である。仙道さんは自家菜園でたくさんの野菜をつくり、畑の草取りに馴れていても、腰をかがめての田の草取りは初めての体験であったかも知れない。汗をぬぐう学長の姿が、いまでも脳裏に焼きついて離れない。お昼は家内手づくりの田舎料理で食膳をともにした。午後は、受け入れ農家とのディスカッションがおこなわれ、夕刻太陽館の温泉で汗と疲れを流した。翌15日、研修の最終日程に、私の90分の講義が組まれた。午後は学長の総括と反省学習会がおこなわれ、3年間6度にわたるたかはた研修が終了した。その間、町内遊覧もせず、ひたすら農作業と学習に専念した学生とスタッフに敬意を表したい。農学部はもちろん、医学部、工学部、地域教育文化学部で学ぶ若者が社会人になって、自分の持ち場でこの体験を活かし活躍することを望んでやまない。

7月末日、NHK BSハイビジョンで『映像詩・ホタル前線北上す～蛍火が照らし出す日本～』が放映された。さらに8月4日と8日に、『ホタル舞う日本～ホタル前線を行く～』と改題して、北海道根釧原野に至る美しい絵まきが再々放送された。小原玲氏のコメントが秀逸である。8月2日、韓国プルム学園から21名が修学旅行で来町し、しっかりと対応した。

平家蛍の風景

ゆうき四十年の田んぼに
ヘイケボタルが舞う

猛暑の初夏《なつ》に
腰かがめて草をとる、
草いきれに顔を埋め
稲株を撫でるしぐさで
羽二重の泥を分け
いとし子のように育てた稲、
その薄暮の絨毯《じゅうたん》の上を
蛍のあかりが翔び交う

軽トラのウインカーの点滅に
小さないのちが響き合い
飛んでくるホタルたち、
いつしか窓や屋根を飾る
淡いイルミネーションは
初夏の夕べの正夢、
秋、きん色の穂波が寄せる
里山の麓のむら、
碧い空によく似合う
アキアカネの美《うま》し舞い、

永い時空をくぐりぬけ
いま、ぼくが手にしたものは
少年の日の原風景と
いとしいいのちの群れ、
（後略）

妻の手術と母の逝去

8月9日、妻のキヨが体調に異変を覚え、胃腸科で信望の厚い山形市の長島医院で受診した。その結果、噴門部に出血の痕が認められ、精密検査が必要だということで置賜総合病院を紹介して下さった。翌10日、置総病院に入院手続きをし、13日うら盆の日に内科に入院した。お盆に入ったが、母を介助する妻が不在では動きがとれず、米沢栄光の里 万世園にショートステイで入所させていただくことになった。そこでは母はすぐに馴染み、好きな本を読んでいた。一方、総合病院の妻の方は、内科での体力回復のうえで外科病棟に移り、手術に備えるとのことであった。ところが、8月22日、母の体調が急変し、米沢市立病院に救急入院した。脳梗塞を発症したようだ。それから私は、ふたつの病院をかけもちで毎日見舞った。母は、左手に少し麻痺があるだけで意識ははっきりしていた。山形の弟も電車で通って介助してくれた。限られた時間であっても、母と交わす会話は人生の宝物となった。妻は外科病棟に移る前に一時帰宅し、市立病院に母を見舞い、介助できない身を詫びた。その分、末の弟の憲三が足しげく通い、とくに食事の世話をしてくれた。

そんな非常時にあっても、約束していた講演や来訪者の対応は欠礼することができない。8月25日、生消研の滝沢昭義教授（明大）をはじめ40名が訪れ、講演と現地案内をした。28日は、京都にある安全農産供給センター生産者研修の一行が訪れたが、その折は渡部務さんと高橋稔さんに対応してもらった。

９月４日、会津地区有機農業推進大会が会津農業共済組合大会議室で開催され、米沢駅まで公用車で送迎していただき、役目を果たした。５日は、県グリーンツーリズム研修での講演が入った。その間もふたつの病院には必ず見舞って、顔を見ないと気が済まなかった。

９月７日、台風９号が接近し、早朝５時から孝浩、里香子とりんご園の防風ネット張りをした。孫たちも臨時休校になり、ばあちゃんの手術を励ますために、一緒に総合病院に伺った。奇しくもその日は私の誕生日であり、手術の成功を祈念した。９時から待機し、10時半に手術室に入室した。待つこと３時間、名医小沢先生の執刀で、胃の全摘という大手術は成功した。みな安堵の胸をなでおろした。声をかけるとややおぼろに反応したが、すぐに集中治療室に運ばれた。翌日から個室に移り、家族と面会できるようになった。経過を母に報告すると、わがことのように喜んでくれた。17日、主治医の小沢先生の説明を受け、遠くから来た三女さえ子も、安心して帰宅した。その２日後、総合病院で里香子と落ち合ったとき、米沢市立病院からの急報が入った。母ふよの容態が急変し、危篤状態に陥ったとの知らせだった。すぐに車で直行したが、30分近い時間がひどく長かった。着いたとき、母は意識がなく、心肺は動いていた。母の小さな手を握りしめ、何分たったのか、ついに臨終を告げられた。９月19日午後２時３分であった。茫然としつつも現実は受け入れる他はなく、葬儀に向けての一連の手続きとご協力を、隣組や親戚のみなさまにお願いした。帰宅して、床の間に安置された母の笑顔は菩薩のように穏やかで美しかった。94歳の天寿を全うした安らぎと、人びとへの感謝の思いがにじんでいるようだ。21日、高安の町斎場で荼毘に付し、９月24日、米沢市のナウエルホール中田で葬儀、告別式がとりおこなわれた。県内外から、遠くは首都圏や関西からも駆けつけて下さった方々もあり、400名を超える参列者で埋まり、真言宗智山派常照院住職の主導のもと、5名の僧侶の読経でしめやかに本葬が進んだ。告別の儀では、それぞれの弔辞と各地から送られた弔電に胸が熱くなった。お別れのことばで、ひ孫の悠一郎が、おばんちゃの思い出を語った。お焼香を終えて、参列下さったみな様に遺族を代表して謝辞を述べたが、思いは言い尽くせなかった。山裾の墓地に父と一緒に納まった後も、言い知れぬ空洞感が1年余りも残った。

告別式の翌日、25日に、妻は無事退院した。その夕べ、隣組女性の初七日の念仏が供えられた。もう稲刈りの季節なので、26日は提携センターの援農をいただき、ありがたかった。その直後から10月にかけて、身近な所で石田修一氏、佐藤直次郎氏、我妻貞蔵氏、神山英昭氏が相次いで他界された。石田さんは元町建設課長で、インフラの整備に尽力され、退職後も和田地区村づくり推進会長として、ゆうきの里さんさんの実現に大きな足跡を残された。佐藤さんは娘が小学生時代の校長先生で、和田小学校の改築に貢献された。我妻さんは元町文化課長で、文化ホールまほらの自主事業協会の創設と、ユニークな催物の公演に力を発揮された。神山さんは大手企業を退職して高畠に移住し、金原新田に新居を建て、共生塾などで精力的に活躍をした。神山さんの栽培した舞茸は天然物と遜色のない絶品だった。またカメラマンとしても秀れた技能を持ち、わが家のりんごの花は、最盛期のふじの情景を表す貴重な作品である。道半ばの夭折が惜しまれる。

10月20日、山形県小中学校PTA研修大会が文化ホールまほらを主会場に開催された。私が「耕す教育」の実践と義務教育における食農教育の大事さについて、スライドを交えて講演をした。

10月27日、「地球システム倫理学会」山大シンポジウムが、地域教育文化学部の平田俊博教授の主管のもとで開かれ、参加した。28日、ゆうきの里まつりのさんさん会場に、越後ごぜ唄の金子まゆさんの公演がおこなわれた。昔、わが家でもごぜ宿をしていた記憶が甦り、心に染みた。翌日、金子まゆさんは、仏前の母にごぜ唄を披露して下さった。11月、金渓ワインの佐藤佳夫社長が亡くなり、12日に告別式が営まれた。先代からお世話になった間柄だけに、若くしての他界は残念である。18日は、「第6回一樂思想を語る会」が開かれ、佐藤喜作氏、戸谷委代さん、白根節子さんなど、有機農業、自給運動と連携活動の草分けの方々が、それぞれ一樂先生との想い出を語った。27日は、湯布院観光協会の中谷健太郎会長、米田事務局長他15名が来訪され、町の概況や今日の課題などについて報告をした。そして、私のりんご園で摘み採りを楽しんでいただいた。師走半ば、岩手農民大学の講演があり、奥州市前沢地区に出かけた。16日は、川崎利夫氏の齋藤茂吉文化賞受賞祝賀会、20日は青柳和夫氏の文科大臣賞受賞祝賀会、26日は高梨吉正氏の総務大臣賞受賞祝賀会と続き、悲しみと苦しみの多かった年を、慶事で締めくくった。

2008年（平成20年）

りんごの樹伐採

波乱の年が過ぎ、2008年が明けた。正月11日、町職員研修で、「町民憲章の原点」について講演をした。第5次町総合発展計画を策定する骨子にしたいとのことで企画された。私ごとでも、妻の術後の体調を考えて、農業経営を抜本的にたて直さなければならない場面である。1月18日、米沢市南原在住の画家斉藤千代夫氏が他界し、告別式が営まれた。ふるさとの山河を描き続け、その油絵の秀作は、全国的な評価を得ていた。飯豊の山魂やマタギの雄姿などの大作とともに、山里のやさしい風物など、斉藤さんの人間味がにじみ出る。和田民俗資料館に寄贈された初雪をかぶった「残り柿」は、ふるさととの情景のシンボルである。

また2月24日、アート写真館の星勝教氏が他界され、28日告別式がナウエルホール高畠で営まれた。先代はわが家から出た人で、祖父の弟にあたる大叔父である。私の幼少の頃の写真が残っているのはそのおかげである。子息の一男さん（のち勝教と改名）は、私より2歳年上で、米沢興譲館高校の上級生だった。すぐれた技能を発揮し、数多くの作品を残したが、還暦のときに撮っていただいた一葉は、私の遺影にしたいと思っている。

勝教さんは博学で、時代の動向や町づくりにも常に関心を持ち、訪れる度にアドバイスをいただいた。ご自分の健康管理にも人一倍留意されていたが、入院加療や家族の細やかな看護にもかかわらず帰らぬ人になった。

2月29日、日有研全国幹事会が代々木のオリンピックセンターで開かれ、有機農業推進計画の山形県における進捗状況などについて報告した。翌3月1日、第35回日有研全国大会が日本青年館で開催されたが、シンポジウムの途中咳がひどく、途中で退席し、夕方臨時のつばさで帰宅した。帰宅翌日、呼吸器で信望の高い米沢市の笹井内科を受診した。胸部CTなどの検査の結果、咳喘息と診断され、しばらく通院と服薬が必要となった。3月3日、水俣の語り部杉本栄子さんの訃報が入った。「水俣・高畠展」にはるばるおいで下さった折のお元気な姿や、ご自宅を訪問し昼食をいただいた日のことを偲びながら、お悔やみのことばとお供えを送った。3月9日、上和田有機米組合の総会が和田民俗資料館で開催され、終わって赤湯の丹泉ホテルで生消交流会が開かれた。そこに参加された神戸いなほの会の安藤康子さん、佐藤たみさん、安藤雅夫さんが、翌日わが家においでになった。鈴蘭台食品公害セミナー以来の長いおつき合いである。旧交を温め、しばし歓談をした。翌11日、須藤八寿雄氏にお願いし、清水上の畑のりんご樹を、5日間かけて伐採した。長年たわわな果実を成らせ、贈ってくれた樹々たちに、孝浩がお神酒《みき》を上げた。チェーンソーの音は、すすり泣きに聞こえた。稲子原のりんごもすでに切っているので、りんご畑はちょうど半分になった。それでも、残った清水下の畑だけで50アールあるので、家族の体力を考えれば十分な仕事量だと考えた。

23日、春分の日に、原剛早大大学院教授の退任を祝う会が、スパイス池袋東武で催された。遠藤周次さんとともに参席し、環境を主軸にした原先生の永く多岐にわたる研究と社会貢献を讃え合った。

とりわけ高畠での調査と交流を通して、自然環境、人間環境、文化環境の融合がたかはたの魅力であり、固有の場所性だとした論調に、私たちは勇気づけられてきた。退任の最終講義のテーブルに、錦爛の秋あがりが立ててあったＤＶＤを観て、高畠への思い入れの深さに感激した。吉川成美さん、半井小絵さんら、すぐれたゼミ生に囲まれて、原剛先生はご満悦の様子だった。

３月31日、私は東京農大客員教授を退任した。古希を過ぎ、肩書にふさわしい活動もできない身を考えて、自ら勇退の意向を学長に伝えた。

４月１日、浜田広介記念館副理事長を退任した。記念館創設以来、初代鈴木久蔵氏、二代高梨吉正氏の両理事長の下、その創造的発展と、愛と善意のひろすけ文学の普及に腐心してきた。その長い道《みち》程《のり》は、私の内面の土壌を耕すものであった。感謝を込めて高梨理事長とともに、町長に退任のあいさつに行った。

４月14日、15日と、ＮＨＫラジオの林昭利ディレクターが取材に訪れた。「心の時代」という番組で、「いのちを育み、心を耕す」というテーマで、２回にわたって放送の予定という。今回は現場というよりトーク中心の収録なので、撫心庵でじっくりと語った。ぼつぼつ苗代の準備にかかる季節である。

４月17日、東京農大前学長進士五十八教授の紫綬褒章受章祝賀会が、帝国ホテルで開催された。孔雀東西の間に、１０００名余の参列者が詰めかけた様は壮観であった。農大の学閥の巨きさと一体感を改めて知らされた。私は、全国環境保全型推進会議で面識を得た北里大学副学長の陽捷行先生と会話しながら、得がたい時を過ごした。陽先生は、学長室主導の農医連携の研究と実践を進め、千葉大、東大、東農大、富山薬科大と連携し、研究誌や会報を出し、近く国際シンポジウムを開く予定と伺った。

学際的な新たな領域といえよう。4月19日、米沢郷牧場の社主伊藤幸吉氏が逝去し、24日、ナウエルホール中田で盛大な告別式が営まれた。農事組合法人を発展させ、宮城県七ヶ宿町に広大な牧舎を造り、BMWという酵素活性水を開発し、良質な肉牛生産と堆肥製造の好循環を生み出している。さらにブロイラーや野菜の加工に加え、総合経営によって雇用と実績を伸ばしてきた。大地を守る会や生協との産直を推進し、自力更生型のダイナミックなリーダーのひとりと見なされてきた。その大きな存在を失ったことは、地域にとって損失である。全国各地から駆けつけた参列者にとっても、その思いは同じであろう。私には、彼が町連青の団長のとき、赤いパブリカに乗って、病み上がりの私に青年団の顧問になって欲しいと何度も訪ねた折の表情や、奄美大島で加藤登紀子さんと一緒に探訪したときのやさしい顔が浮かんできて切なかった。志を継ぐ長男幸蔵君に期待したい。

5月に入り、春耕の季節がやってきた。茨城から大庭常彦君が援農に訪れ、弟の憲三君とともに堆肥散布と有機、ミネラル肥料の施肥を手伝ってくれた。追いかけるように、私がトフクターで耕耘を進めていく。そうした農繁期に入った5月4日、5日の早朝、先月収録したNHKフジオ深夜便「心の時代」が放送になった。「いのちを育み、心を耕す」というテーマで、淡々と有機農業の取り組みを語った番組に、予期せぬ反響がつづいた。電話、手紙、なかには名古屋から訪ねて下さった方もいた。これまでのテレビ放映にもなかったような反応だった。私自身深夜便のリスナーのひとりだが、進展する情報化社会の中で、オーソドックスなラジオの力を、改めて思い知った場面だった。

5月下旬、2回目の代掻きを終え、田植えにかかる23日から、オールドボーイズの恒例の旅に出た。ジェイ・ツアーズの車で、岐阜県の白川郷と飛騨の高山がメインの行程である。世界遺産になった茅茸きの合掌造りの街並みは、伝統様式を守る村民のたゆみない共働によって支えられている。観光化の波に洗われながらも、基本の所はしっかりと維持されている。50年に1度、村びと総出でおこなう茸き替え作業や、細心の火の用心など、白川郷ならではの体制と努力があっての美しさであった。

初めて観る飛騨高山は、街に入る前に高所から眺めただけでときめくような景観である。長旅なので、見学は明日からとしてホテルに落ち着いた。夕餉に、飛騨牛の鉄板焼や、朴《ほお》の葉に味噌と木の実をくるんだ郷土食を堪能した。翌日は、まず名物の朝市に出かけた。そして、高山祭りの豪華な山車を格納蔵で眺め、街並みをゆっくり散索した。そこには、これまで見たこともないようなゆかしげな風景が連なっていく。途中、人力車に花嫁をのせた一行に出会った。角《かど》ごとに店をのぞくと、それぞれに趣向がこらされていた。私は、駄菓子をお土産に買った。いまでは世界的な観光地として脚光を浴びているが、これだけ調和のとれた伝統様式をとどめているのは、行政のしばりではなく住民一人ひとりの意識の高さだと思える。

つづいて、もうひとつのお目当てである上高地に向かった。奥穂高が目の当たりに見える所までたどり着き、清流の橋の上から新緑の渓谷を眺めると、身も心も洗われる。いつまでも佇んでいたいのだが、ビジターセンターで絵はがきを買い、松本市へと向かった。そこでは松本城を見物し、壮麗な城郭と整えられた環境に目を見張った。浅間温泉に投宿し、安曇野の食文化を楽しんだ。3日目は小布施町を訪ね、北斎館や新しくつくり直した街並みと、郊外の果樹園などを見学した。とりわけ栗のお菓子は絶品で、それを求めて訪れる人も多い。少しハードな旅程だが、みのり多い旅であった。帰って有本さんの写真が楽しみである。田植えと補植を終えた6月初旬、たてつづけのようだが土の会の青森、奥入瀬、十和田の旅が待っていた。この度もジェイ・ツアーズの車で、社長が運転してくれた。青森市まで直行し、棟方志功記念館や県立美術館を参観した。浅虫温泉に泊まり、夕べは津軽三味線の音色に酔うた。翌日は三内丸山遺跡を訪ね、八甲田の裾を通って奥入瀬渓谷にたどり着いた。新緑にかかる清流のしぶきは、川辺を歩く私たちの心身を清めてくれる。途中、いくつも滝があって、爆音を聞きながら深呼吸をすると、過ぎし日の悲しみや受苦の衣を脱いで、生まれ変われるような気がする。しばらくすると、目の前に十和田湖の光る湖面が展けてきた。一隅の見はらし台に立って、無言で眺めていると、和井内貞行のヒメマス、カパチェッポの養殖の苦闘のドラマが浮かんできた。湖岸を巡ると、杉の巨木に落雷の痕が、いくつも残っていた。南岸の十和田ホテルは秋田県の領域で、木造の柾目も美しい純和風の建物だった。同行の伊藤栄二さんは「伝承の巧」の称号を持つ棟梁なので、この建物自体が何よりのご馳走だった。3日目は、秋田県大湯のストーンサークルを見学し、縄文人の天文学の知恵に感嘆した。そして、花巻の宮沢賢治記念館を訪ね、ドリームランドの世界にひたった。「注文の多い料理店」で昼食をとり、童話の登場人物の気分を味わった。

真鴨放飼の除草に挑む

6月4日からは、初めて取り組む鴨除草のネットと電柵張りに取りかかった。おきたま興農舎の小林さんの指導を受け、近所の皆川功さんの応援を得て、60アール、3区割の設備を3日かけて整えた。6月7日、真鴨のひなを60羽放飼した。天敵のイタチやハクビシンだけでなく、カラスなどの空からの被害を防ぐために、横縦につり糸を張らなければならない。餌は屑米だけである。小さな小屋をかけて、餌場と夜の寝所にした。ところが翌朝1か所で数羽のひなが死んでいた。喉から血を吸ってそのまま残していくのはイタチで、外に持ち出して食べるのはハクビシンだとわかった。他の田んぼでは、水温に適応できない弱いひなが何羽か死んだ。天敵とのイタチごっこは、ずっと続きそうである。それでもひなは日に日に成長し、集団で元気に泳ぎ廻り、雑草とイネミズゾウムシを食べてくれる。近所の子どもたちが毎日のように眺めにくる。生き物に対する興味と感心を高め、少しく情操教育に役立つとすれば、うれしいことである。

純心女子短大（鹿児島）に赴く

体調に少し自信を取り戻した6月13日、鹿児島に伺った。純心女子短期大学高田久美子教授の熱心なお招きに応え、大学で講演するためである。純心女子大はキリスト教系の大学で、関東にもキャンパスを持ち、みごとに整えられた学園環境が、まず印象に残った。翌14日、午前10時からの講演は、学生だけでなく市民の公開講座なので、まほろばの里農学校に参加された馴染みの顔も見えた。ポイントの所に映像を交えながらの話なので、南国の若い学生にも、北国東北の四季のめりはりや、厳しい条件をのり越えて積み上げてきた有機農業の豊かさについて、少しは理解していただけたように思う。終わって、薩摩藩の歴史と文物を収集した博物館にご案内いただき、明治維新を主導した雄藩の底力を思い知った。夕方から鹿児島サンロイヤルホテルでおこなわれた交流会では、高田久美子先生を中心に、吉川直子さん、西盛男さんも加わり、忌憚のない話題で盛り上がった。15日は、高田さんに西郷南洲顕彰館や、薩摩藩士の墓地にご案内いただき、西郷隆盛の墓前と、西南戦争で西郷に殉じたふたりの若き庄内藩士の墓に合掌した。その後、鹿児島空港16時発の飛行機で帰途に着いた。高田先生のおかげで、学ぶことの多い旅であった。

国際環境ジャーナリスト会議

りんごの仕上げ摘果を終え、袋かけに入る6月27日、国際環境ジャーナリスト会議が高畠町で開催された。中国のNGOで活躍する人民日報の記者もおり、原剛氏の案内で、農村の原風景を散索し、草木塔を見分した。中国の馮永峰氏は、さんさん構内に立つメタセコイヤの大木に託して、一篇の詩を残した。体制や国境を超えて、交流が深ければ、価値を共有できることを知らされた。

28日、常設の映画館ポレポレ東中野で、『いのち耕す人々』のロングラン上映を開始する日、支援会を代表してあいさつを述べた。午後から湯島の東京ガーデンパレスで、伊沢凡人先生を送る会が営まれ、島津憲一さん、菊地良一さんとともに参列した。90歳を過ぎても、福島大玉村の薬草園に通い、若い人の健康相談にも親身になって対応された現代の赤鬚《ひげ》ともいうべき凡人先生を惜しんで、大勢の人が参列した。7月に入り、稲の成長とともに大きくなった鴨は、出穂前に水揚げしなければならない。26日、家族総出で捕まえようとしたが、真鴨は野性味がつよく、敏捷で、お手上げの状態だった。興農舎のスタッフに水揚げのコツを教わりながら2日かけて何とか終了した。捕まえた鴨は、露藤の安部さんのハウスに運び、その水辺で飼育された後、やがて加工業者に渡されていくようだ。

草木塔今昔

8月2日、置賜農村文化ゼミナールが伝国の杜で開かれた。神奈川大学の常民文化研究所々長の佐野賢治教授の基調講演に続き、「草木塔」をテーマにシンポジウムがおこなわれた。民俗研究家の梅津さんや私も、パネラーとして所見を述べた。夕刻、といっても明るいうちだが、(財)農村文化研究所理事長の遠藤宏三氏が自宅の庭に建立した草木塔の除幕式がおこなわれた。遠藤武彦元農水大臣の揮毫による「草木塔」の文字が、御影石にくっきりと浮かび上がった。何人かが玉串を供えた後、大欅の下にござを敷いた屋外の席で、直会は延々と続いた。早くもお盆がきた。母の新盆なので、親戚の方々が入れ替わりお焼香に訪れ、生前の思い出を語った。私もお盆礼に出かけた。

9月7日、私の73歳の誕生日は雨ふりで、和田地区大運会は和田小体育館でおこなわれた。私は、鶴岡市「有機農業といのちの学校」に出向いた。講演会場は、藤島町エコタウンセンター 四季の里楽々《らら》で、代表の斉藤氏のリードで進行した。終わって、藤島地区内の歴史や文物、そして直売所などをじっくり参観した。藤島町は石井甲さんの月山ファームの実践など、有機農業の先進地で、庄内全域への普及を推進してきた。学ぶべきは、私の方だと受け止めた。

9月14日、母の一周忌の法要を営んだ。自宅の床の間にしつらえた祭壇に、万徳院島津有宏僧正のお経が供えられる間、生前の母が遺言のようにつぶやいた「長生きしてけろな」という一言が甦り、胸がつまった。母が他界して以来、ずっと消えなかった寂寥と空洞が、一周忌を経て薄まるだろうか。

墓参のあとの直会は、四季の里幸新館のお世話になった。母が愛《いつく》しみ育てた孫たちも混じって、思い出話はいつまでも続いた。

けれど施主の私は、時間のけじめをつけなければならず、お礼を申し上げてお開きにした。バスで自宅まで送っていただき、あとは近親者の夜にかけての語らいである。

稲刈り援農と交流

10月4日、高井雄司教育長が、今年も稲刈りの応援に来て下さった。高井先生には、新採で和田小に赴任された頃から、高畠小の校長を経て教育長の役割を担う今日まで、稲刈り援農を続けていただいてきた。登山の好きな先生だが、自家菜園に何十種もの野菜をつくっている。稲川鎌を持参しての作業にも腰がすわっている。おかげで杭かけも大いにはかどった。

同日、吉川直子さんが、熊本からはるばる援農に来訪された。稲刈りとりんごの袋はがしを手伝っていただき、夕べは赤湯温泉のむつみ荘で、オールドボーイズのみなさんと交流の膳をともにした。九州ツアーで3年間お世話になった思い出に花が咲いた。翌5日、稲刈りが終了したので、吉川さんと米沢市の上杉神社を参拝し、上杉博物館、伝国の杜、上杉伯爵邸などを案内し、小野川温泉に泊まっていただいた。翌6日、宿までお迎えに行き、米沢駅までお送りした。新幹線つばさで帰られたが、長旅と農作業の疲れが出なければいいがと案じた。

10月14日、15日と岸康彦氏が企画するアグリネットの取材、収録がおこなわれた。2日目には、有吉さんゆかりの紅玉の樹下で、岸さんとの対談、アグリトークをおこなった。収穫期を迎えたリンゴの香りがただよい、紅色が青空に映えた。その模様はテレビで放映されたほかに、「農に人あり、志あり」と題した岸さんの著書にも収められた。

10月19日、稲こきの最中だったが、ゆうきの里まつり（さんさん会場）に、去年につづき金子まゆさんをお招きし、越後ごぜ唄の朗々とした音色を響かせていただいた。併せて中国の二胡の演奏もおこなわれ、古民家の会場はひとしきりはなやいだ。20日、アーミッシュの研究家として名高いリチャード・モア教授が、埼玉大本城昇教授とともに訪れた。アーミッシュについては、かねてより関心を抱き、DVDでそのライフスタイルを遠望してきたが、生の話をお聞きできたのは幸運だった。食の里ならざかで、うちわの交流をおこなった。

翌21日、立教大文学部2年生全員を対象としたキャリアプランニングの授業に出向いた。渡辺文学部長、西田総務部長、松井事務長と打ち合わせの後、会場のタッカーホールに臨んだ。ほぼ900名の学生に90分、集中して話をし、若干の質問にも応えた。稲こきが終わらないので、その日は急ぎ帰宅した。紅玉の収穫はほぼ終了した。

26日、ゆうきの里祭り（公民館会場）で役目を果たしていた高橋靖典さんが、商品の配達先で急逝した。先々代の冨田屋商店の創業者が、わが家から出た人で、靖典さんは私より2歳年上である。数日前わが家を訪れ、自分の若かりし頃の苦労話をしみじみ語ったばかりであった。親戚なので、弔問、火葬、30日のナウエルホール中田での告別式まで全て参席した。立正佼成会に入信し、信仰の篤い人だっただけに、人生の無常を痛感する。

11月2日、一樂思想を語る会が開かれた。去年に続き、戸谷委代さんが参加され、一樂照雄評伝『暗夜に種を播く如く』の編集を通して、一樂さんの洞察力、スケールの大きい指導力、そして一徹で温かい人間味について講演された。ご子息の一樂重雄氏（横浜市立大教授）も参加され、前庭の記念碑を眺めながら、和やかな懇談が続いた。交流会での旬の郷土料理も楽しい。

11月5日、文翔館コンサート「音の果実」が開催された。斎藤たきち氏のご子息斎藤朋さんが、企画運営したレベルの高い音楽と舞台公演が、山形でおこなわれた意義は大きい。

早稲田環境塾高畠合宿

ふじりんごの収穫に入った13日から、早稲田環境塾の高畠合宿が開始された。30名の塾生が参加され、中には馴染みの方も多い。原剛塾長と私の講義から始まり、プログラムオフィサーの吉川成美さんと、さんさんのチーフマネージャー遠藤周次さんの裁量で、多彩なメニューがどんどん消化されていった。

15日から、尾瀬長蔵小屋ゆかりの宮本敬之助さんをリーダーとするメンバーが、ふじりんご摘み採りの援農に訪れた。長いこと、この時期の恒例行事になっている。

西田幾多郎記念哲学館にて

11月23日、24日と、石川県かほく市の西田幾多郎記念哲学館に赴いた。哲学館主催の講演と、映画上映の企画を担うためである。宇野気《うのけ》駅前の旅館に泊まり、翌日の午前中、奥野館長さんに館内外をつぶさにご案内いただいた。京都大学で西田哲学を拓き、日本の哲学界をけん引してきた天才の一端にふれることは、ある種の衝撃であった。とりわけ、その膨大な蔵書の多くは原書で、天才の頭脳の構造はどうなっているのかふしぎだった。「あのあたりが西田幾多郎の生家です」と、テラスから奥野館長が指さす彼方は、広い田園地帯に点在する集落の一隅だった。午後からの講演には、170余名が来館され、一介の農民の2時間の訥弁に耳を傾けてくれた。さらに、映画『いのち耕す人々』は3回上映され、破格の処遇であった。終わって、金沢医科大学教授の登坂由香さんに、金沢の高台にある「卯辰《うたつ》」という料亭で、懐石料理をいただいた。金沢の夜景を眺めながらのご馳走は、まさに至福のひとときであった。登坂先生は高畠町の出身で、医院を開業する登坂捷一氏のご息女で医大病院に勤務しておられる。ご両親は、住民医療の充実はもとより、町づくりの様々な分野に貢献している重鎮である。由香先生には、1時間かけて宿まで送って頂いた。

12月9日、米沢市関に嫁いだ妹の遠藤恵子の手術に立ち合った。米沢市立病院に兄弟縁者が駆けつけて見守ったが、無事成功した。16日、鈴木征治氏の文科大臣表彰受賞祝賀会が、よねおり観光センターで開催された。

13、14日と、栗原彬教授が文庫用地の見分のために来訪された。大勘酒造の安部家所有の土地で、さんさんの近くであり、立地環境は、気に入っていただいた。用地内に建っている元ＪＡのぶどう苗木育苗センターの建物は、改修して活用することとした。その事業の推進に弾みをつけたいと考え、年末30日、土地代の一部として応分を寄付し、和田民俗資料館管理組合長佐藤治一氏に渡した。新たな年への夢の架け橋である。

2009年（平成21年）

田園の図書館づくり

正月9日、県教委の5教授と「Ｃ」改革に関する意見交換会が、県庁教育委員会室でおこなわれた。コミュニケーション重視のＣ改革が、5教振とどう整合するのか、「いのちの教育」の立場から所見を述べた。21日、山大工学部の図書館に、数名で見学に出かけた。山大フィールドワークの時期に学長室のスタッフだった職員が、米沢市にある工学部に転勤になっていたので、親しく対応して下さった。新装成った図書館は、設備も蔵書も質・量ともに桁ちがいだが、手造りするにしても基本形のイメージは捉えることができた。25日、県知事選挙がおこなわれ、現職の斉藤知事を破って、吉村美栄子氏が当選した。県政史上初の女性知事の誕生である。

2月9日、えひめ地域政策研究センターが主催するトークサロンに参席するため、松山に向かった。えひめ共済会館に前泊し、翌10日は、愛媛トークサロン「耕す教育の時代」の講演と対談に臨んだ。会場は県美術館講堂で、間近に松山城を望むことができる。企画と舞台廻しは、JA県中央会の清水和繁さんである。私は、高畠町小中学校の学校農園での永い実践を通して、子どもたちがどう変容したのかを具体的に述べた。そこから、この国の教育課題と方向性が、少しずつ見えてくるように思うと強調した。参加者の熱意を受けて、少し高揚したのかも知れない。

11日は、日本一夕日が美しいと称する伊予市のシーサイド公園を散策した。名物のジャコ天が美味しかった。さらに若松進一氏の自宅にある「海の博物館」を見学し、双海町の「人間牧場」に登った。瀬戸内を一望できる斜面に若松氏が拓いた私塾である。午後、塾生が続々集ってくると、「農と芸術～宮沢賢治と私～」というテーマを与えられ、講演とシンポジウムが始まった。半ば屋外の席であっても、伊予の冬は暖かい。話題のポイントの所で、賢治の「羅須地人協会」から学んで立ち上げた「たかはた共生塾」の理念と実践は、えひめの価値を共有する人たちにとっても、ヒントになるようだ。率直な応答の中で、印象に残る発言があった。瀬戸の海に映える夕陽が美しい。

2月21日、寒い吹雪だったが、共生塾の連続講座が、栗原彬先生をお迎えしてJAハピネスで開催された。たかはた文庫が正夢になろうとしているとき、先生の講演にも熱が入った。翌22日は、佐藤治一さんの「ふれ合い工房」で、文庫の進め方についてじっくりと懇談し、松茸会館「椿」で手打ちそばを食べ、米沢駅にお送りした。

26日、喜多方市有機農業推進協会主催の講演に出かけた。熱塩加納のリーダー小林芳正氏の肝いりで、市内に農業小学校が定着しつつある喜多方市は、全国のモデルタウンである。市長と面談し、その懐の深さに感じ入った。2月28日、東京農大で提携センターの作付会議が開かれ、マイクロバスで上京した。毎年、教室他を借用できるのは、大久保武教授のご配慮の賜物である。

3月初め、川西町教育長を務めた竹田又右エ門氏が急逝された。旧家に生まれ、文化人である竹田さんは、自然保護、文化財保護活動に熱心で、またフレンドリープラザの館長として敏腕をふるわれた。3月5日、自宅で告別式が営まれ、大勢の参列者が別れを惜しんだ。私は、農村文化研究所や、教委協議会などで、温厚で博学な竹田さんに会うのが楽しみだった。大事な人の喪失感は大きい。

3月13日から、新発田市月岡温泉で、第37回有機農業全国大会が開催された。ホテル清風苑がメイン会場である。自然の恵み豊かな新潟県に全国各地から多くの人びとが集った。近くに白鳥の名所瓢湖《ひょうこ》や、有機農業と6次産業化で村おこしを進める笹神地区がある。私は、3日目の日有研の総会まで参席し、現地見学は割愛して、相馬直美さんに送られて帰宅した。3月22日、福島県大玉村での講演に出かけた。伊沢凡人先生の薬草園には2度ほど訪れ、健康管理のご指導を受けたが、構造改善が進む村全体の姿を見るのは初めてである。大玉村は、有機農業推進協のモデルタウンでもある。

「食に命あり」谷美津枝さん逝く

4月5日、新潟県消費者センター社長の谷美津枝さんがご他界され、中川信行さんと一緒に告別式に参列した。谷さんは、日本の消費者運動の草分けで、主婦の力で食生活改善普及会を立ち上げ、併せて安全な食品を精選して市民に供給する事業を、法人組織で展開した。高畠町有機農研とは、早くから提携の絆を結び、最も頼れる存在であった。食に関する何冊かの本も上梓され、『食に命あり』は生消双方の必読の書である。りんごはもちろんだが、津南高原農産の鶴巻さんと結び、玄米餅やりんごジュースも大量に取り扱っていただいた。学校給食をはじめ、谷さんの社会的貢献は、限りなく大きい。深い喪失感を抱えて帰宅した。

4月30日、三木ベルテックの社員研修に行った。安部社長は、リーマンショックの不況をのり超えるために、社員全員で野菜づくりを始めた。上杉鷹山公の自給自立の精神に学んで、社員の前向きな一体感を醸成しようとする行動である。私の甥の遠藤俊秀君が畑の担当なので、その意義づけと農法について話をした。5月15日、代掻きの最中だったが、東北P《ペック》協会大会での講演に出かけた。会場の仙台市青年文化センターには、山田日登志氏が指導する中堅の地場産業の幹部が集っていた。山形からは天童木工の方々も見えていた。事前に遠藤俊秀君にパソコンへ入力してもらった資料と映像を交えて、70分話をした。5月26日、置賜農業改良普及センターの工藤、島崎両氏が訪ねてきた。山形95号という新品種の試験圃場を引き受けて欲しいという要請であった。私は、その品種特性について関心を持っていたので快諾した。有機栽培歴33年の金沢の田んぼを生育調査に供することにした。そして、今年から生育調査が始まった。山形95号は、つや姫（山形97号）の姉に当たり、冷や水がかりにも育ち、いもち病にもつよく、準高冷地の上和田に適していると考えた。田植えと補植を済ませた5月29日、オールドボーイズのツアーで南魚沼に出かけた。六日町は、NHK大河ドラマ「天地人」の直江兼続のふるさとである。板戸城址に登ると、石垣だけが残り、かたくりの花が一面に咲いていた。大河ドラマの資料館では、幼少の頃から、上杉藩の名家老として敏腕を振るった米沢での活躍まで、臨場感あふれる展示に見入った。米沢市林泉寺の境内に墓所があり、お船の方と並んで眠っている。

翌30日は、出雲崎の良寛記念館を再訪した。この地方一帯が、良寛を前面にだしたマチおこしに取り組んでいる。帰途、燕三条の洋食器記念館を見学し、最後は、新潟ふるさと村で越後の銘酒を買って帰宅した。帰ると、鴨のネット張りや、中耕除草が待っていた。電柵やつり糸張りを何とか終え、6月2日に真鴨を放飼した。

翌朝、20アール1枚の田んぼだけ、ひなが全滅した。原因はよくわからなかったが、1週間後20羽を補充した。それでもじりじり減っていくので、さらに1週間後合鴨を10羽補充した。小さすぎて真鴨の先輩からいじめに遭ったりした。結局その田は手取り除草をした。ただ、被害の少なかった区割は、除草効果も良く、株が開いてたくましい育ちをみせた。鴨が撹拌して、たえず酸味を根元に入れるためであろう。

6月18日、鳥取市在住の従妹中山奈里子さんが、夫君の中山精一さん（鳥取大教授）とともに訪れた。奈里子さんは、初めて母親の実家を訪れたのだが、予告なしの訪問なので十分な対応ができなかった。家に上がっていただき、お茶を汲みながら、鳥取におじゃました折のお礼を述べ、四方山話をした。田んぼやりんご園を案内し、お昼は清寿庵でそば粉10割の手打ちそばを一緒に食べ、見送った。中山精一氏の退官記念に東北を旅する予定だという。

22日、初めてたかはた文庫建設委員会が開かれ、環境整備と会議がおこなわれた。和田民俗資料館管理組合が事業主体となり、10万冊の栗原文庫を主体とした田園図書づくりが始動したのである。

母校興譲館高校で「いのちの講座」

7月2日、母校米沢興譲館高校「いのちの講座」で講演した。全校生徒600名と全職員を加え650名余が講堂に着席する中で、食農教育を通した「育てることの意味」について、持論を述べた。米沢興譲館は、上杉藩の藩校の300年の伝統を受け継ぎ、硬派の学塾を自認していたので、創立記念日や同窓会の総会などでは、大先輩の著名な学者や文化人を招聘しての講演が殆どであった。私の在学中では、民法の我妻栄教授（東大）や高橋里美学長（東北大）の講演を拝聴した。「いのちの講座」とはいえ、一介の農民を呼ぶのはおそらく初めてで、これも蒲生《がもう》直樹校長の裁量によるものだと思える。前列の方は1年生で、3か月前に中学校を卒業したばかりの生徒である。担当の我妻先生との事前の準備で、できるだけ具体的な解り易い話をするように心がけ、スライドなどの映像やデータを示すようにした。とりわけ高畠町の小中学校で長年取り組んできた学校農園における「耕す教育」や、米国ラドガース大学の研究によるオーガニック野菜のミネラル成分の優位性にふれ、育ち盛りの若者の食の大切さを強調した。そして自ら土に立ち、耕していのちを育てる営みが、人間形成のベースになると結んだ。訥弁な90分の話を、生徒たちは集中して聞いてくれたのはうれしかった。

文化としてのホタルの光

7月4日、早稲田環境塾の第2期高畠合宿が始まった。到着後すぐに、さんさんで90分の講話を担い【写真44】、午後3時過ぎには、二井宿地区のホタル観賞に移動した。「ゲンジ蛍とカジカ蛙愛護会」の島津憲一会長と20名の会員が、清流大滝川の環境保全に努め、13年かけて稀少生物の増殖を実現し、「文化としての蛍の光」と呼ぶ風景を正夢にした。その舞台には、透き通ったカジカ蛙の鳴き声が、効果音のように響き渡る。毎年7月初旬に開催されるホタル祭には、2日間で2000人もの人びとが訪れ、大滝川は蛍の名所となった。早稲田環境塾は、初めて夕刻からの野外体験をプログラムに組み込み、二井宿に伺ったわけである。街灯を消し、懐中電灯も使わず、薄暮の川辺に舞う蛍の光を鑑賞する時間は、自ら自然のひとつの要素になっていることを体感する場面だった。さらに島津憲一さんは、とっておきのヒメボタルの群生地に案内して下さるという。そこは、国道113号線から、沢合いの細い山道を500mほど登った栗林の中だった。夜8時過ぎなので、静謐そのものの闇の中を無数のヒメ蛍が乱舞している。360度まるで巨大なシャンデリアのようだと島津さんは形容する。私たちは、魂を奪われたようにしばし見入る

写真44　早稲田環境塾高畠合宿での講話
（写真：佐藤充男）

ばかりだ。祖母が二井宿の出身で、子どもの頃にいつも遊びに来ていたNHKの松尾典子さんにとっても初めての体験で、感動もひとしおのようだった。9時30分にはさんさんに戻り、それから深夜までの交流会では、ひとしきりホタル談義に花が咲いた。翌日は、佐藤充男カメラマンの案内で、田んぼやりんご園、そして町内の史跡や名所、草木塔や石仏などを見学していただいた【写真45】【写真46】。

　りんごの袋かけや田の草取りで忙しい季節だが、7月21日、予定されていた土の会のツアーで黒部、能登方面を巡った。宇奈月温泉に泊まり、翌日は黒部ダムの壮観を望み、トロッコ電車で欅平まで登り、駅に待機していたジェイ・ツアーズの車で黒部立山アルペンルートを走った。峨々《がが》たる山脈《やまなみ》に抱かれた高原の湿地帯や珍しい植生に目を奪われ、労せずに北アルプスの秘境を体感できる幸せを思った。少し遅い昼食を、一気に下った富山のます寿司本舗でとり、午後は氷見フィッシャーマンズワーフを見物し、能登和倉温泉についた。日本の宿のと楽は、海辺の眺めも、海の幸の膳も美味しく、心身ともに癒される宿だった。3日目は、内灘海岸の砂浜に遊び、金沢の兼六園をじっくり散策して帰途に着いた。

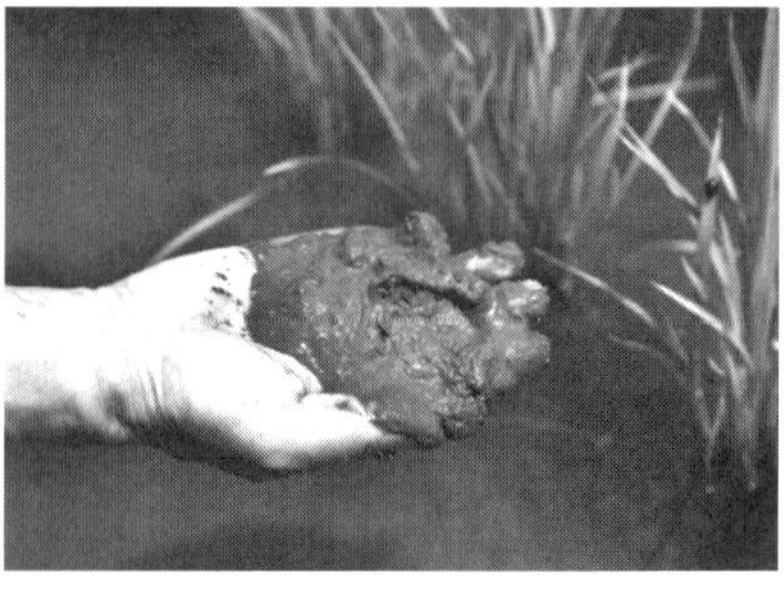

写真 45　田んぼの泥
（写真：佐藤充男）

写真 46　田んぼの泥を手に取る筆者
（写真：佐藤充男）

日本のブータン池田町（福井）

帰宅して、「たかはた文庫協賛会趣意書」の草案づくりに取り組んだ。8月8日、たかはた文庫建設委員会が開かれ、趣意書は承認され、町内外の有志の皆さんに応分のご協賛を仰ぐこととなった。お盆過ぎから着々と工事は進捗し、降雪前には屋根の塗装から、電気工事も完了できる見通しが立った。8月18日、たかはた文庫協賛会幹事会が開かれ、ご依頼先の名簿づくりや、事業予算の大枠づくりの検討に入った。お盆明けの8月21日、福井県池田町に赴いた。人口3000人の小さな町だが、里山の資源と伝統文化を活かして、日本のブータンとして注目を集めるようになった。東海大の助教授を早期退官し、池田町に移住した伊藤洋子さんが、新しい町づくりのプロデューサーを務めている。木の香りに包まれた冠荘に泊まり、翌日は町の文化施設でシンポジウムに臨んだ。哲学者の内山節氏も、講師、パネラーとして同席した。東京と群馬県上野村にそれぞれ拠点を持ち、一年間の半分ずつを暮らす内山氏の思想と実践は、極めて示唆に富み、参加者の共感を呼んだ。山形県金山町の山合いのムラで、栗田和則氏とキエ夫人が営む「くらし工房」の山村塾に毎年訪れ、自然と融合して生きる人たちへ、自信と誇りをもたらしてきた。また東京では、立教大大学院の教授として、社会人学生を含めた多くの若者に、新しい価値観を育んだ。

2泊させていただいた冠荘のユニークな構造とおもてなしも格別で、とり囲む杉の森や谷川の瀬音とともにいまも甦ってくる。散索の途中、伊藤さんのご自宅でコーヒーをご馳走になり、庭の花園を眺めながら歓談した。農村デザイン学を広く外に向けて発信し、経験交流を通して、日本のブータンの存在感を限りなく高めていく魅力的なリーダー像をそこに見た。

8月23日、福井からの帰途、銀座の山形県のアンテナショップに立ち寄り、その2階にあるレストラン「サンダンデロ」で、早稲田環境塾のみなさんと夕食懇談会を楽しんだ。鶴岡出身のイタリアンの名シェフ奥田政行氏が経営を引き受け、その愛弟子が腕をふるう。食材は全て県産の旬のもので、野菜、肉、魚、地酒、ワインも懐かしい風味で、ホッとする感じである。開店後しばらくは、3か月待たないとディナーの予約が取れないほどの人気だった。オーナーの奥田氏は、のちにトリノで開催された「食の万博」でも、世界的なシェフとして注目の的だったと伝えられる。

翌24日は、代々木のオリンピックセンターで、日有研の全国幹事会が開かれ、25日の午前中いっぱい会議が続いた。

帰宅した翌26日、「たかはた文庫」に対する協賛のお願いに、中川信行さん、佐藤治一さんとともに町長と教育長のもとに参上した。小さな田園図書館をつくる趣旨と、事業計画の概要を申し上げ、届いた本の整理分類の段階で司書などの人的支援をいただきたいと要望した。やがて、それはしっかりと叶えていただいた。翌27日、県連合青年団OB会が、鶴岡市湯野浜温泉で開かれ、庄内まで出かけた。会場の都屋ホテルには、若かりし頃青年団活動に情熱を燃やした懐かしい顔ぶれが、県内各地から続々と集まってきた。そのきっかけをつくった富樫洋子さんは、元県団副団長を務めた人だが、在京中は私の有機玄米を食べ続けていただいた。鶴岡に帰郷してからは、市立図書館に通って、県青年団史の編さんに意欲的に取り組んでいる最中だった。庄内遊佐町には、県連青の団長や、日青協の会長を永く務めた小野寺喜一郎氏（町長）もいて、力強い支援体制ができていた。間近に日本海の潮騒を聞きながら、熟年になった往時の若者たちは、時を忘れて語り合った。その県団ＯＢ、ＯＧ会は、毎年各地の持ちまわりで開かれている。置賜では、２０１３年10月、川西ダリヤ園傍の「まどか」で開催された。

９月３日、妹の遠藤恵子が山形市の山形済生病院で股関節の手術を受けた。米沢市関の農家に嫁ぎ、間もなく寝たきりになった姑の介護を13年間つとめ、乳牛の飼育に携《たずさ》わってきた。毎朝夕に、搾乳した重いミルカーを持つ仕事が、いつしか足腰の負荷となり、股関節の痛みを伴うようになった。早く連れ合いを亡くすなど、悲運の歳月に耐えてきた。

９月８日、高名な教育研究家太田堯氏が来町された。90歳を過ぎてもかくしゃくとして、多面的な活動をされている太田先生だが、研究所に勤める相馬直美さんが右腕となり、公私ともに先生を支えている。この度の来訪には、ライフストーリーの記録映画の撮影と、太田堯教育選集の編さんというふたつのめあてを抱えての来訪だった。初日は、私のりんご園や田んぼをご案内し、翌９日は、さんさんのコテージで２時間近く、じっくりと対談した。わが生涯の中で、ひとつのエポックを画した場面であった。

太田先生が帰京された９日の午後からは、提携センターの出来秋を見る現地交流会がおこなわれた。圃場巡回をした後の夕方からの交流会は、女性部の手料理を囲んで、大いに盛り上がった。収穫を終えるまで、台風などの災害がないことを願いつつ、盃を汲み交わした。翌10日は、上杉神社や、大河ドラマ「天地人」博が開かれている伝国の杜に案内した。

11日には、早大教育学部細金ゼミが来町した。そのメインの所には、やはり院生だった相馬さんがいた。細金ゼミは、長年安曇野にフィールドワークに通っていたが、この度なぜ高畠なのか、撫心庵で問答を交わした。

時の流れは早く、母の3回忌が訪れた。お彼岸の中日、自宅で法要を営み、稲子原の墓地に香を手向けた。桔梗《ききょう》が咲き、かなかなが鳴く頃になっていた。直会は、よう山亭にお願いした。

10月4日、松茸の季節に金子勝先生の講演会（町商工会主催）と、慶応大経済学部金子ゼミのフィールドワークがおこなわれた。25名の慶応ボーイは、先入観をふり払うひたむきさで、農作業に汗を流した。夕刻からの交流会も、金子教授の持論の開示があったり、農家の質問が相次ぐなど、ユニークなものだった。学生も明るく前向きで、好感が持てた。

台風18号が去った10月10日、一橋大足羽ゼミ25名と、国際交流基金研修生の10名が来訪した。足羽与志子先生は、秋津ミチ子さんと大阪大の同期生で、現在は一橋大学大学院文化人類学部教授である。また国際交流基金で来日した中には、バングラデシュの大学教授で、著名な映画監督がいた。合流した35名を前に、私は通訳も含めて2時間、たかはたの取り組みと展望について語った。翌11日は、わが家に3名の学生とバングラの監督が援農に訪れ、台風で倒れた稲杭のかけ直しや、落果りんごを拾い集める作業を手伝っていただいた。紅玉、出羽ふじなどの中生りんごが色着き、丸かじりできる季節になっていた。

三中創立50周年記念式典

11月1日、尾形敏行校長の裁量の下、町立第三中学校創立50周年の記念式典が挙行された。学校とPTAが一体となって実行委員会を構成し、早くから準備を進め、会場の文化ホールまほらには、刷り上がった立派な記念誌が積まれていた。私も、「伝統をふまえ、未来を拓く」と題する寄稿文を寄せた。式典と記念行事の準備、運営は、山木秀春PTA会長、佐藤忠博実行委員長、渡部宗雄体育文化後援会長、大浦亮一編集部長を推進軸に進められ、万全の態勢で当日を迎えたのである。午前9時からの記念式典がとどこおりなく終了し、NHK気象予報士として人気の半井小絵さんの記念講演に移った。パフォーマンスも含め、生徒と参席者を魅了する90分であった。終わって3年生の何人かが登壇し、これからの進路と夢を語った。私の孫の悠一郎が、半井さんに「将来何になりたいですか」と問われ、「学者になりたいです」と臆面もなく応えた。それが正夢になるかどうかは、神のみぞ知るという他はない。

11月3日、文化の日の町合同式典において、寒河江信町長から、「高畠町功績章」が授与された。その栄えある勲章の重みは、ずしりと胸にしみた。父子二代にわたる町と町民からの処遇は、感謝の他はない。さらに11月25日、よねおり観光センターホールで、盛大な受章祝賀会まで催していただいた。後藤康太郎実行委員長はじめ、ご臨席いただいた大勢のみなさまに、私と妻、そして家族は、ひたすら感謝を申し上げるばかりであった。そのささやかな返礼の気持ちとして、高井教育長に食農教育振興のために活用して欲しいと願って、応分の寄進をした。

11月5日、たかはた文庫建設委員会が開かれ、工事の進捗状況と寄せられた協賛金の内容について確認した。全国各地から、早いテンポで篤志が届けられ、早稲田環境塾から20万円、こまつ書店社長小松芳一、郁子ご夫妻から10万円など、大口の寄付をいただいた。ちなみに郁子夫人は、大勘酒蔵安部家の出身で、上山市生居に住み、県内各地に大型書店を展開している。個人でも県内外から、遠くは鹿児島や熊本から、思いを込めた協賛金が寄せられた。提携する消費者グループや、まほろばの里農学校、大学関係など、その絆の温かさ、つよさに感激するばかりだ。

11月15日、福島市の「あんぜんなたべものや」新店舗オープンのお祝いに、菊地良一さんと一緒に参上した。土といのちを守る会のリーダー矢部芙沙子さんとは、ずいぶん長いおつき合いだが、息子の博和さんが母親の志を継いで、安全な食物の普及を一生の仕事とすると決めて帰郷した。公務員を退職した父親とも一緒に、家族ぐるみで自然食品を広める条件づくりに着手し、みごとに店舗を完成した。四季を通して栗子峠を越えて、契約した有機農産物を自ら受け取り、宅配と店舗で消費者市民に渡す。折にふれて援農にもいそしみ、私たちにとって信頼するパートナーである。

11月22日、第三詩集「種を播く人」が、世織書房から800部上梓された。現代詩の著名な詩人の詩集でさえ500部が限度とされる中で、一介の農民詩人にしては、破格の部数といえよう。12月19日、立大「環境と生命」フォーラムでは、「種を播く人」をテーマに、詩の朗読と栗原先生の批評を主体に、これまでとは一味ちがった時空が形成された。立大正門前の2本の樅ノ木が、巨きなクリスマスツリーに変身するなかで、私の内面に得がたいきらめきをもたらしていただいた友情を宝としたい。

すでに11月19日、栗原文庫の第一便が4トン車で到着した。続いて12月7日、第二便が10トン車で到着し、ＪＡ和田支店の倉庫に仮保管していただいた。師走22日、たかはた文庫についての報告とご支援の要請に、町長と教育長のもとに参上し、さらに社教課長、農林課長にも報告した。それを受けて、24日、寒河江町長と渡部副町長が、現場視察に来訪された。いよいよ手づくりの田園図書館のオープンに向けて、これからの本の整理、分類、展示、パソコンへのインプットなど、これからの正念場である。栗原文庫の他に、コモンズの大江正章氏からは自社出版の全ての本を、また東北大の鈴木孝男教授からは、環境問題や生物学の文献を多数いただいた。さらに、たかはた文庫には有機農業資料センターも併設する計画なので、その書籍と資料の収集も大きな課題である。

２０１０年（平成22年）

新しい田園文化社会を求めて

２０１０年正月は、少し落ち着いて鶴見和子・川勝平太対論集『内発的発展』と、五木寛之の『親鸞』を読んだ。２月１日、突然青年時代からの盟友、遠藤典男さんの訃報が入った。陽当たりのいい斜面のぶどう園でひとりで作業中、発作を起こし、その後入院加療中だったという。丈夫な心身《からだ》を持ち、農業と町づくりに精力的な活動を続けてきた人だけに、信じがたい事態である。60年安保の国会デモに、遠藤典男さん、菊地良一さんと３人で上京したときのことが脳裡をよぎった。３日の告別式は、胸を押さえるだけで精一杯であった。

2月4日、早稲田環境塾の原剛先生と吉川成美さんから『高畠学』を編むためのヒアリングを受けた。とりわけ、60年以降の高畠町の農業、環境史について、時系列を追って記したメモリーについて確かめ、世界と日本の動きと重ね、年表を作るためと伺った。

2月9日、たかはた文庫協賛会と建設委員の合同会議が持たれた。すでに降雪前に到着し、JA和田支店の倉庫に仮保管していただいている5万冊の蔵書を、どういう態勢で整理り類し、書架に納めるか喫緊《きっきん》の課題である。文庫の周りの雪が消え、本を搬入できる状態になれば、すぐに着手しなければならない。すでに栗原氏ご夫妻からは、協賛金として150万円、本の梱包と運送費として100万円、合わせて250万円を出費していただいている。合同会議は、具体的な対策について、詰めた論議をおこなった。寒中の底冷えも苦にせぬ熱い思いが充ちていた。

2月15日、大分県臼杵《うすき》市に向かった。臼杵市農業推進大会で講演のためである。16日午前中、市内の農業の実像と堆肥センターを見学し、また赤峰氏が指導する自然農法の人参の甘さに驚いた。外食産業のワタミが臼杵に農地を求め、参入する計画とか聞いた。森田課長補佐とボランティアガイドの案内で、国宝臼杵石仏をじっくり参観した。推進大会では、2時間20分かけて持論を展開した。北と南の風土条件は全くちがうけれど、農業の持つ普遍的な意義は変わらず、経験交流を通して学び合い、この国の食と農を守ることができると語った。夕べは、中野市長はじめ市の幹部との忌憚《きたん》のない話し合いが続いた。

翌17日の朝、大分駅から豊肥本線の九州横断特急で熊本に向かった。途中、豊後竹田では、荒城の月で有名な岡城跡をはるかに望んだ。県境を越えると、列車は大阿蘇のカルデラ盆地を一気に走り抜け熊本駅に着いた。そこにはすでに吉川榮一熊大教授ご夫妻が待っておられて、昼食をいただいた後、国の重要文化財に指定されている熊本大学五高記念館の学舎と歴史資料館を参観させていただいた。夏目漱石が校長を務めた時代の資料と写真が展示されていて、認識を新たにした。丁寧なご案内に感謝しながら、途中武蔵塚公園に立ち寄り、直子夫人に熊本空港まで送っていただき、帰途に着いた。

提携運動（CSA）国際シンポジウムin神戸

2月20日、「地域がささえる食と農 神戸大会」に参加するために東京に前泊した。21日早朝、石井幸子さんと待ち合わせて、神戸学院大学のキャンパスで開催される「産消提携国際シンポジウム」に直行した。日有研の国際部なども深く関わり、早くから準備を進めてきた。私が参加する目的のひとつは、6年前の南仏プロヴァンスの旅で訪ねたオーバーニュ市の有機農業とAMAPのリーダー、ダニエル・ヴィロン氏とデニス夫人が参加されると伺い、ぜひ再会したいと願ったからである。ポートアイランドに立地する美しい大学の構内には、世界各地からCSAやAMAPなど、地産地消の提携運動の担い手たちが続々と集まってきた。ほぼ満席になった大講堂の一隅で、ダニエル・ヴィロン夫妻と再会し、感激の握手を交わした。石井さんの通訳で、お互いの近況を語り、記念の品を渡したりするうち、大会が開催された。今回のメインは、何といってもアメリカのCSAのリーダー、エリザベス・ヘンダーソン女史の基調講演である。同時通訳で地域支援型農業の可能性を説き、生消がともに支え合うシステムが、食の安全と人間の尊厳を守り、社会的公正を実現すると訴える。まさに一樂思想に通底する理念がベースにあると受け止めた。しかも、自ら先頭に立っての日常的な実践を通して、運動の組織的な広がりを勝ち取っていく。併せて、情報発信と教育活動を以って、世界の多様なCSAの誕生を促していく。現代のまれにみるリーダーだと感じた。

夕べの懇親会で、日有研の久保田裕子さんに促されて、開会のあいさつをした。22日、神戸からの帰途、いなほの会の安藤康子さんと佐藤たみさんと会い、しばし歓談した。

帰宅翌日、島根県浜田市の中山間地域活性化センターの研修に対応した。弥栄町の有機農業と村づくりで有名な所なので、参加者の問題意識も高い。ゆうきの里さんさんでの交流会でも、行政職員も加わって話がはずんだ。

2月27日、提携センター作付会議が東京農大で開かれ、私は日帰りで出席した。翌2月28日は、共生塾連続講座に、NHKの宮本隆治アナウンサーをお迎えする予定が入っていたからである。翌日は、たかはた文庫他に、宮本氏をご案内した。

3月5日、6日、第38回日有研全国大会が、横浜市で開催された。その神奈川大会で、私は基調講演の役割を担った。分科会は「一樂思想と提携」に参加した。その折に、竜ケ崎の娘の家に泊っていた妻を呼び、9日は鎌倉市の名所見物に費やした。あいにくの雨模様だったが、長谷寺、鎌倉大仏、鶴岡八幡宮、鎌倉宮などを巡った。午後は、土砂降りの雨の中、鎌倉文学館、近代美術館を参観し、帰途に着いた。かなりハードな日程である。

3月14日、有機農業推進地域連携会議が名城大学（名古屋）で開かれ、講演をした。今治市の安井課長が呼びかけをして、モデルタウンの指定を受けて取り組んだ自治体関係者が集い、実践の成果と課題を検証しようというものだった。私の話がヒントになったかどうかわからない。帰途、地震のため福島で2時間待った。

15日、聖マリアンナ協会理事長赤尾保志氏と、「いのち」シリーズの対談をおこなった。司会は、NHK放送研修センターの草柳隆三氏である。ゆうきの里さんさんのコテージの木の温もりのなかで、生命の脈拍を重ねることができたのは、幸運であった。

翌3月16日、孫の悠一郎が三中を卒業した。その日、妹の遠藤恵子が、脳内出血のため三友堂病院に入院した。間もなく集中治療室から病室に移されたので、病状は比較的軽度だと受け止めた。人生は、一寸先のこともわからぬまま流れてゆく。

米沢市出身の国会議員で、経済企画庁長官や労働大臣を歴任された近藤鉄雄氏がご他界され、3月20日、ナウエルホール松が岬で告別式が営まれた。支持者だけでなく、公私にわたり関わりのあった多くの方々が参列し、先生の遺徳を偲び、別れを惜しんだ。

22日、福井県池田町の日本農村力デザイン大学の伊藤洋子副学長を先頭に、17名のみなさんが来訪された。午後、上和田分校の閉校式とお別れ会があり、十分な懇談の時間を取れなかったけれど、皆さんとの再会を歓んだ。28日、私の共生塾講座の総仕上げのような意味で、「新しい田園文化社会を求めて」というテーマで、思いを込めた講演をした。その内容は、事務局の秋津さんが、CDや冊子に納めて下さった。

4月7日、悠一郎が米沢興譲館高校に入学した。娘、孫と三代にわたって母校で学ぶ縁《えにし》と幸せをかみしめた。

4月9日、わが大先輩で、社会教育と文化行政に大きな足跡を残された星寿男氏がご逝去された。11日、地元糠野目の耕福寺において、しめやかに葬儀、告別式がとりおこなわれた。若い頃からスポーツ万能で、また書道の大家で多くのお弟子さんを育てたスーパーマンのような人生であった。その大きな存在を失った空洞は、はかり知れない。

遅筆堂文庫・生活者大学校～生みの親の井上ひさし氏逝く

4月12日、敬愛する井上ひさし氏の訃報が寄せられた。鎌倉で闘病中とは伺っていたが、あまりに早いご他界に愕然《がくぜん》とするばかりだった。故郷川西町に、20万部を超える愛蔵書を寄贈され、遅筆堂文庫の生みの親となった。また「こまつ座」を育て、すぐれた劇場機能を備えた川西町フレンドリープラザを町が造営する推進力になった。さらに私たちにとって身近なのは、毎年農業問題を中心に開講される「遅筆堂文庫・生活者大学校」である。超多忙な井上ひさしさんが校長を務め、教頭の山下惣一さんが九州から必ず飛んでくる。その名コンビと、阿部孝夫館長のみごとなコーディネートが相まって、常連の参加者を魅了する。憲法や町づくりなど、テーマによってゲストを招き、広角な視野を養ってきた。私も幾度か講師として役割を担ったが、何よりの楽しみは、控え室や交流会で井上さんと会話を交わし、温かく大きな人間味に触れることであった。同世代で、天才と呼ばれる人と直に触れる得がたい場面であった。訃報を聞いて、一気に浮かんでくるイメージを振り分け、事務所宛に弔電を送った。

4月26日、すでに町から派遣していただいた2名の司書を中心に、スタッフが一体となって仕分け作業が稼働している「たかはた文庫」に、有機農業関連の私の蔵書と資料を納入した。「有機農業資料センター」の充実を、着実に図っていきたいものである。

4月29日から、熊本の吉川さんご夫妻、鹿児島の大和田さんご夫妻が、りんごの花見に訪れた。けれど、りんごの花は蕾のままで、ちょうど桜の花見となった。さんさんに泊り、共生塾との交流会を持った。翌30日は、たかはた文庫、りんご園、亀岡文珠、一中の桜並木、うきたむ風土記の丘考古資料館、道の駅、有本さんのアトリエ、烏帽子山千本桜、たかはたワイン、よねおりかんこうセンターと、足早にご案内した。そして夕べは赤湯のむつみ荘で、オールドボーイズの歓迎、懇親の席に着いた。5月1日は、元町長の高梨さん、有本さん、私の3人で、上杉神社と城址を巡るお堀の桜、東光の酒造を見学して、花くれないで昼食をとり、米沢駅でお別れをした。

5月16日、遅れて咲いたりんごの花見に、吉川成美さん、相馬直美さん、松尾典子さんが訪れた。ちょうど満開の最中で、有本さんのシャッターがはずんだ。星、稔、中川園と観て、はなみずきで昼食、懇談をし、さらに長谷川平内氏の奥さんが営む喫茶店で、庭の花々を眺めながら寛《くつろ》いだ。

5月24日、栗原彬ご夫妻が来訪された。町の司書のリードで鋭意整理、分類、陳列が進み、吉田繁夫さんの指導でパソコンへの入力も済み、オープンへの準備が進む様子に、ご夫妻は得心されたようであった。翌25日は、高畠高校、ひろすけ記念館、上杉神社、伝国の杜、米織16代目の馬下助左衛門の工房などを、佐藤治一さんとともにご案内した。喜久家の米沢らーめんの風味も、いたく気に入られたご様子だった。

青鬼クラブの背景～竹内謙氏の思い

5月30日、早大大学院竹内謙教授が来訪された。6月11日に予定されている大隈会館での講座の打ち合わせに、わざわざご足労されたのであった。竹内先生は、元朝日新聞政治部記者として活躍。「朝日ジャーナル」編集委員の時代は、都市問題、地球環境問題を担当、世界各地を取材し、深刻な危機を訴えた。93年に鎌倉市長に立候補すべく朝日新聞社を退社、環境自治体の創造を掲げて当選した。環境自治体会議の共同代表を務めるなど、内外に実績を上げ、97年に市長再選を果たした。地域主権にも重心を置き、市民参加のマチづくりを促すなど2期目の重責を果たし、2001年に勇退した。2005年、早大大学院経営管理研究科客員教授に就任した（竹内玄編『士魂』による）。竹内先生は、私が事前に送ったレジュメをゼミ生全員に配り、課題を以って臨むように指示され、6月11日を迎えた。夕刻6時からの講義は3時間に及んだが、むしろ質疑応答の場面が熱を帯び、意識の高い学生や市民とのトークに時を忘れ、交流会も含め数時間おつき合いをした。

その後、竹内氏は、早稲田環境塾の主要なメンバーとなり、奥様とともに足しげく高畠に通われた。とりわけ3・11後の福島原発の大事故の風評被害に苦吟するたかはたの有機農業を救うべく「青鬼クラブ」を立ち上げ、新しい提携スタイルを創出された。悲運にも竹内先生は病を得て、懸命の闘病のはてに2014年にご他界された。最後にお目にかかったのは、毎日新聞本社のメディアカフェで開かれた青鬼サロンの席で、「たかはた共生プロジェクト」が発足した日であった。阿也子夫人も、先生の没後、あとを追うようにして天界へと旅立たれた。おふたりで、後進の生き方を見守っておられることであろう。

6月27日、陽光文明研究所国際シンポジウムが、高山市の光記念館で開催された。神戸大学教授保田茂氏のお薦《すす》めにより、国際通訳で「有機農業の未来性」と題し、60分ほど講演した。シンポジウムは兵庫県立大岡田真美子教授、保田茂教授とともに臨んだ。海外からの学者、宗教家も交え、独特の空気感がただよう集会であった。

7月1日、井上ひさし氏のお別れの会が丸の内の東京會舘で開催された。生前の井上さんと親交を結び、あるいは演劇や出版関係など深く関わった多方面の方々で、立錐《りっすい》の余地がないほど続々と参列した。川西町からは、原田俊二町長はじめ、十指に余る顔ぶれが見えた。代表して数名の方が、井上さんへの深い思いを語ることばを、私は会場の片隅で聞きながら、自分なりのイメージを抱きしめていた。そして、少し強行軍であったけれども、最終のつばさで家路を急いだ。戦後文化力を以って、日本の民主主義をけん引してきた巨星が墜ちた悲しみが、じわりと胸に広がって消えなかった。もうホタルの季節が訪れていた。

草木塔のこころを求めて

7月19日、草木塔見学会が、米沢市の田沢コミュニティセンターを主会場に開かれ、遠藤周次さんとともに参加した。まず、前山形大学長の仙道富士郎氏の講演があり、ここ置賜地方に9割も残っている歴史性と、石碑《いしぶみ》に込められた山の民の精神性について詳しく語られた。そして、大学改革の象徴として「草木塔のこころを求めて」を掲げた理念に、私たちはいたく共鳴した。学長退官後、南米パラグアイにシニアボランティアとして赴任し、現地に2基の草木塔を建立して帰国した。パラグアイは日系移民が多く、親日的で、仙道先生の草木塔に寄せる思いを理解し、協賛事業で完成させたのだと伺った。置賜発の草木塔が、関西はおろか海外まで広がったことに、深い感慨を覚える。

草木塔の分布は、置賜全域に及ぶとはいえ、古い石碑は主に米沢、川西、飯豊地域に集中している。民間の研究家藤巻光司氏の調査研究をベースに、やまがた草木塔ネットワークの土橋陸夫氏が、立派な写真集として上梓した。

その中で最古の石碑は、入田沢塩地平《しおじだいら》の墓地内にある草木供養塔で、1780年（安永9年）に建立されたものである。安山岩の自然石に刻まれた碑文は、よく判読できなかったが、口田沢、大明神沢の供養塔から類推すると、草木國土悉皆成佛と刻まれているのではなかろうか。230年の時空を突き抜けて、草木のいのちを慈しんだ先人の思いが伝わってくる。いくつかの草木塔と対面し、最後は道の駅田沢の構内に立つ日本一大きい草木塔を見上げた。鮫川石の自然石で、高さ420㎝、幅

２７０㎝とされる。近年、平成の草木塔が各地に建立される中で、元祖田沢の草木塔は風格がちがうと実感した。共生の思想の源流に、敬意をささげたい。

７月22日から、日仏会館々長マルク・アンベール氏と雨宮裕子夫人が来町した。初日は二井宿小学校を参観し、伊沢良治校長のリーダーシップによる食農教育の実践をつぶさにご覧になった。とりわけ、「耕す教育」の舞台、学校農園で米づくりに挑み、子どもたちが育てた野菜で、学校給食の50％を自給する快挙を成し遂げたことに大きな関心を示された。その背景には、長老の佐藤吉男さんの細やかなわざの手ほどきがあった。翌23日は、わが家で高畠町の環境農業の総体的な取り組みについてのヒアリングを受けた。風土条件を活かした地域複合の展開と農林業と一体化した多彩な食品製造業の実績、そして市場や消費者との産直提携などについて、レンヌ大学教授ならではの的を絞った質問が相次いだ。午後は、りんご園、田んぼ、たかはた文庫などをご覧いただき、夕べは高畠駅前のよしのやで、交流懇談の席を温めた。駆け足の２日間でも、感性豊かなご夫妻には、たかはたの場所性と、フランス・ブルターニュと通底する何かを掴んでいただけたと思える。

８月４日、たかはた文庫に青年団や読書会時代の関係資料を納入した。総会資料や機関誌など、いわば有機農業前史を読み解く稀少な記録で、秋津ミチ子さん、佐藤歩由《あゆ》さん（一橋大）が中心になって丹念に整理、分類していただいた。この資料をベースに、十指を超す学生や院生が、卒論や修士論文を書き上げた。

外まわりも含めて、たかはた文庫の環境がほぼ整った段階で、お盆に合わせて内覧会を実施した。10日から17日まで、当番をきめて連日対応した。アニメや児童図書もあるので、親子で来館する姿もある。対外的なお披露目としては一定の成果があったようだ。

8月18日、オリンピックセンターでの日有研の全国幹事会に上京した。37℃の猛暑のなか、汗だくでたどり着き、翌日の午前中いっぱい会議に加わった。午後、提携についてのシンポジウムが組まれていて、限られた持ち時間なのでレジュメを準備して臨んだ。公開講座なので、アンベール雨宮裕子さん、NHKの松尾典子さんも見えられて、持参された手づくりの弁当をごちそうになった。シンポが終わって、雨宮さんに日仏会館にご案内いただいた。夕べはマルク・アンベールさんお手製のブルターニュ郷土料理を囲み、賑やかな交流会になった。その夜は、会館内のアンベールさんのご自宅に泊めていただき、得がたい処遇に感謝しながら帰宅した。

8月27日、高橋善美氏夫人のイセさんが急逝され、告別式が営まれた。長い農協役員の時代からご主人を支え、とりわけ和田民俗資料館組合長の役務を一身に担った場面では、イセ夫人に送迎していただくなど、ずいぶんご負担をおかけした。あの温かいお人柄が忘れられない。その生き方と志は、長男の善之さんが、しっかりと受け継いでいる。

9月6日、小林貞一氏の告別式が屋代の満福寺で営まれた。長く町議会議員を務め、文化に造詣の深い理論家として存在感を示していた。議員勇退後は、環境問題に深く関わり、ケナフ栽培を推進する先頭に立たれていた。ひろすけの菩薩寺満福寺に眠る縁《えにし》も宜《うべ》なるかなと思える。まほろばの大地の精とならんことを。

9月7日、唐沢とし子さんのご主人の訃報に接し、海上の別荘に弔問に参上した。大手石油会社の重役だった方だが、退社後、米沢市内の医療福祉施設に入所され、唐沢さんが通って介助された。9

月9日、夕刻からお悔みの会が開かれ、ゆかりの方々が香を手向け、彼岸への旅路の安穏《あんのん》を祈った。

出来秋を見る会

みのりの秋、恒例の提携センター現地交流会がおこなわれた。9月11日、常連の提携グループに加え、オルター大阪から40名の会員が来訪された。仙台空港からバスをチャーターし、まほろばの土を踏みしめた。天神森の裾の少し高台から、中川信行さんの黄金の穂波を望んだ情景は、圧巻である。初日は、高畠、糠野目地区の圃場を巡り、太陽館温泉で入浴し、夕刻からの交流会に臨んだ。女性部が心を込めてつくった旬の郷土料理を囲み、大懇親会は深夜まで続いた。生産者と消費者、あるいは消費者同士が、改めて顔の見える関係を自覚する大事な場面であった。

翌12日は、たかはた文庫と和田地区の圃場をご案内した。私と高橋さんの稲田とりんご園、自給畑などである。手応え十分の出来秋だった。

9月12日、入れ替わるように立大学生部のフィールドワークが入り、秋分の日の23日から東京学芸大原子ゼミが来町した。そして9月30日からは神奈川総合高校の研修旅行である。それぞれ受け入れ母体はちがうけれど、なぜか講話の役目を託された。稲刈りたけなわの季節である。

10月1日、台湾行政院職員（国家公務員）40名が、早稲田環境塾生10名とともに来町した。すでに早大での研修を経ての高畠での現地学習である。私は、甥の遠藤俊秀君の協力を得て、パワーポイントを利用して、高畠の四季や有機農業の実践について説明した。通訳を介しての長丁場を、台湾のエリートたちは、集中して吸収しようとした。夜は、さんさんでの大交流会である。翌日は、原先生と吉川成美さんの案内で、町長を表敬訪問し、観光を兼ねた町内遊覧を楽しんだ。縄文草創期の遺跡や石の文化、そしてたかはたワイナリーなどの地場産業にも関心を示したと伺った。国境を超えて価値を共有できるのはうれしい。

稲刈りを済ませ、慶大金子勝ゼミの交流会を終えて、10月5日から、平皓氏、丸山信亮氏とともに木曽路ツアーに出かけた。初めての中山道は、よく手入れされた山々が美しかった。奈良宿から入り、木曽福島で一泊し、翌日は木曽義仲の資料館、妻籠宿、馬籠宿へと足を伸ばした。いずれも宿場町の伝統的な街並みを保存し、固有の食文化を活かし、観光地としての細やかな対応を見せる。とりわけ馬籠宿での島崎藤村の生家と記念館は、じっくりと参観し、それだけでも木曽路にきた意味があったと実感した。2泊目は、中津川の玉吉屋で、美術に造詣の深い女将の話が面白かった。

10月16日、屋代大笹生出身で、スラバヤ沖海戦で撃沈したイギリス艦隊員422名を救助した艦長工藤俊作中佐顕彰碑の除幕式がおこなわれた。「敵兵を救助せよ」と命令し、乗組員を総動員し、波間に漂う多くのイギリス兵を救った歴史秘話は、その時救われたフォール卿の来日によって証された。米沢興譲館同窓生や町内外の有志によって顕彰の協賛事業が進められてきた。工藤中佐の人道的行為の教訓は、中学校の道徳の教科書にも取り上げられ、生命の尊厳を貫くことの意味を伝えている。

紅玉りんごの収穫を済ませた10月21日、オールドボーイズ恒例の秋のツアーは、庄内地方を訪れた。まず初日は酒田の山居倉庫、大地主だった本間家の旧本邸、くらげで有名な加茂水族館、土門拳記念館などを参観し、湯野浜温泉うしお荘に泊った。翌22日は、鶴岡の庄内映画村を振り出しに、藤沢周平記念館、致道博物館、松ヶ岡開墾場、庄内物産館などを見学した。とりわけ致道博物館では、庄内藩18代目当主酒井忠久氏と甘美夫人が付ききりで丁寧なご案内と解説をいただき、過分な対応に恐縮をした。さらに甘美夫人には、松ヶ岡開墾場までご案内いただき、明治維新の変革期に藩士がみな唐鍬を持って開墾し、桑を植えて養蚕を振興した歴史を体感した。かつて藤沢周平のふるさと黄金中学校々長として、２年間勤務した平皓先生も、雲の上の人だった当主ご夫妻のおもてなしに恐縮して帰途に着いた。

10月24日、真壁仁・野の文化賞を受賞した菅野芳秀氏の『玉子と土といのちと』の出版祝賀会が、長井市タスパークホテルで開かれ、祝辞を述べた。菅野さんは、土着の土壌菌を活かした餌で自然養鶏を営み、稲作と野菜の複合経営を軌道に乗せている。そして、市街地の家庭の生ゴミを収集して堆肥化する「レインボープラン」の推進リーダーとして知られている。現在は「置賜自給圏推進機構」の共同代表として、活躍の場を広げている。

10月30日、盟友有本仙央さんの写真集の出版祝賀会が、よねおり観光センターで開催された。風景と花と祭りの３つのテーマに絞り、選び抜いた作品群で、全国展で準大賞を受賞した秀作もある。その中で、つよい印象をとどめる数葉に即して、短い詩を挿入した。蛇足のような気もする。祝賀会は大盛況で、有本さんのもうひとつのライフワークの成熟を心から祝い合った。みのりの秋の慶事である。

たかはた文庫開館セレモニー

11月1日、いよいよ「たかはた文庫」開館セレモニーの日を迎えた。寒河江町長、渡部副町長、栗原彬氏、他によるテープカットがおこなわれ、終わって栗原氏による2時間に及ぶ記念講演を拝聴した、長年の懸案がひとつの節目を画したことで、まさに思い入れのこもった講演となった。田園の図書館が野生知を経験知に高めていく知的交流の拠所となることを、栗原氏は切望されていると受け止めた。そこから、つながりの文化の身体化が促されるのだと思える。

すでに9月7日、私が75歳の誕生日に、内示のあった斎藤茂吉文化賞の授賞式が、11月3日、文翔館で挙行された。吉村美栄子知事から賞状と記念のレリーフを贈られ、私と妻はいつになく緊張した。旧講堂での祝賀パーティでは、他の受賞者とともに北杜夫夫人も同席し、得がたいひとときを過ごした。

同日、立大コミュニティ福祉学部と高畠町の交流10周年記念事業が、まほらでおこなわれた。

11月5日、たかはた文庫開館事業第2幕として、河北新報論説委員の鈴木素雄氏と、原剛氏の講演が催された。ちなみに鈴木素雄氏は、立大栗原ゼミのOBであり、文庫への支援を惜しまない。

記念事業の第3弾は、11月7日、一樂思想を語る会の折に、日有研佐藤喜作理事長と魚住道郎副理事長の講演である。文庫内に「有機農業資料センター」を併設した意義とその活用について語っていただいた。

11月13日、早稲田環境塾第3回高畠合宿が始まった。初日の午後、私が第一講を受け持ち、夕刻6

時からは、上山市葉山館で山形大学第一外科部長の木村理《おさむ》教授をチーフとする翔山会の先生方を前にして、一介の農民が食と健康について臆面もなく自説を述べたのであった。木村先生とは、以前大学のシンポジウムで同席したことがあり、神の手を持つ名医といわれる方ながら、その人間性に惹きつけられていた。90分の役目を果たし、肩の荷をおろして、急ぎさんさんの早稲田環境塾の交流会に合流した。

11月16日、四国高松に向かった。JA香川県経営者研修会で講演を担うためである。JA香川県は、全県一単協で構成し、その組織運営が注目されていた。『世界の牧歌と田園詩人』の著者遠山建治氏が代表監事を務めており、お会いできるのを楽しみにしていた。到着の夜は、宮武会長、遠山監事、港参事と打ち合わせと会食を共にし、翌17日は、「地域共生における農の役割」というテーマで2時間語った。私自身は、若い頃農協青年部の活動に参画しただけで、JAの役員を経験したことはないが、一樂思想の洗礼を受けるなかで、協同組合の基本理念に深く共鳴していた。農協新聞などに寄稿した論稿を読まれている方もいるようで、たしかな手応えを覚えた。

陶淵明の故郷~訪問のアルバム

終わって、遠山氏に東山魁夷美術館、四国巡礼の善通寺の札所などをご案内いただいた。そして幸運にも遠山さんのご自宅に泊めていただけることになった。近年奥様を亡くされたとのこと、新装成った田園の家でひとりで自活しておられた。この旅のひそかな目当てのひとつに、陶淵明の「帰去来辞」

の故郷廬山《ろざん》を訪ねたおりの写真を見せていただくことにあった。遠山さんが差し出されたぶ厚いアルバムを、私は食い入るようにしてめくっていった。官吏を辞して、「帰りなんいざ、田園まさに荒れなんとす」と嘆じ、生家に帰り農耕にいそしむ心意気が、１５００年の時空を超えて迫ってくる。ただし、現代の廬山は、荒廃した姿ではなく、落ち着いた美しい農村に見えた。世界の田園詩人の聖地を巡礼する遠山さんの旅は、これからも続いてゆくのだろう。

翌18日は、出勤前の遠山さんに、かつてりんごを届けていた善通寺のグループ近藤農園と長谷川さんの直売所にご案内いただいた。思えば凍みりんごのお礼に参上した折には、長谷川さんのご自宅に泊めていただいた。みなさんも往時のことを覚えておられて再会を喜び合った。密度の濃い讃岐の旅だったが、高松空港で10時に遠山さんと別れ、帰途に着いた。

11月27日、井上ひさし校長の遺志を継いで、「生活者大学校」は開催された。山下惣一教頭が九州から飛んできて、「農村で生命を考える」というテーマを掲げて、共生の母胎からの論議が始まった。私は第二講に登壇し、生きている土の力で本物の食べ物を育む農の世界について語った。ここから安全で美味しく、栄養豊かで、機能性の高い食を手にすることができ、自給の延長で他人に分かち合うよろこびを味わうことができる。自然と人の融合から、人と人の共生に至る筋道のなかに、明日を望むことができるのでは、と結んだ。第三講は山下惣一氏である。具体的な事例と自らの実践に裏付けされた山下さんの講演は、ストーリー性があって面白く、誰でも腑に落ちる。しかもその中に、鋭い批評精神を秘めている。井上さんが全幅の信頼を寄せた理由《わけ》が得心できる。

12月4日、県芸文会議主催の斎藤茂吉文化賞受賞祝賀会が、山形グランドホテルで開催され、妻とともにご招待いただいた。面映ゆい限りである。

12月18日、中川信行氏の大日本農会「緑白綬有功章受章祝賀会」がハピネスにおいて盛大に営まれた。本章は、明治以降120年の伝統を有し、農業分野で顕著な実績を上げた人に贈られる最も栄誉ある褒章である。中川さんの長年にわたる協同組合と有機農業における実績が評価されて受章されたことは、私たちにとっても何よりの慶事である。

さらに12月21日には、鈴木征治氏の瑞宝双光章受章祝賀会が、よねおり観光センターで開催され、祝辞を述べた。鈴木先生は、永年校長として、心身ともにすこやかな生徒の育成に努め、さらには教育長として町教育行政の振興にリーダーシップを発揮されてきた。また、そば打ちの名人でもある。

2011年（平成23年）

東日本大震災と福島原発の過酷事故

2011年、千年に一度の人類史に残る大震災が起こることなど露知らず、厳寒の新年が明けた。何回も実行委員会を重ね、鋭意準備を重ねていただいた斎藤茂吉文化賞受賞祝賀会が、正月21日、よねおり観光センターで開催された。県内外から180名余の大勢のみなさまにご臨席をいただき、重ねてのご厚情に浴する幸せに胸が熱くなった。後藤康太郎氏はじめ、実行委員のみなさまには、人一倍ご高配を賜り、恐縮するばかりであった。東京から駆けつけて下さった原剛先生や、南陽市の高橋まゆみさんのご祝辞は、深く心にしみた。

大雪に見舞われ、りんご樹の雪おろしに精出して、今度は京都に伺った。親鸞聖人750年祭を迎える東本願寺でおこなわれる加賀市の浄土真宗信徒研修に招かれたからである。加賀自然環境研究所の西山義春代表が、門徒の集まりで、「農から明日を読む」をテキストにして学習してきたご縁で、門外漢の私にお鉢が廻ってきたことのようだ。寺院内では、信徒と全く同様の生活をし、簡素な精進料理をいただきながら、昼夜兼行で講演と座談会に徹した2日間だった。得がたい体験であったが、3日目の早朝中座して帰途に着いた。正面玄関に、親鸞聖人の直筆の文書が展示してあり、その歴史的遺産と対面できたのは幸運だった。帰宅したら、集英社から『農から明日を読む』2000部重版の知らせがあった。2月6日、日有研の海外事情報告会が、國學院大学で開かれた。いくつかの事例の中で、吉川直子さんのイギリスCSA運動の視察報告に関心をそそられた。

2月27日、提携センター作付会議が、東京農大でおこなわれた。今年も、大久保武教授のご高配で、研究室をお借りし、生産の報告と提携の事情について忌憚《きたん》のない話し合いをした。終わって構内のグリーンアカデミーで、恒例の生消交流会が開かれた。高畠のワインや地酒を汲み交わし、応援の学生も加わって大いに話が弾んだ。翌28日は、中川さん、治一さんと一緒に早稲田環境塾を訪問し、今年の活動計画について打ち合わせをおこなった。午後、東京駅で吉川成美さんも加わり、栗原彬氏と2時間ほど、たかはた文庫の運営と活用について話し合った。さらに3時30分から、山形県東京事務所を訪問し、行政だけでなく市民レベルでの首都圏とのつながりについて報告し、必要な情報の提供や支援を要請した。町役場から若手の武田さんが出向していることも頼りになっている。

3月1日、地下水同人飯野栄儒氏の告別式が、山形市深町のやすらぎホールで営まれた。飯野さんは農民運動家で、県議を長く務め、退任してからは県史編纂に精出していた。また俳句を詠み、山新俳壇の選者でもあった。句集を上梓し、生地に建てられた句碑に「稲妻を胸まで入れて乳のます」という名句が刻まれている。県議会で質問に立つ朝には必ず電話があり、直面する農政課題について意見を求められた。あの懐かしい声が甦ってきて、私は式場で胸をおさえていた。

3月5日、阿賀野市笹神地区で、山下惣一氏と石塚美津夫氏との鼎談がおこなわれた。朝、高速バスで到着し、午前中、農協主催の6次産業化でめざましい村づくりに取り組む現場を案内していただき、午後は大勢の参加者のもと、熱い論議を重ねた。地域住民だけでなく、新潟総合生協や、東京のパルシステム生協の組合員も駆けつけ、多角的な切り口の意見も飛び交った。ただ　シンポジウムの基調を成したのは、笹神のリーダー石塚さんの実践と成果、そして住民の自立心と一体感であった。

3月6日、共生塾の連続講座がNHKの小野文恵アナウンサーをお迎えして開催された。いまをときめく人気アナの登場とあって、会場のハピネスは500名を超える参加者で大盛会となった。「ためしてガッテン」などで、健康問題に判りやすい科学の目で迫る知識と、豊かな感性を以って語る小野さんの講演は、全員の心を捉えてやまなかった。食と健康に関わって、高畠の有機農業の歴史はとうにご存じだったのであろう。夕刻から、料亭福美屋で開かれた交流会では、後藤康太郎社長が差し入れて下さった錦爛大吟醸の一升瓶を自ら抱えて、全員に注いでまわるサービスぶりであった。翌朝、横浜に向うべく乗車したつばさの車中で、小野さんを見つけた。一般席に誰も人気アナであることなど気づかぬさりげない風情で座っている人柄に感じ入り、しばらく会話を交わして自席に戻った。

3月7日、横浜土を守る会の総会に、中川さん、斎藤さんとともに参席した。そこでは、会員の関心を集めるTPPの問題について講演をした。日本の消費者運動の草分け唐沢とし子さんのリーダーシップで着実な活動を展開してきたグループで、会員の意識も高い。

東日本大震災

そのようにぎっしり詰まった日程をひたすら追いかけている最中《さなか》に、史上空前の大震災が勃発した。たまたま、「井上ひさしと農業」について山形新聞に寄稿する予定で、遅筆堂文庫に足を運び、阿部孝夫館長に話を聞き、その帰宅途中、高畠駅近くの奥羽線の踏切にかかった途端、ぐらっと大揺れに襲われた。辛うじて踏切は越したものの、ものすごい地震で、地面がぐらぐらし、運転することはできず、NECの駐車場の路肩でしばらく休むほかはなかった。間断なく揺れは続き、電線が波打っていたが、どうにか家にたどり着いた。寒い日で小雪が舞うなか、妻は玄関にふるえながら立っていた。見ると土蔵の壁に亀裂が走り、剥れ落ちていた。停電が発生し、非常事態に見舞われたことが判った。炬燵《こたつ》もヒーターも使えず、石油ストーブを出してしのいだ。ホームポンプの井戸水が出ず、中和田の水道水をポリタンクにもらって調理する始末だった。少し落ち着いて、ローソクの灯のなかでラジオを聞くと、三陸を中心に東日本の太平洋沿岸に大津波が押し寄せ、壊滅的な被害を蒙ったことが報じられていた。高畠は震度5弱だとのことだが、岩手、宮城ではマグニチュード8・8、震度7というのは想像もつかない。間もなく千年に一度という大津波が襲来し、テレビの映像で目にした光景は、街や田園が黒い波にみるみる呑み込まれてゆく姿だった。被災地はもちろん全国の、全世界の人びとが、この世のものとは思えぬ悲劇から目をそらすことができぬ運命を持った。茫然自失の状態からなかなか立ち上がれず、牙をむいた自然の猛威にたじろいだ。

翌12日、神戸稲穂の会の安藤さん、北田さん、東浦さんが、わが家を訪れた。上和田有機米生産組合の総会に参席されるためである。仙台空港に着陸した直後に津波に襲われ、タッチの差で逃れてきたとのことだった。生消交流会が予定されていた上山市のホテル古窯も電気がつかず、結局中止となった。３・11の臨場を目の当たりにして、お帰りになったわけである。

ところが、３月14日、15日、さらに恐ろしいことが起こった。東電福島第一原発がメルトダウンし、水素爆発の過酷事故が発生したのである。福島原発から１００㎞圏内の置賜地方にとっては、ただごとではない事態であった。津波が引き金になったとはいえ、原発事故は明らかに人災である。梅原猛氏のいう「文明災」に他ならない。なのに東電や政府の事故対応と放射能汚染対策は、完全に手遅れで稚拙だった。けれど、国はすぐに放射性セシウムなどの濃度の高い福島浜通りの市町村に避難指示を出し、南相馬市、浪江町などから緊急避難者が続々と訪れた。県境を越えた米沢市を中心に置賜地方では数千人を、山形県全体では、津波の被災者を含めると１５０００人を受け入れた。高畠町でも体育館、中央公民館を中心に避難所を開設し、５００人余を迎え入れた。16日、義援金を届けに役場に行き、町長にあいさつした。寒河江町長は陣頭指揮で、全職員、社協関係、ボランティアなど一体となって、受け皿づくりに懸命だった。後日、寒さをしのぐ毛布などの衣類を届けた。体育館の一隅には、炊出し用の米袋も積まれていた。

一方で、１００㎞圏内の放射能汚染の実情も未だ明確でなく、危機を深刻に受け止めた私は、孫の避難を新潟に住む妹の今井多恵子夫妻に頼んだ。19日、石巻市の工藤さん一家が、大阪に向かう途中、さんさんに立ち寄った。工藤さんは、オルター大阪のえびの生産者だが、津波で養殖場が全滅し、再起を期しての帰還だった。折しも小さな娘さんが高熱を出して喘ぎはじめ、休診日だったが、佐藤治一さんが町内の金子医院に伴い、適切な手当てを受けて快方に向かった。

同日、福島市の提携先矢部博和さん夫妻と幼子ふたりの避難先についても相談を詰めた。20日、みやぎ生協の良心、仙台の菊地徳子さんに、とりあえずの飯米を送った。無事を確かめ、佐川急便が稼働するとすぐ、米沢の事業所まで稔さんに運んでいただいた。追って26日は、菊地さんの家族が多くなると伺い、お見舞いの米をヤマト便で届けた。大切な友人へのささやかなエールに過ぎない。

地球環境の放射能汚染の状況は、依然として不安が募っていたが、県や市町村の調査が連日公表されるにつれて、予想以上に低いことが判ってきた。大気、水、生物、農産物など懸念されるベクレル値には遠く、安堵の胸をなでおろした。気流の流れが吾妻連峰や奥羽山脈の高い壁にさえぎられて、太平洋沿岸を北上することになったようだ。地勢の利に救われた幸運というより他はない。しかし、科学的な調査の数値だけでは、人びとの感性は動かない。風評被害の深刻な影響が、ジワジワと押し寄せ、農林業だけでなく観光やサービス業まで苦吟することになった。市場の反応だけでなく、食の安全に敏感な消費者が逸早く東日本の産物から離れるという事態が起こった。その試練をのり越えることができるかどうか、なかなか見通しがつかなかった。

そうした中で、4月9日杉岡碩夫先生の訃報が入った。NHKの「一億人の経済」以来、高畠の実践に関心を寄せ続けられた経済ジャーナリストである。千葉大法経学部長（教授）になられてからは、野沢敏治教授とともに、ゼミのフィールドワークを高畠で実施し、長年にわたって継続された。また、お歳暮用のふじりんごを愛用され、ふるさと紀州の友人や、京大の経済学者などに長年贈られた。大学を退官されてからは、箱根強羅の別荘に篭もり、執筆活動に専念されていた。とりわけ、中小企業の振興を導く著書が多く、時代を読む炯眼が光っていた。私の精神史に刻まれた数々の場面を想い起こしながら、嘉代子夫人宛に弔文をしたため、仏前に高岡焼の青銅の花瓶をお供えした。

5月17日、18日、立教大学と高畠町（健康福祉課）との交流10周年記念事業が開催され、町長他4名で参上した。まず吉岡総長を表敬訪問し、新座キャンパスに赴いた。そこでは、松井事務長と懇談し、整えられた構内の施設を参観した。夕刻5時から、町長と私が講演を担い、終わって池袋で高畠高校出身の立大生との夕食会に招かれた。学生は、恵まれた環境で、伸び伸びとたくましく成長し、帰郷後の活躍が楽しみである。

5月29日、三条市食育研修会に出向いた。新潟市在住の妹、今井多恵子の義兄今井栄作氏の肝いりで、市長はじめ多くの関係者が参席していた。もちろん主役は女性で「まんま塾」というサークルをつくり、活動していた。今井栄作さんの生家は、旧遅場村で、村役場に奉職し、三条市に合併してからも幹部職員として活躍し、市長の信頼も厚い。少し強行軍だが、上越新幹線で大宮を経由し、最終のつばさで帰宅した。

６月21日、シカゴ大学の院生小島さんが来訪した。横浜の生家と渡部務さんのつながりで、修士論文のヒアリングに訪れたのである。修了後もシカゴに在住し、ＣＳＡの活動に熱心に取り組んでいる。数年経ったいまも、年賀状とともに、年間の彩り豊かな地産品のカレンダーを送ってくれる。

６月23日、早稲田環境塾の開講式に、早大に赴いた。翌日は、事務局の吉川成美さんと高畠の交流について、詳しい打ち合わせをおこない帰宅した。いつもながら八重洲ブックセンターで、本と対話する時間も楽しい。

６月25日、早朝６時から南三陸町歌津地区での「かたくりの会」の炊出しと、仮設住宅における被災者交流に出かけた。３・11直後から、佐藤治一、敬子さん夫妻と息子の信也君が、家族ぐるみで救援活動を続けてきた。歌津地区の町づくりのリーダー小野寺寛さんとの強い絆と、信也君の友人との友情がある。以前、農業委員の研修で高畠に来訪されたときの誼《よしみ》で、小野寺さんに被災地をつぶさに巡っていただいた。その凄まじい惨状に、ただ息を呑むばかりだった。かたくりの会は、仮設住宅の傍の公園広場で、炊出しを開始した。持参した大鍋でとん汁をつくり、炊飯器のごはんはおにぎりにして、大勢の被災者に提供した。その後、別の仮設団地で新たにつくられた自治会の皆さんと懇談した。漁民の方は、従来の収益優先の価値観を変えて、自然と融合する生き方をしたい、と語った。お茶うけの山形のさくらんぼは、潤いをもたらした。

南三陸から帰った翌26日、土の会の岩手旅行に出かけた。朝方、平泉中尊寺に着いたが、折しも世界遺産登録の報道が流れ、その初日の朝参詣という幸運にめぐり逢った。まだ人影もまばらの金色堂や毛越寺などに参拝し、奥花巻の山の神温泉に向かった。そこは山ろくの一軒だけの旅館だが、典型的な日本建築の文化財として価値の高い建物だった。翌日は、花巻市太田地区に保全されている高村光太郎が7年間住んだ庵と、記念館を参観し、遠野ふるさと村へと向かった。さらに峠を越えて、釜石市の被災の現場に赴いた。目前に広がったのは、製鉄の町釜石が瓦礫の山と化した姿だった。観光がめあての土の会ツアーでも、大津波の惨禍を脳裏に刻むことで、被災と真向かった。

7月11日、奥州市胆沢地区、いわてふるさと農協の講演に出向いた。内陸部で震災の被害は少ないが、三陸地方への支援と復興の思いはつよく、また地域自給への認識も高まっているのを感じた。JAの役割も大きい。

7月16日、第4期早稲田環境塾高畠合宿がおこなわれた。懸案の『高畠学』の出版が実現し、その出版記念会も兼ねるということで、藤原書店の藤原良雄社長も参席され、「農からの地域自治」に光を当てる本書の意義を確かめ合った。高畠の場所性についての原剛氏、吉川成美氏の論稿は、これまで漠然とした認識にとどまっていた住民の視座を、客観的、歴史的な物差しへと高めるものであった。加えて、地域づくりのキーパーソン8名の実践論と、高畠合宿に参加した塾生11名の気鋭のレポートが収録されて、これまで類例をみない厚みを備えている。ただ、多くは3・11以前に書かれた文章であり、人類史に大転換をもたらした自然災害と福島原発の過酷事故の悲劇については、今後の検証を待つしかない。末尾に、環境に関する世界、国内、高畠の動向を時系列に沿って対比する年表や、「たかはた食と農のまちづくり条例」の全文が掲載され、時を経ても有用な資料として役立っている。

名取市耕谷《こうや》と閖上《ゆりあげ》地区で

7月18日、岩波書店から発刊が企画されている『ひとびとの精神史』の取材のため、被災地を検証する栗原彬氏と岩波の編集スタッフに同行する形で宮城県に赴いた。栗原ゼミのOB鈴木素雄氏が河北新報の論説委員で、同社の白鳥氏とともに激甚な被災現場に案内していただいた。まず、仙台東道路が津波の防波堤になった手前の美田地帯、名取市耕谷地区を訪れた。津波の塩害と用排水路の損壊で稲は作れず、大豆栽培を主力に集落営農を法人化し、「耕谷アグリサービス」を立ち上げ、75ヘクタールを耕作していると佐藤富士雄専務は語る。事務所の傍の畑に案内されて、驚いたことにはそこで綿が栽培されていた。東北コットンプロジェクトの復興支援を受けて、5月に種を播き秋に摘み採った綿花は、大手メーカーと提携して製品化する予定だという。東北農民の農魂を見る思いだ。夏草の茂る中に瓦礫の散在する平野を走り、荒浜地区に入った。無人の校舎の前に集積された物品から金目の物を漁る人間がいるという悲しい話を聞いた。

さらに一行は、名取市閖上地区へと急いだ。海岸の松林が美しい活気にみちた街は、跡形もなく消え失せて、戸別の土台だけが残っていた。一隅に、倒壊を免れた小学校が遺構のように立っていて、体育館や教室は天井まで津波に洗われた状況が判った。多くの子どもたちや家族の生命が奪われた現場に合掌するばかりであった。けれど人びとは、そこから再起する動きをすでに見せていた。

あまりに衝撃の大きかった現場を後に、仙台市内で討論がおこなわれた。早稲田環境塾の芦崎氏と私は、日程半ばで中座して帰途に着いた。

7月23日、大日本農会山形支会の研修会が高畠町で開催された。おきたま興農舎の現地参観の後、ゆうきの里さんさんを主会場に、熊沢喜久雄東大名誉教授の講演を軸に、各地の報告と討論がおこなわれた。

8月初め、わが家の土蔵の修復が完了し、跡片付けも済ませてお盆を迎えることができた。8月5日、元町長島津助蔵氏令夫人島津キヨ子さんの告別式が、二井宿東泉院で営まれた。キヨ子夫人は、福島霊前町の出身で、若い頃教導（教諭）を務めた経歴があり、町長の先駆的な町づくりを内側からしっかりと支えた人である。人間味豊かな懐の中で、島津憲一氏の人生観も養われたのであろう。

8月27日、日有研40周年記念シンポジウムが、日本青年館国際ホールで開催された。テーマは「大震災、原発事故をのり超える有機農業」である。基調講演を委ねられた私は3日間かけて原稿を準備して臨んだ。思うに3・11後、私たちの価値観は大きく変わった。あの空前の災禍の中で人びとが求めたものは、ごくあたりまえの日常と、人間の絆であった。何よりもいのちの水と食べ物、そして家族や友人、知人の安否である。極限状態の中で、人は独りでは生きられず、他との関わりの中で生かされる存在であることを知らされた。震災直後から全土に湧き起こった救援の輪の中で、人びとは茫然自失の絶望の渕から起ち上がった。

一方、津波が引き金になったとはいえ、東電福島原発の重大事故は、明らかに人災である。梅原猛博士の指摘する「文明災」に他ならない。福島浜通りの天恵の風土を、放射能汚染によって暴力的に奪い去った。それればかりか気流と自然の条件によって、東日本全域に放射性セシウムの影響が及ぶ事態になった。

避難指示地区ではないが、二本松市東和地区の菅野正寿氏を中心とする農民有志が、学者や市民団体と共働で、丹念な土壌調査を実施し、耕すことでセシウムの線量を半減させることを実証した。新潟大の野中昌法教授の熱心な支援活動によって、腐植の豊富な土壌では、放射性セシウムの吸着力が高く、栽培作物への移行係数を低減できることを実証した。その検証は、農から復興の光が見えることを示唆した。有機農業による生きている土の生成と併せ、ゼオライトなどの粘土鉱物の吸着力も活用したい。高畠では、二井宿の砥石山から産出されるタフライトのキレート効果に着目し、その多面的な利用によって、オルター大阪の「1ベクレル未満」という基準をクリアした。ドイツの放射線防護委員会の「5ベクレル未満」が世界一厳しい基準だったので、オルターのレベルは至難のわざと思われていた。食品だけでなく、堆肥など全ての生産資材にもそれは適用される。

食の安全を何より大切にしてきた消費者の不安は、かつてなく高まりおり、長年培ってきた提携の絆さえ切れてしまう場面にも直面した。けれど生消双方の現場に足を運び、さらにゲルマニウム半導体による詳細なデータを示すことで、信頼を回復しようと努めた。私たちは、核の反自然的な本質を知った以上、全ての原発を廃炉にし、再生可能な自然エネルギーに重心を移し、産業構造と社会生活のしくみを転換すべきである。無くても間に合うぜい沢品と、無ければ暮らせない必需品とを仕分けして、簡素で心豊かなライフスタイルを具現する他はない。経済成長を前提とした現代のグローバリズムは、多国籍企業の強欲な市場支配の構図であり、やがて破綻することは目に見えている。その洞察から生まれてきた脱成長の思想的潮流は、西欧から世界に広がろうとしている。「経済成長なき社会発展」という新たなテーゼを提示して、私たちに希望を与えてくれる。市場原理や管理体制に支配されず、人間の自在な意志に基く贈与やお礼のカタチも、温もりのある未来社会の要素になるとしている。たとえば日本の農村に伝統的に機能していた「結《ゆい》」という労働の交換や、旬の産物や手づくりの料理のお裾分け、あるいはもらい風呂などの慣わしの中に、つながりの文化が息づいていた。そのことを、大震災を経て私たちは再発見した。思うにゆうき生活がめあてとした自己実現と、地域社会を生命共同体に変えていくく社会的実現が相まって、持続する社会へと到る道筋が、脱成長の歴史的潮流と合流することを知った。

さらに、提携の充実によって、無縁化が進む都市社会に、農と自然の臨場感を持ち込み、コミュニティの再生を促すことができることを知った。そして、都市・農村の垣根を超えて、価値観を共有する生命共同体が形成される可能性が見えてきた。その核心を成すのが有機農業運動であり、来るべき生命文明の水先案内人としての役割を担う時だと思える。

9月7日、私は76歳の誕生日を迎えた。腰痛がひどく、町内の渡辺整骨院で針とテルミー（温灸）療法の手当てを受けながらも、みのりの秋を迎えた。米もりんごも順調な作柄だった。

9月10日、京都の使い捨て時代を考える会の槌田劭先生のお招きで京都に赴いた。ひと・まち交流館 京都でのシンポジウムのテーマは「脱原発後の生き方、社会を考える」である。代表の槌田さんは、チェルノブイリ以降、反原発運動をリードしてきた方であり、素人の私が出向くまでもないのだが、福島原発から１００㎞圏内での農民の苦悩を直接語って欲しいとの意味だと受け止めた。

10月22日、皆川睦夫氏の野球殿堂入りを祝う会が、グランドホクヨウで開催された。その２日後、

24日には、興福会（米沢興譲館学年会）の総会が、小野川温泉河鹿荘で開かれ、旧交を温めた。翌日、元NHKアナの杉山徹氏を、小野栄氏宅（元米沢市役所時代の同僚で劇作家）までお送りし、再会を約して別れた。

11月5日、三条市まんま塾の皆さんが、食育研修に来町した。元市長や今井栄作氏も同行された。私が1時間ほど話をし、和田小の自給野菜の給食や、学校農園など見聞された。翌日、今井さん（妹多恵子の義兄）がわが家を訪れ、仏前に香を供えられた。

11月7日、越前市有機農研の佐々木哲夫氏を中心とした有志が来訪した。提携センターの高橋稔さんの圃場他を視察し、夕べは早稲田環境塾と合同の交流会をおこなった。

11月10日、一橋大足羽ゼミの佐藤歩由さんの修士論文のヒアリングに対応した。やがて、「文化としての有機農業」と題する論稿として、私たちの前に現れることになる。

12月11日から、妻と秋保温泉と松島海岸への小旅行に出かけた。津波の跡が生々しい沿岸にあって、松島湾では天然の要塞のように被害の少ない地の利を実感した。瑞巌寺は大改修中で参詣できなかったが、五大堂からの眺望は穏やかだった。散索するうち、老夫妻の営むカキ貝の炭火焼の店を見つけ、海の恵みを堪能しながら、しばし談笑した。

12月20日、後藤康太郎氏の文科大臣表彰祝賀会で波乱万丈の2011年を締めくくった。時折、心臓発作をのり超えての1年だった。

2012年（平成24年）

時代を駆ける～毎日新聞連載

正月の松飾りをさいと焼き（どんど焼き）で燃やした後、2月初旬におこなわれる〝火の国九州・山口有機農業の祭典〟の基調講演のレジュメと原稿に着手した。3日かけて1400字、50分の原稿を書き終えた。その後、千歳栄氏からいただいた梅原猛氏の講演録「人類哲学とは何か」（5回分）を精読した。

2月1日、氷点下17℃という極寒に見舞われたが、夕刻甥の遠藤俊秀君が、九州の講演で使うパワーポイントのUSBメモリーを持参してくれ、映像と文字の修正をおこなった。「第19回火の国九州・山口有機農業の祭典」は、吉川直子さんが事務局長を務めるNPO熊本有機農業研究会が、全力をあげて取り組む大集会なので、事前の打ち合わせを密にしながら鋭意準備を進めてきた。2月3日、午後熊本に着き、直売所などを見学して、自然食の店で打ち合わせと懇談に臨んだ。翌日4日は、メイン会場の阿蘇の司ビラパークホテルに向かう途中、菊池市のJA直売所を参観した。さすが温暖な風土で、産出される野菜や果物、穀物などの品目も多く、午前中から賑わっていた。

会場に着くと、九州各県から、続々と参加者が詰めかけ、中には顔見知りの人も多い。しだいに熱気の高まるなかで、1時30分から私の出番がやってきた。長年有機農業で実績を上げているヴェテランから、若い担い手や学生まで、厚い世代の参加者に真向かいながら、緊張感を以って与えられた時間いっぱいに内容を込めた。とりわけ東日本大震災や、福島原発の重大事故に遭遇した東北農民の苦悩と、それをのり越える必死の努力について述べ、救済へのご支援に感謝し、反原発運動への連帯を伝えたかった。ただ、老農の訥弁が、参加者の思いにどれだけ響き合ったかは判らない。

夕刻からの交流会では、菊池養生園の竹熊宣孝先生や、合鴨農法の古野隆雄氏他と、じっくりと語り合うことができた。さらに部屋での懇談には、松村成刀氏（宇城市）、高田久美子さん（鹿児島）、大和田明江さん（鹿児島）、吉川直子さん（事務局）が合間を縫って詰めかけ、忌憚のない話を交わした。ふり返ると、松村さんとは生前最後に逢った場面であった。翌5日は、原発問題の分科会に出た。午後、吉川榮一氏の車で熊本空港まで送っていただき、帰途に着いた。その頃、高畠は大雪で、息子の孝浩と妻は、りんご樹の雪おろしに余念がなかったと聞いた。家族に支えられて、私の対外的な役割が果たせていると改めて思う。夜の高畠駅に、里香子が迎えてくれた。

2月11日、新潟総合生協主催の山下惣一氏との対談に赴くために、雪の中を南陽市役所前から高速バスに乗った。会場の新潟東急ホテルには、津南町の鶴巻義夫さん、新潟消費者センターの井上俊子さん、義弟の今井誠弁護士の姿も見える。コモンズの大江正章氏の司会で対談は進められたが、3・11後の地域づくりがメインの課題となった。とりわけ、ちかくに柏崎刈羽原発が立地する事情に照らせば、福島の悲劇は他人事ではない。同じ東電のエリアで、脱原発を志向する県民意識は明らかに高まっているのを感じた。

翌12日は、再び阿賀野市笹神地区で、山下氏と石塚美津夫氏との鼎談に臨んだ。3・11後の新たな状況をふまえて、地域自立を図るためにどうすればいいのか、そこで笹神モデルは十分に機能できるかどうか。価値の転換も含めて、熱い議論が続いた。パネラーだけでなく、上越市の天明伸浩さん、村上市の小林さん、パルシステムの山本伸司専務など、フロアーからの提言も的を射ていた。協同組合間提携によって自立と共生の道を拓き、簡素で心豊かな田園の幸せを享受する所に喜びがある。交流会は、スワンレイクビール2Fレストランで開かれ、福島からの被災者の一行も加わって、明日への英気を養った。その晩は、石塚さんの営む民宿で深夜まで歓談し、奥さん手づくりの自然食と越後の地酒を堪能した。

3月1日の夜半、妹遠藤恵子の義弟佐藤亮《あきら》さんから急報が入り、甥の遠藤俊秀君が生命の危機にあるとの知らせだった。すぐに米沢市立病院の救急外来に妻とふたりで駆けつけると、俊秀君はすでに急逝し、検視がなされているとのこと。信じがたい事態に茫然とした。ちょうど1か月前わが家に来て、パワーポイントの手助けをしてくれた元気な彼が、帰らぬ人になるなんて誰が信じられよう。聞けば、勤務する三木ベルテックの社員研修で、ベトナムに1週間ほど滞在し、帰国直後の異変だったようだ。中部国際空港に到着した直後から熱が出て、体がだるいと同僚に訴えたとのことだが、そのまま帰宅を急ぎ、まず会社にあいさつをして家に着いた。その途端に高熱が出て倒れてしまったという。母親は救急車を呼び市立病院に直行したのだが、手遅れの状態だったという。明らかに感染症の発症だと思えるのだが、病理解剖の結果では特定できないという説明だった。そして、国立感染症センターに検査を依頼するという。帰宅後から数日間、遠藤、星両家の兄弟や親戚が集まり、相談と役割分担をし、仏事を進めた。併せて、遠藤家の今後について、新潟の今井弁護士にも実務的な支援をいただいた。

気の重い時間が流れ、3月6日、ナウエルホール米沢（松ヶ岬）で、葬儀と告別式が営まれた。夭逝した甥を偲ぶと、いまでも胸が痛む。あのリーマンショックから立ち上がるために、PEC産業教育センターの山田日登志所長の助力を得て、全社員が一丸となって野菜づくりを始めた。上杉鷹山公の自給自立の精神を汲み、米沢興譲館高校に隣接する安部社長の畑で、多品目の野菜栽培に取り組んだ。その担当リーダーが俊秀君だった。私も乞われて、何度も畑に足を運び、手ほどきをした。その農の力は、本業のプーリー製造の実績にも反映し、不況をのり超えるエネルギーに点火した。惜しい若者を喪ったとつくづく思う。光陰の流れは早く、来年は七回忌が訪れる。無人の大きな住宅が侘しい。

2月、私が笹神に滞在中に武田よねさん（両組）の告別式が営まれた。武田さんは、福祉の懐が深く、弱い人の面倒見がよい人で、女性の重鎮という存在だった。Iターン《アイ》で高畠に移住した若者に離れを提供し、いわば移住のベースキャンプの役目を担われた。

4月1日には石川長重氏（上和田）の、6日には関彪氏（佐沢）の告別式に参列した。両氏とも青年団活動や、公民館を拠点とした社会教育と人材育成に多大な貢献をされた。石川さんは、立教大OBとして、学生部主催の第1回のフィールドワークの折に、ご自身の経験を語り、後輩を励まされた。

3月7日、一橋大大学院で文化人類学を専攻する佐藤歩由さんが、完成した修士論文「文化としての有機農業」を携えて来訪した。長く高畠に滞在し、援農や「たかはた文庫」の整備を手伝いながら仕上げた臨場感あふれる論稿である。鷹山の湯の傍の菜の花で、妻と3人で会食し、前途を祝った。現在は、文藝春秋社で活躍している。

飯館村から南相馬へ

3月24日、福島視察全国集会が、郡山市熱海町ホテル華の湯で開催された。全国各地から400余名の参加を得て、集会は熱気を帯びた。主催団体のリーダー二本松市東和町の菅野正寿氏の基調報告は、原発事故の核心に迫り、ふるさとを奪われた怒りと悲しみをにじませる。だが、放射能汚染がもたらした沈黙の春に屈せず、土を耕すことでヨウ素やセシウムを封じ込め、作物への移行係数を低減させた実績を示す。そこには、農民の主体的な挑戦と併せ、学者や市民団体の献身的な支援活動があった。また、須賀川市の稲田稲作研究会の伊藤俊彦氏による調査結果も同様の数値を示し、土の底力を引き出して、米の低ベクレルに展望を拓いた。シンポジウムでフロアーからの発言を求められ、元たまごの会の明峰哲夫氏と私が所感を述べた。その発言に共感を寄せられた山口市の平井多美子さんが、交流会での懇談も加わって、山口県環保研の集会へのイメージを描かれたようだ。翌25日は、現地視察である。私は、飯館村から南相馬市のコースを選んだ。まず飯館村に入って、無人に近い村の空気の異様さを肌に感じた。かつて訪れた折の「までいの村」の活気は、どこに消えたのだろうか。庁舎前の線量計は0・7~0・8マイクロシーベルトを示していた。役場のロビーで、実情を説明する職員の表情には、口惜しさがにじんでいた。しかし、いつか避難指示が解除され、村の再生に向けて力を合わせる日が来る。希望を失ってはいなかった。それは、菅野典雄村長への信頼につながる。バスは、ホットスポットの集落も巡ったが、ピーク時には3~5マイクロシーベルトを示すことで、帰還の見通しは立たないという。

バスは峠を越えて、南相馬市原町地区に着いた。立派に基盤整備された田んぼが広がるが、全く稲は栽培されていない。原発から20〜30km圏内の太田地区では、ヒマワリと菜の花を植えて、油を搾りハウスのエネルギーを自給する住民の取り組みがおこなわれたが、コメは市の方針で作付け中止になっていた。国に補償を求める統一行動である。その中で有機農業を営む杉内清繁さんの圃場を見学した。当面、麦、大豆、菜種などを作っているが、やがて稲の試験栽培に踏み切りたいと語る。収穫した米の線量を詳しく検査し、安全性を実証することはもちろんだが、風評被害の払拭には不安が残るようだ。福島視察に参加した市民からの正しい情報発信も大事な支援である。続いて私たちは、原町の中心街から歩いて海辺に向かった。そこには津波の爪痕が生々しく、瓦礫もそのままであった。原発の汚染が足を引っ張り、三陸や仙台の被災地よりも復興が後手にまわっている感じがした。国道6号線の小高地区との境には、未だゲートが設けられ、当時自由な往来ができなかった。駆け足の現地視察ではあったが、直かにその場に立って、五感で確かめることの意義を改めて認識した。福島有機農業ネットワークの企画、実践力に敬意を表したい。

4月に入っても雪が降り、園地の消雪が例年より大幅に遅れた。妻の術後の体調を考えて、りんごの面積を減らすことは決めていたので、須藤八寿雄氏にお願いして伐採に取りかかった。そのチェーンソーの音は、りんご樹の悲鳴のように聞こえて切なかった。ただ、後から植えた若木は、後藤治さんの重機で掘り起こし、下の園に移植していただいた。

4月17日、小松書店の小松芳一社長と郁子夫人が来訪し、たかはた文庫に10万円の寄進をいただいた。ちなみに郁子さんは、文庫の用地を分譲して下さった大勘酒造安部家の出身である。上山市に住み、県内各地に大型書店を数店舗展開している。小松社長によれば、大震災の復興途上にいても、仙台方面から本を求めて多くの人が訪れたという。人は衣食住が足りるだけでは充たされず、知的な欲求を求めて行動する姿を、改めて思い知ったと述懐された。平時だけでなく、非常時においても、本は私たちの必需品なのである。

4月21日、大阪府枚方市の小林美喜子さんたちが主催する「第7回健康むら21ネット全国大会in大阪」に参加した。会場のドーンセンター（大阪府立男女共同参画・青少年センター）に集まってくる顔ぶれは、甲田医学を源流に持ち、自然農と健康を一体化し長い実践を経てきただけに、固有の雰囲気がある。一方で佐藤喜作氏を先頭に、日有研とも連携しているので、関西を中心に消費者グループの参加も多い。3・11の翌年ということで、原発事故後の健康問題と村づくりについての関心は高い。シンポジウムでは、槌田劭氏の科学者としての発言が、つよいインパクトをもたらした。私は、日程の合間をぬって、大阪やさいの会の皆さんとの交流の機会を持った。2日目は、脱原発の分科会に出て、佐藤喜作さん、並木さんと同席のひかりで帰宅した。帰って、遅れた苗代の準備にとりかかった。

5月1日、高畠高校の「有機農業の社会」の授業で講義をした。2年、3年の選択科目だが、週4時間を確保しているカの入れようだ。

5月13日、高体連の陸上競技会が米沢市陸上競技場で開催され、孫の悠一郎が出場する800m走の応援に行った。祖父母としては、初めての場面である。青春の熱気に元気をもらった。

5月22日、篠原孝氏の出版記念会が、永田町の東急ホテルで開催され、代掻きの手を休めて出席した。開会前に、毎日新聞社の行友弥記者と、企画している連載記事の取材について打ち合わせた。篠原氏とは、農水省の官僚時代からの長いおつき合いだが、いまや副大臣を務める政治家として活躍している。出版記念会は、山形出身の鹿野道彦農水大臣をはじめ、菅直人元首相など、政界のリーダーが顔を並べ、話を交わす機会を得た。

５月24日から、毎日新聞行友記者の「時代を駆ける」（10回連載）の取材が始まった。ヒアリングだけでなく、カメラマンも同行しての本格的な取材である。その直後から田植え、補植、鴨ネット張り、真鴨放飼と続く。

６月７日、本宮無頭山の持ち山が、思わぬ山火事に見舞われた。道傍から燃え広がった形跡からすると、山菜採りのタバコのポイ捨てが原因である。消防車や多くの消防団員の手をわずらわせ、大騒ぎとなった。

６月９日、たかはた共生塾講座で、新潟大学野中昌法教授の講演を拝聴した。原発事故後の福島県に、３年間で２５０回以上も足を運び、必死に再生への道を探る農家と一体となって調査活動を続けられた。とりわけ、二本松市東和地区の汚染マップづくりや、耕すことで放射性セシウムなどの線量を下げ、作物への移行係数を抑制することを実証し、光明をもたらした。福島の滞在日数は３００日を越えるという。ＮＰＯゆうきの里東和の菅野正寿さんたちが、困難をのり越えて、放射能に克つ農の力を実証できたのは、野中先生のような良心的な学者のご支援による所が大きい。私は、日有研全国大会in岩手の際に、鶯宿温泉で同室し、野中先生の温かい人間味にふれた。

６月23日、県森永牛乳販売店協会50周年記念事業が天童ホテルで開催された。高畠町の販売店のリーダー島津良平県議からの要請で、門外漢の私が講演した。明治時代、二井宿の梅津勇太郎氏が、まだ10代の若さで農商務省に直接交渉し、奥羽山系の広大な国有林野を払い下げ、牧場を拓いた歴史に始まる乳と蜜の流れる郷づくりのドキュメントを中心に、「おしどり粉ミルク」誕生物語を語った。

6月19日から30日まで、毎日新聞行友記者の「時代を駆ける」の連載が始まった。毎朝コンビニから購入し、カラー写真付きの気鋭の文章を読み進んだ。回を追って、読者からの手応えも伝わるようになった。28日には「新日本の風景」で、渡部務さんの水田が朝日に染まる風景がクローズアップされ、たかはたの場所性を印象づけた。10回の連載を完結した30日、行友さんは毎日新聞社を退社し、農林中金総合研究所研究員に就任した。その後は、農政ジャーナリストとして活躍している。みごとな転身である。

7月14日、福井県池田町の「日本農村力デザイン大学」に出向いた。池田町は、人口3000人余の農村だが、全国から注目されているのは、日本のブータンと呼ばれる環境共生の町づくりにある。東海大学助教授を辞して移住した伊藤洋子さんが中核となってデザインし、具現化する推進力となって全国に発信し続ける。よく手入れされた杉の美林は、里山の魅力を際立たせている。町内にコンビニが無いことも自慢のひとつである。けれど農村観光には力を入れており、快適な木造の宿泊施設や、伝統文化を継承し、アピールする文化センターなども充実している。初日は私が講演を担い、翌15日は哲学者の内山節氏の講演とシンポジウムに一日を費やした。内山氏は、群馬県上野村にもうひとつの拠点を持ち、山村で半年暮らす実践哲学は説得力を持つ。一方、鳥の目で人類史を捉え、現代の深い矛盾をのり超える自然史観は傾聴に値する。シンポジウムには私も同席したが、コーディネートする伊藤洋子さんの的確な視点によって、新たな地域づくりへのヒントを提示できたと思える。3日目の早朝、清流の川辺や集落を散索し、伊藤さんのご自宅でコーヒーをご馳走になった。庭の花々がことのほかきれいだった。癒しの里の風情は、しっかり学びたいものである。

7月21日、草木塔ネットワークの集いが米沢市西部コミュニティセンターで開かれ、「共生の源流をたどる」と題して講演した。翌7月22日、「さよなら原発県民アクション」が山形遊学館ホールで開催され、呼びかけ人のひとりとして発言をした。

ヘイケボタルの翔ぶ季節なのに、夏バテ気味なのか腹痛や下痢がひどく、金子医院を受診した。感染症胃腸炎との診断で、しばらく休息をした。年齢も考えなければならない。

8月8日、立教大経済学部吉川ゼミのフィールドワークが入町した。講話のあと、田んぼとりんご園に案内した。またその日は、〝たかはた文庫2号館〟の上棟が、槙工務店によっておこなわれた。県の社会貢献基金の助成を受けて、懸案の増築が実現したことを喜びたい。

喜寿と金婚を祝う会

8月12日、お盆を前に、私の喜寿と、妻キヨとの金婚を祝う会を、子どもや孫たちが催してくれた。白布温泉不動閣に宿をとり、うれしい宴の席で、花束やねぎらいのことばをいただいた。孫たちもそれぞれに成長し、保育園に送迎した日々を懐しんだ【写真47】。

翌日、初盆を迎える関の遠藤俊秀君の仏前に香を手向け、帰宅した。

８月17日、置賜百姓交流会が呼びかけて、「ＴＰＰを考える会」が長井市の「はぎ苑」で開かれた。加盟12か国の大筋合意に向けて、大詰めの交渉がおこなわれている中で、食と農の安全性と、国家主権は守れるのか、根本的な不安は一向に解消されていない。ＴＰＰに関して豊富な情報を持つ舟山康江氏（参議院議員）をゲストに迎え、農の現場から白熱の論議が続いた。

翌朝、オールドボーイズのツアーで、秋田県羽後町の西馬音内《にしもない》盆踊り見物に出かけた。富山八尾地区のおわら風の盆、岐阜県郡上八幡の郡上おどりと並んで、日本の三大盆踊りのひとつとされる。ジェイ・ツアーズのワゴン車で、途中みちのくの小京都といわれる角館の武家屋敷や、桜皮の工房と展示館に立ち寄った。西馬音内の川原田館に着いたのは、まだ明るい夕刻の５時半だった。一息ついて街中の散策にくり出したが、毎年来ているという盛岡のさんさ踊り愛好家のみなさんに道案内をいただいた。いよいよあたりが暗くなり、街灯が点る頃、菅笠をかぶり、浴衣を着た踊り子が現れた。なかには、ひときわ豪華な衣装を身に着けたチームもある。聞けば一着70万円もかけた衣装を着た人もあるとか、伝統美に対する思い入れの深さを知った。帰ってからの遅い夕餉は、羽後の郷土食を満載したもので、盆踊りに彩りを添えた。

翌19日の帰途は、横手市の秋田ふるさと村に立ち寄り、さらに北上市の鬼の館を見て、サトウハチロー記念館を参観した。

写真47　喜寿と金婚を祝う会

9月7日、私は77歳の誕生日を迎えた。すでに喜寿の祝いは盛大に催していただいたが、若い頃から何度も大病に見舞われたひ弱な身体で、この峠路までたどり着いたことは、感慨ひとしおのものがある。

9月8日、提携センター恒例の現地交流会がおこなわれた。初日は、高畠地区、糠野目地区の果樹園と田んぼを巡回し、太陽館の温泉で体を癒し、夜はさんさんでの交流会である。その席で、大田健康を守る会の山中和子さんが、生家である近江の篤農家西村富三郎氏（叔父）の著書『母なる大地』を復刻した記念に、その生涯とご自分の生き方について、25分ほどのスピーチをされた。その入魂のお話を拝聴しつつ、何かの予感のようなものを覚えた。懇親の宴が済んで、宿舎のコテージに就寝された深夜に、ご主人山中龍雲氏の訃報が入り、和子さんは早朝急ぎ帰宅されたとのことであった。それでも参加者は、翌9日、和田地区の圃場を見分され、むらあかりで昼食をとり、帰途に着いた。

9月10日、立大副総長西田邦昭氏が来町された。これまで永年にわたり、学生部が主催し、上和田有機米生産組合との連携によって重ねてきた農業体験のフィールドワークを、２０１０年からボランティアセンターが主導する大学の正規の事業として再生し、すでに3年の実践を積んできた。明日のシンポジウムにも参加していただく予定である。ボランティアセンターは佐藤一宏課長を中心に中村みどりさん、渕博子さん、宮嵜知子さん、佐藤秀弥さんらのすぐれたスタッフを揃え、「環境と生命」の農体験を真にみのりあるものにするため支援を惜しまない。これまでも日程の最終日に、私が半日おつき合いする慣わしだったので、90分の講演のあと、学生全員の質疑応答とコメント、そして昼までの討論に加わった。西田副総長の慈愛にみちた提言は、学生に農体験の意義をかみしめ、自信と誇りを与えてくれたにちがいない。私も元気をいただいた。

翌12日、稲刈り前の一息つけるタイミングに、妻と北海道ツアーに出かけた。まず、東北新幹線「はやて」で青森駅まで行き、そこから海底トンネルをくぐって函館に着く予定を立てていた。ところが貨物列車の脱線事故でＪＲ線が不通になり、急遽青函連絡船のフェリーで津軽海峡を渡ることになった。その混乱と時間的ロスは想定外であった。けれど快晴に恵まれ、紺青の凪《なぎ》の彼方に津軽半島と下北半島を眺め、さらに前方に道南の山脈《やまなみ》を望む幸運に恵まれた。また船内では、長井市の農家のチームと出会い、甲板で写真を撮り合ったりした。

結局、函館に着いたのは7時間遅れで、予定していた市内見学はできず、ホテルに荷物を置いてタクシーで函館山の山頂に登り、長崎と並ぶ１０００万ドルの夜景を眺めた。一方、津軽海峡に目をやれば、イカ釣り船の漁り火が点々と蛍のようにゆらめいている。値千金の夜景を眺めただけでも函館を訪れた目的は果たせたのだが、遅れて案内を乞うた海鮮レストランの風味は、さすがに本場ならではであった。

翌13日の早朝、名物の魚介類の朝市を見て廻った。その賑わいは時間とともに高まってくるが、最初に見当を付けて発送してもらった毛蟹《ケガニ》は、あまり鮮度が良くなくがっかりした。

急ぎ朝食を済ませ、函館本線の特急に乗った。車窓から大沼公園や駒ヶ岳を望み、雄大な北海道の大地を実感した。列車は長万部から室蘭本線をひたすら海岸線を走り、洞爺湖、室蘭、登別、苫小牧と経由し、追分でさらに乗り換え、内陸のカラ松林をよぎり、ようやく帯広に到着した。途中、桁ちがいに広大な農地と、碁盤の目のように整備された街並に目を見張った。また、製乳、製糖の産業が立地し、地域経済をけん引している様が伺える。帯広では、観光物産センターで少し時間を過ごし、十勝地方の産品の多彩な展開に、進取の気風を感じた。宿泊は、郊外の十勝川温泉ホテル観月苑で、悠々とした十勝川の流れを眺めながら、少しハードな旅程の疲れを癒した。

ワイン城から日高山系を望む

3日目は、長年の夢であった池田町のワイン城を参観した。堂々とした風格のワイナリーは、西欧のシャトーをイメージさせる。屋上から眺める田園の彼方に日高山脈を望み、山ぶどうのワインを傾けると、気宇壮大な思いがみなぎってくる。あの日高山系に自生するアムレンシス系の山ぶどうに着目した丸谷金保町長は、明大の学友沢登晴雄氏の助力を受けながら、血のにじむような試行錯誤を経て、夢の山ぶどうワインを生み出した。清見が丘に立つシャトーは、製造、貯蔵、流通、レストラン、資料展示、観光まで、多面的な機能を果たす。今日の6次産業化の先駆的なモデルである。私は、スケールの大きい丸谷さんの評伝とワインの発送を頼んで、池田駅から列車に乗った。復路も、沿線の風物に目をこらし、人びとの暮らしを思い描きながら千歳空港に着いた。土産に「白い恋人」や六花亭の銘菓などを求め、仙台空港に飛び、深夜に帰宅した。

9月16日、まほろばの里農学校の後期日程が開講し、熊本から吉川直子さんが参加された。今回は、OBの同窓会を兼ねての催しなので、開講前に斎藤茂吉記念館にご案内した。恒例のゆうきの里さんさんでの交流会は芋煮など旬の郷土料理を囲みながら、大いに盛り上がった。翌日、遠来の吉川さんを、たかはた文庫や、みのりの秋を迎えた田んぼや、りんご園に案内し、米沢駅までお送りした。

秋分の日も過ぎ、ササロマンなど早生種の稲刈りが始まっていたが、9月25日、神戸に向かった。翌日、神戸学生青年センターでの講演を担うためである。センターには、70年代の有機農業草創期には毎年のように訪問したものだが、しばらくぶりに訪れて土地勘が伴わなかった。スタッフも殆ど若返りしていたが、参加者の中には昔馴染みの消費者市民もおられ、再会をよろこんだ。

帰途、早稲田環境塾との打ち合わせのため、KKRホテル東京で待機していた佐藤治一さんとともに協議を煮つめ、同宿をした。共生プロジェクトの発足についても、大枠が描けるようになってきた。そば畑や、自給農園の開設も、一歩踏み込めそうな感じである。

翌日、大田区上池台の山中和子さん宅を訪問し、ご主人山中龍雲氏のご仏前にお焼香させていただいた。ちょうど20日前、提携センターの現地交流会に、健康を守る会の仲間とともに山中和子さんが来訪された折にご主人の訃報が入って、急ぎ帰宅されてから間がなく、まだお元気な龍雲先生が立ち現れそうな気がした。すぐれた書道家で、中国や韓国で個展を開くなど、旺盛な芸術活動を展開しておられたので、途半ばの急逝は惜しまれる。

10月初旬、晩生のコシヒカリの稲刈りを終え、ふじりんごの除袋を急いだ。台所、風呂場の改修工事にとりかかっていたので、家の中は雑然としていたが、農作業や諸行事は遅滞なく進めなければならない。

10月7日、ひろすけ会10周年記念事業で、浜田留美さんの講演を拝聴し、浜田滋郎さんゆかりのフラメンコの舞踊を鑑賞した。その夕べは、慶大金子勝ゼミとの交流会である。その席で、金子教授の名スピーチに共鳴した。

10月半ば、紅玉の摘み採りにかかり、顧客への個人発送を始めた。併せて杭かけ天日乾燥の稲の脱穀を急いだ。紅玉につづき、出羽ふじ、涼香の季節、シナノスイートなど中生種の収穫と、消費者グループへの発送に取り組んだ。そんな折、山口県環境保全型農業推進研究会の平井多美子さんとお嬢さんが、連れだって来町された。高橋稔さんの農業経営と暮らしぶりをじっくりと見聞され、そして翌日はわが家のりんご園、ひろすけ記念館、たかはたワイナリーなどをご案内した。来年3月に予定されている山口県環境保全型農業フォーラムに向けて、高畠の取り組みを視野に納め、会員に情報を発信しようということかも知れない。

10月27日、ワーカーズコープの「全国協同集会in東北」が盛岡市で開催された。会場の岩手県公会堂に県幹部を来賓に迎え、永戸祐三理事長のリーダーシップで大集会は始まった。私の基調講演の持ち時間は60分だが、事前にレジュメを届け準備を整えて臨んだので、テーマに沿う内容にはなったと思う。2日目は、岩手大学で分科会が開かれ、助言者として2時間半同席した。宮沢賢治や、石川武男教授（農学部長）の活躍した広大なキャンパスの空気を肌に感じ、私自身も英気を養った。

遠藤周次氏の農協人文化賞を讃える

11月10日、遠藤周次氏の「農協人文化賞受賞祝賀会」が、ハピネスで盛大に開催された。農協職員として高畠町の有機農業運動をしっかりと支え、一樂照雄氏や築地文太郎氏と親交を結び、和田民俗資料館の造営に貢献した。退職後は、町農林課の主幹として新まほろば人の受け入れを促進し、さらには、ゆうきの里さんさんのチーフマネージャーとして新時代の町づくりの中核となり、内外にその存在感を示した。その傍ら、御田勝平画伯に師事し、日本画の力作を数多く残した芸術家でもある。この度の受賞は、農協人として、内外の課題を打開しながら、協同組合理念を具現化してきた遠藤さんの生き方に対する真っ当な評価といえよう。多くの仲間たちがその労を讃え、よろこび合った。

11月20日、米沢市万世の秋山みえ叔母さんの危篤の知らせを受けた。早朝、三友堂病院に駆けつけたが、間もなく事切れてしまわれた。甥の私をことのほか心配し、体調を崩して入院した折などには、懸命に農作業を手伝って下さった。美容院を営む娘や孫に大事にされ、私が訪れると何よりよろこんでくれた。家族のように大事な、頼れる叔母さんだった。翌々日、火葬と告別式が営まれた。

11月23日、唐沢とし子さんから、たかはた文庫の充実のために10万円のご寄付を頂いた。有機農業資料センターの整備に活用したいものである。ご芳志に感謝したい。

11月28日、上和田地区住民の長年の願望だった上水道の敷設が実現し、わが家にも通水した。これまでのホームポンプの井戸水は鉄分が多く、白い衣服がすぐに色付くので、部活のユニフォームなどは母親がコインランドリーに持って行って洗濯する始末だった。ようやくこの状況から解放されたことを喜びたい。

たかはた共生プロジェクトへの助走

12月20日、雪降りの日だったが、「たかはた共生プロジェクト」の設立準備会を、総合交流プラザで開いた。用意したレジュメに基いて、その主旨と経過について報告し、これからの方向性や、具体的な事業計画についてもビジョンを述べ、都市と農村の垣根を超えた共生のカタチについて議論をした。すでに早稲田環境塾とは、3年越しの構想を煮つめ、「青鬼クラブ」で有機米の新たな提携に踏み込んでいるが、共生プロジェクトは価値を共有する生命共同体を構築し、広範な人間交流、文化交流をめざす。一旦非常時には、相互に衣食住を分かち合う機能を果たす。こうしたテーゼを初めて聞く仲間に理解してもらい、主体的にその一翼を担う気持ちになっていただくには、時間がかかるのを痛感した。一方で東京側でも準備を進め、機が熟せば合流して共生プロジェクトの発足となる。その一歩を、2012年師走に踏み出せたのはうれしい。

2013年（平成25年）

厳冬の中での悲しみ

雪の正月、4日は町新春初顔合わせ、7日は和田地区新春初顔合せ会で、新春を寿《ことほ》いだ。11日、元高畠町収入役小平光雄氏がご他界され、告別式が営まれた。小平さんは、地域の有志で構成する和田民俗資料館管理組合の初代組合長として創設期の交流施設の運営を軌道にのせるべく全力を傾注された。そのご尽力の遺産を受け継いで、ゆうきの里さんさんの今日がある。また、広い屋敷から地続きの里山をよく手入れして、松茸の宝庫に造り上げた。自然を愛してやまない町の重鎮であった。その遺志を受け継いで、ご子息の小平清秋さんも豊かな地域づくりに貢献している。正月から大雪に見舞われ、しかもマイナス10℃を前後する厳しい寒さが続いた。その中で、大学入試のセンター試験が19日、20日と山大工学部で実施され、悠一郎が受験した。その結果に基いて三者面談がおこなわれ、志望校を京大（法）と早大（法）に決めた。

2月早々、山中和子さんの訃報に耳を疑った。昨秋、ご主人の山中龍雲氏を見送ったばかりなのに、書道と墨絵の二人展を外国で催すほどのおしどり夫婦が、他界されてしまった。日本の消費者運動の草分けとしての山中和子さんは、私たちの提携にとってかけがえのない存在であり、2月6日、告別式に参列し、弔辞を捧げた。遠藤周次さん、中川信行さん、猪野惣一さん、渡部美佐子さんと一緒に、雪谷会館での葬儀、火葬、収骨、壇払いまで参席し、健康を守る会の仲間とともに別れを惜しんだ。その日、わが家では、妻が体調不良で、高畠病院で点滴の治療を受けたとのことであった。厳冬の中で、いのちの営みが続く。

農医連携の核心に接する

2月16日、たかはた共生塾連続講座に、前北里大学副学長陽捷行《みなみかつゆき》氏をお招きし、150分に及ぶ気迫あふれる講演に魅了された。陽さんは農水省農業環境技術研究所出身で、私は全国環境保全型農業推進会議で初めてご一緒したのだが、土づくりに卓見を披れきされ、共感する所が多かった。さらに北里大学では、学長室が主導して「農医連携」の学際的なプロジェクトを推進され、その研究誌や会報を全巻いただく幸せに浴した。千葉大、東大、東京農大、富山薬科大などと連携を深め、その広がりは価値を共有する海外の研究者にまで及び、農医連携国際シンポジウムの開催も計画されていた。共生塾講座の日は猛烈な地吹雪で、中川塾長とともに米沢駅までお迎えに出た。現在は、伊豆の国市で自然農学校の校長を担っておいでで、温暖な風土で過ごす身には、地吹雪の歓待はこたえたことだろう。

講演会は、参加者も多く盛況であった。私にとっては、結びの部分で紹介されたマルティン・ルター(16世紀ドイツの宗教改革者)の言葉、「もし明日世界が滅びるとしても、今日私はりんごの木を植える」のフレーズが、鮮烈に心に残った。大震災や社会的動乱などに直面したとしても、明日を信じていま自分の成すべきことを粛々とやっていくという決意を表したものであろう。その思想性こそ、持続可能な社会への母胎に他ならない。

２月23日、提携センターの作付会議が、東京農大で開かれた。朝、京大受験に向う悠一郎とつばさで同席し、それぞれの目的地へ急いだ。東北は大雪だが、東京は晴れていた。作付会議は、前年の生産と提携について総括し、今年の計画と産物の契約の大枠を決める大事な場面である。大久保研究室の格別の計らいで、教室の借用だけでなく学生の手伝いまで受けて、毎年開催できるのは幸せである。それも、農大ＯＢの高橋稔さん、皆川直之さんの積み上げた実績と信頼関係があってのことである。会議が終わって、構内にあるグリーン・アカデミーでの交流会は、肩の荷を降ろして本音で語り合う楽しさがある。新しい年も精進しなければという想いが湧いてくる。

翌日は、中川さん、治一さんと一緒に、東京国際フォーラムの一隅で、早稲田環境塾のみなさんとたかはた共生プロジェクトの具体的な事業計画についての打ち合わせをおこなった。夕刻、つばさで福島駅に着いたが、それ以北は大雪で不通を告げられ、途方に暮れた。急遽、治一さんが敬子夫人に連絡を取り、雪を漕ぎ分けて自家用車で迎えに来ていただいた。受難の帰宅である。

３月１日、日有研全国幹事会が、富士宮グリーンホテルで開かれ、出席をした。翌２日は「全国有機農業の集いin静岡」が常葉大学で開催され、富士山の裾野に全国各地から続々と仲間が馳せ参じた。私は総会まで参席し、山口市に向かう日程の都合で、大会は中座させてもらった。

３月３日、山口県環境保全型農業フォーラムが山口大学を会場に開催され、２時間の基調講演の役目を担った。午後は２時間のシンポジウムにも出た。終わって、山本さんのご案内で、秋吉台の雄大な景観を目の当たりにした。夕陽に染まる石灰岩カルスト台地の塑像群は、この世のものとも思えぬ美しさだ。

市内に戻っての夜は、環保研若手農家との懇談会に出た。山口大の教官や、津和野から来たという青年もおり、これからの展望を語り合った。共済会館翠山荘に宿泊し、4日早朝に外に出ると、前庭に山頭火の句碑と、中原中也の詩碑が建っていた。その日は、環保研事務局長の平井多美子さん親子のご案内で、山口サビエル記念聖堂、常栄寺の雪舟庭、瑠璃光寺の五重塔（国宝）など、名所旧跡を訪ね、長州の奥深い精神風土を肌で感じ、帰途に着いた。

孫悠一郎 早大に合格

3月10日、上和田有機米生産組合総会後の消費者懇談会の折に悠一郎の早大法学部合格の知らせが入った。2日後、進学祝に六法全書を小松書店より求め、学業の成就を願って贈った。16日の夕刻から、米沢市のレストランヴェルデで、家族全員のお祝いの会をおこなった。3月末までには、調布市にある東京興譲館寮に入寮の予定で、その準備やらで両親も忙しい【写真48】。

そんな折、創森社から『農は輝ける』が上梓された。山下惣一氏と石塚美津夫氏と私の鼎談記録集である。元はといえば『北の農民

写真48 悠一郎、上京の日

南の農民』が出版されて30年の節目に当たり、現代の課題に切り結ぶ対論を再現しようと、新潟総合生協の高橋孝課長と、笹神の石塚美津夫氏が企画し、3・11をはさんで2年にまたがり実施されたものである。そのご縁で、笹神地区の6次産業化による村づくりを何度も研修する機会に恵まれ、また後にチームを組んで山下惣一氏の営農と暮らしを見聞するために唐津に出かける契機となった。

4月1日、悠一郎が早大に入学した。7日には、共生塾の総会に合わせ、たかはた共生プロジェクトの組織と事業の検討協議がおこなわれ、原剛氏、吉川成美さん、議員さんの他に、青鬼クラブの生みの親竹内謙氏ご夫妻も来町され、ゆうきの里さんさんに泊まられた。

4月中旬までかかって、ようやくりんごの仕上げ剪定を済ませたので、雪害などで空いた部分に、南陽市の菊地園芸から苗木を購入し、植栽した。雪解けが遅く、桜の開花も遅れ、4月末頃までずれ込んだ。苗代の播種も数日遅れ、スタートから不安を残した。5月に入っても風の強い日が続いたが、連休には田んぼの堆肥散布、有機肥料やミネラル成分の施肥、そしてトラクターでの耕耘と、春の農耕の本格始動である。

5月12日、たかはた文学同人の花見の集いで、永年代表を務める遠藤葉子さんに乞われ「高畠の詩人たち」というテーマで話をした。調べてみると、古くから詩の水脈は豊かで、多くの詩人が固有の作品を残している。浜田広介は別格にしても、新藤マサ子の「紅」、遠藤文雄の「花をつけることの哀しみ」などは、天賦の詩情を伝えてくる。

翌13日、古窯の女将佐藤洋詩恵さんのご紹介で、哲学者の清水博氏が来訪された。氏は「場の研究所」を主宰する東大名誉教授で、3・11後の地球文明の在りかを提示する。戴いた『コペルニクスの鏡』は、哲学的ファンタジーで、子どもとともに大人も読んで未来社会のイメージを温め、いのちの居場所を考える、やさしく深い物語である。

5月16日、元県教育長木村宰氏と、置賜総合支庁企画総務部長伊藤丈志氏を囲んで、置賜の教育界のリーダーが集まり、懇談会を持った。テーマは、「5教振から6教振への課題」である。場所は上和田のたねや まつたけ館で、かつて5教振策定の立役者のおふたりから、「いのちの教育」の継承を基本にした筋道と、具体的な施策についての提言をいただいた。あとは、旬の郷土料理と地酒秋あがりを汲み交わし、自在な意見交換が続いた。

5月18日、ひろすけ会の総会が開催され、岩木信孝前会長の跡を継いで、私が会長に就任した。500余名の会員を擁する文化団体の重責を担う重みがずしりと肩にかかる。

6月1日、南陽市前教育委員長高橋まゆみさんの文科大臣表彰祝賀会が、ホテル滝波で開催され、その盛大な席で祝辞を述べた。高橋さんは元NHKのアナウンサーで、宮城興業という高級靴製造会社の社長夫人として実業を支え、さらに文芸評論家として活躍している。そうしたライフスタイルを具現しながら、南陽市の教育行政の充実のために、委員長の重責を担って地域社会に貢献されてきた。永く日本文芸家協会の会員で、ひろすけ童話賞の贈呈式には、受賞作の朗読をお嬢さんと一緒に担われて、感銘を与えて頂いた。また、山形の文化風土を耕した先達の評伝は、大きく山新の紙面を飾り、私たちを覚醒させてくれる。一層のご活躍を期待したい。

6月11日、私の母方の叔母で、高校時代に米沢の自宅に下宿させて頂いた栗野としえさんがご他界された。14日、山形市深町のやすらぎホールでの告別式に参列し、家族を喪ったのと同じ深い悲しみに耐えていた。上山市に住み、長男の栗野政典さん夫妻や孫たちに囲まれ、趣味の手工芸に興じ、幸せな晩年だった。隣に娘の武田典子さん一家が住んでおり、日常の交流が安心立命の要素だったにちがいない。

日本有機農業学会現地研究会in高畠

6月末日、日本有機農業学会（沢登早苗会長）現地研究会が高畠町を主会場に開催された。まずハピネスでの開会セレモニーの後、私が基調講演を担った。その後の公開シンポジウムには、130名が参加した。夕刻からの交流懇親会は、会場をゆうきの里さんさんに移動し、54名が参席して盛り上がった。翌7月1日の現地視察は、米沢市で自然農を営む小関農園と、おきたま興農舎の真鴨放飼のつや姫の圃場をじっくり見聞した。とりわけ天敵のキツネ対策に、畦から80㎝田んぼに入った所に電柵を巡らすことで被害を完全に防げているとの説明に、大きな示唆を得た。小林亮社長とスタッフの試行錯誤の実践から生まれた妙策である。

7月13日、鹿児島市の高田久美子さんをリーダーに、福徳敦子さん、山下久代さんが、遠路はるばるりんごの袋かけの援農に訪れた。翌日は、東京から吉川直子さん、石井幸子さんも合流して、残っていたふじの袋かけもきれいに済ませていただいた【写真49】。夜は赤湯温泉のむつみ荘に宿泊し、九州ツアーでお世話になったオールドボーイズとの交流会で旧交を温めた。翌14日は町内めぐりで、浜田広介記念館、うきたむ考古資料館、たかはたワイナリーなど、定番の文化施設、観光ポイントを参観していただいた【写真50】。さらに東洋のアルカディア飯豊町の散居村の美しい景観と、どんでん平のゆり園を鑑賞していただいた。４日目の15日は、米沢市の上杉神社に詣で、伝国の杜を参観の後、上杉伯爵邸で昼食をとっていただき、米沢駅でお別れをした。

7月16日、有機農業推進議員連盟の事務局長を務め、有機農業推進の制定に貢献されたツルネン・マルテイ氏を囲む会が、和田民俗資料館でおこなわれた。氏は日本に帰化したフィンランド人で、湯河原町議から参議院議員まで責務を果たし、こよなく日本を愛している。

7月18日、県内広域が集中豪雨に見舞われた。隣の南陽市では吉野川が氾濫し、赤湯市街地が水浸しになった。赤湯自動車学校は教習用の車が何十台も使えなくなる被害を被り、赤湯中学校のグラウンドも累積した泥でしばらく使用できない状況が続いた。高畠では屋代川が堤防上限まで増水したが、幸い災禍を免れた。天恵の場所性《トポス》が身に染みる。

16日、屋代村塾20周年記念講演会が、町中央公民館で開催された。講師は早大副総長で、創設者大塚勝夫教授の遺志を継ぐ堀口

写真49　りんご袋かけ援農、鹿児島と東京の皆さん

写真50　援農に来てくださった皆さんと、浜田広介の銅像前で

健治塾長である。村塾は、地元農民塾生の支援で、早大、立命館大、東北芸工大などのフィールドワークを受け入れ、絆を結んでいる。

お盆の16日、丸山信亮氏、平晧氏と3人で、郡上八幡の郡上おどり見物に出かけた。富山八尾のおわら風の盆と、秋田西馬音内の盆踊りは目の当たりにしたが、日本の三大盆踊りの郡上おどりも見たいという夢を温めてきたからである。美濃太田より長良川鉄道に乗り換え、午後郡上市に着いた。まず、郡上八幡城から眼下に盆地を眺め、一揆の義民碑の前に立ち、吉田川辺を散索し、街中で宗祇水の名水を口に含んだ。少し早めの夕食をとり、夜の帳《とばり》がおりるのを待った。やがて踊りのチームが次々と到着し、囃子《はやし》の櫓《やぐら》に灯が点ると、盆踊りパレードの始まりである。ただ、私の感性の問題なのか衣装そのものに鮮烈な印象が乏しく、いつまでもこの世界に浸っていたいという気持ちにならなかった。もっとも市内に宿がとれず、美濃関まで戻らないといけない事情があったせいかも知れない。

翌日は名古屋市に立ち寄り、名古屋城を眺め、徳川美術館をじっくりと参観し、帰宅した。

9月3日、元金子胃腸科院長（南陽市）の訃報が入った。若い頃からのかかりつけの医院で、院長の金子昭夫先生は、胃腸科の名医として県下に知られていた。併せてアララギ派の歌人としても著名で、何冊も歌集を上梓し、山新歌壇の選者も永く務められた。すでに閉院しておられたものの、私も妻も、健康維持の拠所を失った思いで、しばし途方に暮れた。9月7日、私が78歳の誕生日を迎えることができたのも、金子先生の診察と加療に負う所が大きい。8日、高畠セレモニーホールで、しめやかな葬儀と告別式がとりおこなわれた。

地域農業の担い手、後藤治君逝く

9月16日、また思いもよらぬ訃報が飛び込んできた。有機農業の若き同志で、わが家にとってもその機動力を駆使したパワーを頼りにしてきた後藤治さんが逝去されたとの知らせである。4人の男の子と、奥さんと、ご両親を残しての夭逝は、どんなにか心残りであったことか。治さんは、水田転作のそば栽培を15ヘクタールも受託していただけに、地域農業におけるダメージも大きい。根岸のセレモニーホールで営まれた告別式には、300名を超える参列者が、明るく豪快な人柄を偲び、別れを惜しんだ。4人の男の子には、みな柔道部で心身を錬え、社会に貢献することを望んだ心やさしい父親であった。ちなみに長男の剛君は、山大農学部に進学し、食と農の都鶴岡市で学んでいる。また次男の仁君は羽黒高校に進み、柔道部で活躍し、高体連全国大会に出場した。

たわわなみのりの稲刈りを終え、りんごの除袋も済んだ10月8日、立大総長室主催の公開授業を担うために上京した。吉岡総長と西田副総長にごあいさつを交わし、隣接する中ホールに案内いただいた。この度の全学セミナーのテーマは「文化としての農の世界」である。四半世紀に及ぶ立大と高畠の交流の軌跡をたどり、その積み上げた財産を活かして、新たな地平を拓く道筋を示そうと試みた。意を尽くせた講座にはほど遠いのだが、終わって西田、松井、佐藤、渕、宮崎、佐々木、桂、伊藤の各氏が相集い、うれしい交流会を開いて下さった。この方々のおかげで、相互交流の絆は益々かたく結ばれてきたと痛感した。

翌日、早大原研究室で12月の高畠合宿などの内容を吉川さん、議員さんと打ち合わせて帰宅した。

10月10日、接近しつつあった台風24号が温帯低気圧に変わってホッと一息ついた日、県連合青年団OB会の集いが、川西町「まどか」で開催された。地元の押切一雄さんと一緒に、鋭意準備を進めてきた置賜での集会だけに、42名の参加はうれしかった。川西町長原田俊二氏も来賓として熱いエールを送って下さった。翌日、隣接する川西ダリヤ園も見頃を迎え、朝から散索を楽しみ、また日青協の生みの親寒河善秋氏の記念碑を訪ね、青年団時代のルーツを確めた。結びは、井上ひさし氏入魂の遅筆堂文庫である。

10月23日、JTBが支援する農都交流飯豊セミナーが、中津川の保養施設で開かれた。後藤幸平町長に招かれ、ワークショップで話をした。白川ダムから上流域は、源流の森などの施策はあっても高齢化が進み、人口減に歯止めを打てないできたが、近年、農家民宿や花笠づくりなどに母ちゃんパワーが発揮され、元気づいてきた。冬の豪雪を逆手にとり、台湾など外国のツアーを呼び込むなど、注目を集めている。四季を通しての企業社員の山村ツアーは、新しい農都交流の基軸を成す。

10月28日、オールドボーイズの秋のツアーは、大正ロマンが息づく尾花沢市銀山温泉に赴いた。少し高台の瀧見館に泊まり、街並みに灯が点ると幻想的な夜景が浮かび上がる。ホテルのバスで街に下り、川添いの道を歩くと、現代の世相を忘れ、心が洗われる思いがした。清流のウグイの塩焼きや、温泉饅頭も格別な風味である。翌朝、森山洋さんに、ご自慢のウグイの唐揚げを宿に届けていただいた。かつて武田一雄先生が校長として勤務していた高橋小学校で、児童と交わしたぼう大な手紙を、「文通村」として世に問うたPTA会長で、永く尾花沢市教育委員を務めた。水田転作にウグイの養殖に取り組み、地域の特産物を成した。帰途に、上の畑焼、徳良湖、芭蕉記念館を参観し、結びに出羽桜美術館で陶磁器の名品を鑑賞して、帰宅した。

11月上旬、納屋の屋根に、懸案の太陽光発電のパネルを設置する工事に着手し、中旬に通電した。工事は、積雪地での経験豊富な米沢市の高山工務店に依託した。国、県、街の応分の助成を受けられたこともあって、初期の事業としては順調なスタートだった。

11月7日、私が上京中に山形市在住の遠藤文雄氏がご逝去され、9日告別式が営まれた。遠藤さんは、私の父の従弟に当たり、町社会教育課の係長から労働運動に転身し、県自治労、県職労の委員長を歴任した。私の青年時代、詩同人「裸形」を主宰され、また自宅で毎週地方自治の学習会を開いた。真壁仁氏に出会う前、詩と社会問題への認識を拓いて下さった恩人である。利他の精神の赴くままに、平和と人権の確立に生涯を捧げた社会活動家の足跡と、一方で「花をつけることの哀しみ」「春の距離」の2冊の詩集を上梓した詩人の面影を偲んで、弔辞をささげた。のちに故郷高畠町の貞泉寺に墓碑が建立されたが、戒名ではなく遠藤文雄の墓と刻まれている。

11月10日、恒例の一樂思想を語る会が開かれた。参加者全員が発言し、それぞれの切り口から理念の内部化と普及にどう取り組んでいるかが示された。翌日、佐藤喜作氏、槌田劭氏、鶴巻義夫氏がわが家を訪れ、日有研の再生についてとことん話し合った。

原剛塾長の緊急入院

12月7日、早稲田環境塾高畠合宿公開講座が、ひろすけホールで開催された。最初にあいさつに立たれた原剛塾長が、降壇直後に倒れるように退場された。山木教育次長が救急車で同行し、公立高畠病院で受診の結果、40度を超える高熱で、一週間の入院を要することになった。連日の過密な日程で、疲労が積った結果と思われる。やむなく代役で私が場を繕い、吉川さんの進行で、岡田真美子、高野孝子両先生の含蓄あるトークと、フロアーからの実践に裏打ちされた発言によって、所期の成果を得ることができた。

2日目は、会場をゆうきの里さんさんに移し、地元講師による塾生対象の講座ということで、私が90分話し、あとは相互交流会で、3・11後の地域づくりについて自在な意見を述べ合った。高畠合宿も回を重ねて、視点が焦点化し、文化度を高めてきたように思う。

南の農民山下惣一氏（作家）を訪ねる

師走半ば、新潟シンポジウムに深く関わった数名のメンバーで、九州唐津市の山下惣一氏を訪ねることになった。新潟総合生協の高橋孝氏を幹事として、全ての手順を整えていただき、12日朝、雪の新潟空港から福岡空港に飛んだ。そこからレンタカーで唐津に向かい、有名な海辺の松原をくぐり、湊の漁港から農村部の山下家にたどり着いた。２階建ての立派な住宅と納屋の周りに畑が広がり、多品目の野菜がつくられていた。山下さんご夫妻は、遠来の客を快く迎えられ、まず居間に招かれお茶をいただいた。そして、山下家の営農の姿をつぶさに見聞させてもらうことになった。玄界灘を見渡す道傍から石垣を積んだ棚田が連なり、先人の労苦がしのばれる。耕作放棄の土地も目立つ。けれど、やや奥まった山下家の圃場は、基盤整備をおこない、大型農機も入れる条件を備えていた。ただ、大きな畦畔の草刈りは、手間がかかると感じた。

次にご案内いただいたみかん園は、柔かいふかふかの土で、永年堆肥を施し土づくりに専念してきたことがわかる。たわわにみのったみかんは、甘く濃い食味で、文句なしに美味しい。すでにデコポンなども導入している。有言実行の「南の農民」の心意気に脱帽した。さらに、条件の良い転作田に植栽した若木は、次世代への希望が込められているようだ。

山下さんは、住民が協同の力を発揮して造営した山腹の水源地や、一方で企業的畜産に過大な投資をし、倒産した牧舎なども見せてくれた。帰途、イチゴのハウス団地で、弟さんが育てる「佐賀ほっぺ」を摘んで試食させてもらった。イチゴは地域農業の成長株で、農家の意欲も高いと伺った。風土を活かした知恵と技術力で、活路を拓くパワーを実感したことである。

山下家と村の農業の実像を拝見したのち、農水産物の直売所を見学した。海の幸、野の幸が、同じ屋根の下で、最高の鮮度を保ったまま購入できるのは、住民にとって地産地消の極みである。見学が済むと、山下さんのおごりで、潮の香ただよう一隅で、殻付きの生ガキの炭火焼をごちそうになった。生ビールを傾けながらの豪快な海の宴は、夕刻まで続いた。

私は、ご好意に甘えて山下家に泊めていただくことになったが、一行は唐津市内のホテルに宿をとった。夜、山下家の親戚縁者が次々と集って、私たちふたりの永年の関係をTVなどでご存じのみなさんと話がはずんだ。その後、2階の一室にゆっくりと休ませてもらった。

翌13日は、まず唐津焼の窯元を訪ねた。わが家で農業研修を1年間頑張った袈裟丸孝さんが、隆太窯に事務職として働いているので、事前に連絡しての訪問である。当主は渡米中でお会いできなかったが、数名のお弟子さんの工程や、展示室での名匠の作品群をじっくり鑑賞し、気に入った盃を一個求めてきた。山下さんも隆太窯は初めてだとのこと。また名護屋に住む袈裟丸さんとのご縁もつながった。尾瀬の長蔵小屋ゆかりの登山仲間たちと、何度かりんごの摘み採り援農に訪ねてくれた袈裟丸さんだが、別れ際に涙を浮かべて見送ってくれた。

それから秀吉の朝鮮出兵の拠点となった名護屋城址、県立美術館、玄海原発と急ぎ足で巡りつつ、日本の歴史と文化、そしてエネルギーについて深い衝撃を受けた。とりわけ10㎞圏内に立地する玄海原発は、地域の未来に根源的な不安を内在させるだけに心配である。

夕刻、山下家には、農政ジャーナリストの榊田みどりさんと、農協新聞の編集スタッフが待機していた。元旦号の紙面で企画している、山下さんと私の対談を収録するためである。仏壇のある広い座敷で、榊田さんの司会で、2時間に及ぶ対論を交わした。その間、奥さんと従妹の方を中心に、今宵の宴会《うたげ》の準備が進められていた。地元の人も加わって20数名の料理を手づくりされるのは大変なことにちがいない。九州の人は、みな酒が強い。その交歓の情景は、私の自分史に刻まれて色褪せることはない。

3日目、山下さんご夫妻の歓待に厚くお礼を申し上げ、帰途に着いた。とはいえ福岡空港からの出発まで、欲張った日程がつづく。お目当てのひとつである大宰府天満宮を参詣し、境内のほころびそめた梅を眺めた。名物の梅が枝餅をお土産に買った。九州の旅の締めくくりは、新装成った国立九州博物館の参観である。内外の文化交流の拠点であり、文物の集積の厚さからして、博物館は大宰府によく似合う。

福岡空港には、朝倉市杷木の小ノ上喜三さんが、全員にひと箱ずつ自慢の富有柿をお土産に届けて下さった。その友情に感謝したい。かくして大雪の新潟に向けて全日空機は飛び立った。機内の情報では、新潟地方は吹雪が荒れて空港に着陸できるかどうかわからないとのことだった。幸い小康状態が訪れて、夕刻7時無事着陸した。それから帰宅は無理なので、笹神の石塚さんの民宿にもう一泊させて頂いた。かくして南の農民を訪ねる旅は、望外の充足度を以って、無事終えることができた。

２０１３年の結びの取り組みは、金子美登氏と鶴巻義夫氏と３人が呼びかけ人になって立ち上げた「有機農業の明日を語る会」の集会である。日本の有機農業運動が、小異を捨ててまとまった活動を展開し、農政の中にしっかりと位置づけられる方向をめざすものであった。六本木の大地を守る会事務所に有志が集り、新年早々に組織的な取り組みをすることを確認した。地に足着いた動きになって新農政への小さな対抗軸になって欲しいと願う。

23日、アニメ映画『かぐや姫の物語』を観た。高畑勲監督の壮大なロマンに圧倒される。

2014年（平成26年）

農民にとって原発問題とは

正月11日、アイガモ農法全国研究大会が、伝国の杜で開催された。吹雪の米沢に、福岡県のアイガモ農法の先駆者古野隆雄氏夫妻をはじめ、全国各地から大勢の農家や研究者が駆けつけ、会場は熱気を帯びた。私は「農民にとって原発問題とは」というテーマで特別講演をした。１００㎞圏内に立地する東電福島原発の重大事故は、広範な放射能汚染をもたらし、住民生活に深甚な影響を及ぼしたが、政府はその収拾の目途さえつかぬうちに、ベトナムに原発を輸出する方針を打ち出した。途上国への支援というなら、古野さんのように自然と共生するアイガモ農法によって、除草と食肉の両方を手にする技術普及こそ、あるべき姿ではないかと語った。シンポジウムは、熊本大の徳野貞雄教授がコーディネートし、各地の農家の実践と課題が提起され、これからの時代への新たな展望が語られた。

有機農業の明日を語る会

1月24日、「有機農業の明日を語る会」が、参議院議員会館で開催された。私は、呼びかけ人の問題提起で、２割の大規模な経営体に８割の農地を集積し、家族農業を切り捨てる新農政の筋書きに疑義を表した。また、攻めの農業と称し、高品質の産品を外国に輸出し、外貨を稼ぎ、一方勤労市民の食卓は安い輸入品で賄うという逆立ちした政策を批判した。私たちが土の力を信じ、手間暇《てまひま》かけて育てた有機の産物は、国内の勤労者とその家族の元に届けたいと願いつつ汗を流してきた。また、規制緩和の名の下に企業の農業参入を野放図に許せば、その延長で外国資本に村ごと買い占められる懸念があることも指摘した。ＴＰＰなどグローバリズムの荒波が列島に迫りくる状況にあって、食の安全と主権を守る道は、価値を共有する生消の提携にしか見出せない。鶴巻さんの提言も、金子さんの総括も、同様の方向を示した。危機意識を持って参加した方々からも、様々な切り口から積極的な発言が相次ぎ、「語る会」への期待感を滲ませた。

小川町霜里農場を訪ねる

「語る会」の初めての集会に手応えを覚えつつ、金子美登さんの小川町霜里農場へと急いだ。到着したのは夜半だった。研修スタッフと近所の仲間10余名が夕食を摂らず待っておられた。あいさつを交わし、夕餉をいただきながら、深夜まで歓談をした。

翌朝、真白に霜が降りた農場内を見学した。日本国内はおろか、世界の有機農業のモデル農家として、その存在感は巨きい。以前訪問したときに比べ、農場のグランドデザインは格段に整えられ、完全自給の独立小国を成していた。生産面では、稲、麦、大豆他の穀物と多品目の野菜、果樹、そして牛、鶏、合鴨などの畜産、さらに数棟のハウスを設ける。その資源の循環を図る堆肥づくりには、里山の落葉も活用する。手作業だけでなく大型農機も使うが、その燃料はテンプラ油などの廃油を活かした再生エネルギーである。スタッフは、早朝から担当の所で忙しく働き出していた。

生活面では、2階建ての主屋を中心に、スタッフ棟、納屋、メタンガス発生装置を配し、台所、床暖房の光熱までまかなう。その配置図は科学的な合理性に裏打ちされている。

勝手に散索していると、友子夫人がハウス栽培のイチゴの初摘みをしている所に出会った。無加温で、真白な霜の中でよく育つものだと感心した。家畜類は、外まわりの自然に溶け込むように放牧場や小屋を持ち、農場の大家族の一員として暮らしている風情である。

常に10余名の研修生とスタッフを抱え、教育機能を果たしている金子夫妻は、自己実現の果実を集落や地域全体に広げようとしている。永年町議を務め、環境の町づくりに取り組んできた超多忙の中を、町内の固有の実践の姿を見聞させていただいた。まず、今朝採った数種の野菜を直売所に納め、次に地場産大豆で手づくり加工する豆腐店にご案内いただいた。東京から直接買いにくる客も多く、レジを通る数は一日1000人を超えるという。続いて、晴雲酒造の前庭（駐車場）で開かれる軽トラ市の光景は、実に斬新である。友子さんの手づくり食品も好評を博していた。「おがわの自然酒」に、いまも上和田有機米を半分使っていただいている晴雲酒造中山社長ご夫妻に、お茶を頂きながら歓談できたのはうれしかった。

最後に金子さんは、小川町を貫流する川辺に遊歩道を造り、町民も外来の客も、美しく豊かな環境を愛でながら寛ぐことができる町づくりの姿を見せてくれた。その間、私を乗せてくれたのは、廃食用油で走るベンツだった。駆け足の日程でも、私にとって目から鱗がおちるような2日間であった。

帰宅した25日夜、NHKETV特集「山形・高畠　日本一の米作りをめざして」が放映された。長年、高畠の地に足をつけ、記録映画の製作を続けてきた桜映画社の原村監督が、NHKの委託でつくり上げたもので、ナレーターは加賀美幸子アナウンサーだった。小川町とは風土性も、方法論もちがう高畠の有機農業をベースにした町づくりについて、その一端を垣間見ていただけたのではなかろうか。

宮沢賢治と有機農業

2月22日、日有研全国幹事会が、盛岡市民文化ホール会議室で開かれた。その席で私は、「有機農業の明日を語る会」の論議をふまえ、組織運動の再統合を提案した。

翌23日、雫石町鶯宿温泉、ホテル森の風を会場に、日有研全国大会が開催された。大会テーマは「宮沢賢治と有機農業」である。そこで寸劇やシンポジウムで主役を演じたのが舘野広幸氏である。舘野さんは山形大農学部卒で、栃木県野木町で稲作を中心に大規模な有機農業を営む傍ら、宮沢賢治の研究を深めてきた。賢治風のマントや帽子を着用し、絶妙のトークで私たちを惹きつけた。シンポには、羅須地人協会で直接賢治の教えを受けたという人も登壇し、岩手大会の臨場感が高まった。山大生の童話劇も新鮮だった。

3日目、総会を中座して、奥州市梁川《やながわ》の辻村博夫氏宅を訪ねた。辻村さんは、元集英社新書編集局長で、私の『農から明日を読む』を出版していただいた恩義がある。10余年前に早期退職し、宮沢賢治の童話の舞台種山ヶ原を望む村に移住した。奥さんと一緒に自給農場「やまねこ農園」を拓き、豊かな暮らしを営んでいる。辻村さんの運転する車で、その物語を聞きながら、高台の大きな屋敷に着いた。離村した農家の跡をそっくり譲り受け、自分流の居城をつくり上げた。土蔵や納屋もあり、軒端には薪が整然と積まれていた。近所の友人が訪ねてきて、炉辺で鉄瓶を沸かし、美味しい郷土料理の昼餉をご馳走になった。賢治の夢舞台で、その精神世界を体感しながらの日常は、充実した人生そのものであろう。「北方文学」や地元紙に気鋭の論稿を寄せるなど、文化人としての存在感も高まっている。奥さんは、ピーマン味噌など手づくりの加工の他に、英語塾を開設し、地域の子どもたちの育成に貢献している。東京生まれで、ともに第二の人生を選択し、新たな価値を具現した姿に触れたよろこびは大きかった。暮れ泥《なず》む冬の冷気の中、鉄器の街水沢江刺駅から帰途に着いた。

青鬼サロンと竹内謙先生

2月26日、恒例の作付会議が東京農大で開かれ、生消双方の活動報告と課題提起のあと、グリーンアカデミーでの交流会でも本音の語らいが続いた。その2階に宿泊し、翌日は毎日新聞本社のメディアカフェ（モッタイナイステーション）での「青鬼サロン」に参画した。共生プロジェクト会員の産物もワゴン車に積んできたので、午前中に会場に搬入し、展示即売の準備をした。午後、サロンが始まった時間に、病気療養中の竹内謙先生がお見えになり、あいさつを交わされた。別人のように痩せておられ体調が心配だったが、阿也子夫人とともに間もなく退席された。探検家の生命力と、加療の成果が表れるように祈るばかりである。サロンが終わって、地下の社員食堂で打ち上げ交流会がおこなわれた。私は都内でもう一泊し、翌朝つばさで帰宅した。夕刻から、町内の湯沼温泉で、本田香奈子さんが在籍する放送大学高畠セミナーの講座を受け持った。

3月17日、三男の孫潤哉が米沢興譲館高校に合格した。これで3代にわたり、5人が興譲の校風の中で学ぶことになる。

4月初旬、竹内氏の訃報が入った。2日にご逝去されたとのこと。2月末日、青鬼サロンでお目にかかって1か月余の悲報である。竹内氏のスケールの大きい人間味と温情あふれる包容力を偲びながら、弔文をしたためた。

4月9日、たかはた共生プロジェクトの高畠組織が発足し、私が共同代表の一翼を担うこととなった。一期2年間の約束である。東京から原剛氏、礼子夫人、吉川成美氏、礒貝日月氏が発足に参画されたので、よしのや旅館で交流会を持ち、翌日青鬼サロンの打ち合わせをおこなった。

置賜自給圏構想

4月12日、「置賜自給圏構想を考える会」の設立総会が、300余名の参加者を得て伝国の杜で開催された。3市5町置賜広域圏をひとつのまとまりとして、歴史、産業、文化の固有の財産を活かし、自立の道を拓こうとする。私は、呼びかけ人代表という立場であいさつをした。上杉鷹山公の藩政改革の精神を汲み、北前船と最上川舟運の交易と文化交流によってもたらされた開明性を受け継ぎ、新たなローカリズムを生成することを目指す。食と農とエネルギーの自給を基軸に、教育、福祉まで包括する住民自治によって、激しく進む人口減少に歯止めをかけようとする構想である。もちろん圏内市町の独自の個性を尊重しながら、学び合い、補完し合いながら一体感を醸成し、地域自給と自立をめざす。

基調講演に立った山形大人文学部長北川忠明教授は、置賜自給圏はフランス郷土圏と共通する要素が大きいと示唆された。そして構想を具現化するために、早急に法人化した推進機構を設立し、分野ごとのめあてを定め、確かな地歩を踏み出すことが必要だという認識で一致した。

吉野の山桜を愛でる

翌14日目早朝、かねて一目見たいと願っていた吉野の山桜を愛でる旅に妻と出かけた。昼過ぎに京都に着き、みやこ路快速と近鉄奈良線を乗り継ぎ、生駒に着いた。綛谷淳二先生の仏前に香を供えるためである。章子夫人は祇園の出身で、消費者グループのリーダーのひとりとして、永年高畠との提携を推進された方である。生駒駅でしばらくぶりでお会いし、ご自宅にご案内いただいた。ご主人は、高校の校長先生を永く務められた教育者であった。仏壇の遺影を拝していると、ご夫妻で山形空港まで飛んできて、田の草取りを手伝って下さった姿が目に浮かんできた。さらに祇園の「いがらし」という料亭で、往年「地下水」のメンバーが、舞妓はんを招いて歓待を受けた人生の一コマが甦ってきた。高野山まで行けないのが残念である。考古学のメッカ橿原に宿をとり、古代ロマンの空気感をほんの少し味わった。翌朝、予約していた観光タクシーで、明日香路から吉野川のほとりを上流へと向かう。

銘木の街を過ぎると、すぐに吉野杉の美林に入った。やがて峡の向こうに、一足先に咲いた下千本《しもせんぼん》の群落が現れた。さらに奥へと進み、車を降りて中千本の花吹雪の中を歩く。南朝の御所に頭を垂れ、花見台から望む一目千本の情景は、この世のものとも思えぬ美しさだ。紺碧の空の下、全山を染める濃淡混じる桜色は、時を忘れて眺めていたい。上千本まで3万本を超す山桜が、山肌を被うのだが、それは自然の植生ではなくて、人びとが永年魂を込めて植樹し、手入れしてきた所産だという。「願わくは花の下にて春死なん／そのきさらぎの望月の頃」と西行の詠った奥千本は、標高が高く、蕾はまだ固いままだった。しばし奥吉野の冷気に身を浄める。観桜の客が続々と登ってくる頃、私は一気に山路を下り、もうひとつの目当てである宇陀市室生の草木塔を訪ねた。元NHKアナウンサーの渡辺誠弥氏が、紆余曲折を経て、室生寺の近くに伽藍洞《がらんどう》という名の美術館と手打ちそば店を開いた。草木塔はその屋敷の一隅に堂々と立っていた。渡辺さんご自慢のそばを頂きながら歓談し、女人高野として名高い室生寺を参詣した。急な石段をゆっくり登って、深く頭《こうべ》を垂れると、世情の憂いが消えていきそうな思いがした。

室生から手つかずの自然の残る山村を走り、猿沢の池のほとりの飛鳥荘に着いた。まだ陽が高いので、近くの興福寺の階段を登り、壮大な伽藍に真向かい、参詣をした。ゆっくりと奈良公園を歩きながら、群れなす鹿と共生するソフトなかたちに親しみを覚え、東大寺へ赴いた。古代大和の国の仏教文化が、ギリシャのパルテノン神殿に匹敵するといわれる建造物を生み出したことに驚嘆する。東大寺は3度目の参詣だが、大仏の偉容を仰ぎ、災害や世情の不安をのり超えて、人びとを安寧へと導く象徴の大きさを思った。ただ一方で、造営のために狩り出されたぼう大な民草の労働と汗が、歴史の彼方に見えかくれする。

翌朝、ゆかしげな街並を歩き、奈良駅から斑鳩《いかるが》の里へと向かった。明日香地方とはどこかちがう風景と、空気感があるようだ。お目当ては法隆寺の参観だが、以前訪れたときよりは環境が整えられて、再興された金堂や五重塔の美しさに目を見張った。隣の中宮寺の半跏微笑の弥勒菩薩《みろくぼさつ》像もじっくり拝みたいと思ったが、時間の都合で割愛し、帰途に着いた。あらかじめいくつかのポイントを設け、駆け足で大和路を巡った旅であったが、中身のぎっしり詰まったよろこびを味わうことができた。

たかはた共生プロジェクトが発足

帰宅して翌々日、4月17日に「たかはた共生プロジェクト・東京部会」が発足した。毎日新聞社本社での青鬼サロンの席上で創設が承認され、共同代表に原剛氏、副代表に吉川成美氏、事務局に議員日月氏、薬師晃氏、他の陣容が整った。原礼子さん、石井幸子さん、吉川直子さんを核とした紅《くれない》軍団も執行部として主要な役割を担う。その推進力に期待したい。青鬼サロンの4月のテーマは、「高畠の有機農業と提携」である。午前中から持参した産物の即売が始まり、午後のトークでは、高畠から上京した会員が、体験に基づいた報告と提言をした。それに対し、消費者市民の側からの課題提起がなされ、とりわけ新たな提携スタイルをめざす「青鬼クラブ」の現状と発展方向について論議が交わされた。

4月23日、「第2回有機農業の明日を語る会」が参議院議員会館で開催された。苗代播種の準備で忙しい季節だが、呼びかけ人のひとりなのでおきたま興農舎の小林亮社長と一緒に上京した。折しも、オバマ大統領来日の日とあって、霞が関界隈は厳戒体制が敷かれていた。

集会では、テーマを抱えて馳せ参じた参加者から、迫りくる危機の中で、活路を拓くべく必死の努力をしている主体的な提言を中心に討論が進められた。関西からは、「有機農業の日」の提案や、福島の放射能に克つ農の営み、北総台地のJAの協同によるダイナミックな野菜づくりと産直の展開、そして大地を守る会の株の4割をローソンが取得した事情などが、熱く語られた。そこに西欧視察から帰国した篠原孝議員の南フランスの小さな村の自立する姿が紹介され、光を投げかけた。国が進めるグローバリズムと大規模化の成長戦略の対抗文化として、食と農と観光を結合した6次産業化によって、人口1000人の村でも、成熟した豊かな暮らしを実現していると力説した。反省会は、農水省の食堂に席を移しておこなわれた。現場の実践課題を政策につなげるために、どれだけの役目を果たせるのかわからないが、ひとつの糸口にはなったと思える。

帰宅して、少し遅れた苗代の種播きと、りんごの仕上げ剪定を終えた。5月連休は、もう本格的な春耕の季節である。三女さえ子の夫、大場常彦君が茨城から来て、堆肥やミネラル剤の散布、そしてトラクターでの耕起も手伝ってくれた。

5月10日、11日、青鬼サロンのりんごの花見ツアーに、東京から数名の会員が来町された。2日目、りんごの授粉を手伝われ、和田地区の山野草展を参観された原礼子さんが体調を崩され、米沢市内の三友堂病院に入院した。この度は、原剛先生が看病されるというハプニングとなった。すぐに快癒されたのは、何よりだった。

5月22日、代掻きの手を休めて、毎日新聞社本社での青鬼サロンに参加した。今回のテーマは、「東北の詩情に浸る~星寛治の世界~」というので、少し面映ゆい感じだが、作品の朗読や、詩を生む折の陣痛とよろこびについて語った。終わって、KKRホテルでの交流会も、また楽しかった。

地場産業と地域経済

6月5日、新潟総合生協生産者協議会のメンバーが、高橋孝課長の引率で来町した。高橋さんには、2度にわたる山下惣一氏との対談や、唐津の山下家他の訪問、研修などで、格別にお世話になった間柄で、視察目的の農産加工の企業や農家の取り組みの姿をつぶさにご覧いただいた。まず、わが家の近くの山裾で、ジャム、ゼリー、ドレッシングなどを製造するセゾンファクトリーにご案内した。斉藤峰彰社長自ら研修室で丁寧な説明をされ、製造工程をつぶさに案内された。厳選された原料を、新装成った設備と手づくりの手法を活かし、トップクラスの高品質の製品を生み、全国の一流デパートで高い評価を得ている。年間出荷額30数億円を上げ、町内地場産業をけん引している。リクルートを通した求人により、県外からもすぐれた人材が入社する。

続いて、地元に密着する銘酒錦爛の後藤康太郎酒造店を参観した。社長の後藤康太郎氏は、県の酒造組合の理事長を務め、町教育委員長や社会福祉法人松風会の副理事長を歴任した名士である。地域の顧客を何より大事にし、丁寧な作品づくりに徹している。長い伝統を持つ酒蔵の風格がにじみ出る。父子ともに東京農大の醸造学科に学び、プロフェッショナルの自信を以って、豊かな地域づくりと住民の幸福度に貢献する。冬の間、農家の若い担い手が蔵人として働く雇用の場になっている。この秋（2017年）に収穫する「かぐや姫の詩」（山形95号）の自然酒を醸造していただく夢もふくらんできた。後藤社長に酒づくりの工程をご案内いただいた後、座敷に招かれ、令夫人のたてて下さったお茶をごちそうになった。至福のひとときである。越後も銘酒の本場であるが、風土性と、対社会的な関わりについて、個性のちがいを垣間見られたかも知れない。

次に、糠野目地区で食肉加工（ハム、ソーセージ）で世界的な評価を得ている「スモークハウスファイン」を訪ねた。片平社長の父上片平潤一氏は、高畠町有機農研創設からの同志で、米と養豚と野菜の複合経営を営むモデル農家だった。子息の卓朗さんは、自家産の豚肉の加工を志し、わざを磨き若い仲間とともに工房を立ち上げた。毎年ドイツで開催される世界レベルのコンクールに出品し、金賞を受賞した。自信を深めた片平さんは、設備を整え法人化し、若い世代だけで運営する企業としてスタートした。以来、食肉加工の作品はドイツで数年連続金賞を受賞し、不動のブランドを確立した。店内で、モノづくりにかける思い入れを伺い、土産の品を求めて帰った。

続いて、有機農業の若い担い手のリーダー皆川直之さんが、自前の6次産業化を志し、多彩な農産加工の工房を屋敷内に建て、漬物、餅、生姜シロップ、果実のチップスなどを製品化し、提携先に届けている。稲作、ホップ、野菜の複合経営を家族農業でこなしながら、百果園の有機肥料の収蔵と配分を受け持ち、加えて等身大の6次産業化をめざす若い世代の取り組みをご覧いただいた。夕刻からは、さんさんで交流会を開き、生産者としてめざす地平について大いに意見を交わした。翌朝、たかはた文庫を参観し、たかはたワイナリーに立ち寄って、新潟への帰途に着いた。

寛昭（弟）の入院と恵子（妹）の入所

6月下旬、山形市在住の弟寛昭が公徳会若宮病院に入院した。末の弟の憲三と一緒に見舞いに訪れた。診察の結果は軽度のアルツハイマーとのことで、今後の病状が心配である。若い頃は、小林製薬や持田製薬の営業を振り出しに、北海道勤務など苦労の多い日々だった。家族の事情で山形市に帰り、山新サンパックに勤めた。やさしい心根の持ち主で、母の入院の折には山形から通って介助してくれた。退職後も、シルバー人材センターで働きながら、家族のために骨身を削ってきた。そして自らの病気は、あまりに不運という他はない。

翌々日は、米沢市関の妹遠藤恵子の面会に、民間の老人ホーム「楽らく荘」に妻と一緒に訪れた。山林地主の家に嫁ぎながら、早くに夫を亡くし、それでも大きな屋敷を守りながら頑張ってきたが、長男の俊秀君がベトナムへの社員研修から帰国した直後に発熱、容体が急変し、救急車で病院へ搬送されたが間に合わなかった。感染症の疑いが濃く、国立感染症研究所で調べてもらったが、特定できなかった。以来、母親のひとり暮らしは、遠藤家の弟妹や親戚の支援を得ながらも限界に達し、発病入院の後、止むなく福祉施設に入所し、リハビリをしながら暮らしている。家では野菜づくりが生きがいだったが、いまはそれができない寂しさがあるようだ。

熱中症で卒倒、救急加療を受ける

りんごの袋かけを済ませた7月9日、台風8号が北上してきた。置賜全域に大雨洪水警報が出され、再び吉野川が氾濫し、隣の南陽市の市街地が水浸しになった。赤湯中学校の近くに住む友人の有本仙央さんの自宅周りも浸水し、泥に被われた。12日、共生プロジェクトの有志で泥の撤去の手伝いに出かけた。梅雨晴れの中で作業は順調に捗《はかど》り、終わりに前庭で冷いお茶をいただいた。水洗いした歩道に立ってペットボトルを手にしたまま、私は突然めまいを覚え、バタッと卒倒してしまった。そして意識が薄れていくのが判った。熱中症と判断した仲間は、すぐに救急車を呼び、置賜総合病院に搬送していただいた。中川信行さんと佐藤治一さんに付き添っていただいたのだが、途中のことは覚えていない。救急外来で受診し、点滴の治療を受けた。ほぼ90分、点滴が終わりそうになって、ようやく意識が戻ってきた。中川さん、治一さん、妻と、娘の里香子が枕辺に心配そうに立っていた。友情と病院の機敏な対応で、私は甦った。ただ、帰宅後、身体のあちこちに傷と打撲のあとが残り、右目の下にうっ血と目の違和感を覚えた。7月18日、セゾンファクトリーの農水大臣賞受章祝賀会には、顔にファンデーションを塗って痣《あざ》をかくして出席した。吉村知事と、後継者のことなど会話できたのは、うれしかった。

8月2日、「置賜自給圏推進機構」設立総会が、置賜総合文化センターに３００余名が参集して開催された。自給圏構想を具体的に実現するために、社団法人の組織体制を整え、地域社会の領域ごとのめあてを立てて推進しようとするものである。共同代表に山形大学工学部高橋幸司教授と、高畠町有機農業提携センターの渡部務氏が選ばれ、定款に基いて理事他の役員体制も決まった。事務局を司る生活クラブやまがたの井上肇氏の裁量に期待したい。

8月7日、お盆を前に青鬼農園のそばの種播きをおこなった。たかはた文庫の北側の、治一さんが整地してくれた畑に、東京から訪れた原先生夫妻、吉川直子さん、吉川成美さん、石井幸子さんを主体に、地元の私たちも加わって一気に播き終えた。夕べは、小雨のパラつく中、さんさんの前庭でバーベキューを楽しんだ。翌日、原先生、吉川さんとともに役場に出向き、寒河江町長に共生プロジェクトのねらいと取り組みについて報告をした。

お盆明けの暑さの中で、妻がバイクで転倒し、右足を負傷した。すぐに私の通っているすだ記念整形外科（米沢市）に受診し、毎日手当てをしていただいた。ただ、骨に不安が残り、三友堂病院でMRIの検査を受けた。オーバーワークが昂じて、ふたりで医者通いは、健康管理において落第点である。

9月6日、CSOネットワークの公開フォーラムが、國學院大学で開催された。代表の黒田かをりさんや福島の菅野正寿さんとは事前に打ち合わせの場を持っているので、そのテーマ性について承知していた。私が基調講演を担い、「地域から世界へ」という共同シンポジウムは、古沢広祐教授（國學院大）、菅野正寿氏（二本松市）、黒田かをりさんの白熱したトークが展開された。地域での実践をアジアに伝え、さらに交流の中から深く学びとる姿勢は、参加者に感銘をもたらした。

その夕刻から、新丸ビル内の店で、金子美登さん、折戸えとなさん他と、「有機農業の明日を語る会」の展開について話し合った。時を忘れ、急ぎ東京駅に駆け込んだのだが、最終のつばさにタッチの差で乗り遅れてしまった。案内の折戸さんのとっさのご配慮で、本郷菊坂の唐沢とし子さんのアパートに泊めていただくことになった。そこは東大赤門前の本郷通りを渡り、樋口一葉が下宿した桜木の宿跡から少し折れて、なだらかな坂道を下ったところにあった。

翌朝、まだ人通りのない静かな街並を案内していただいた。中でも、宮沢賢治が大正10年2月に家族に無断で上京し、夏まで住んだ稲垣家2階の部屋は、文京区の手で往時のまま保存されていて、旺盛な執筆活動の舞台をとどめている。さわやかな秋気の中、菊坂、梨木坂、鐙《あぶみ》坂あたりを散策するうち、樋口一葉の住居跡に出た。道端に当時の手つきポンプの井戸が保存され、暮らしの一コマをのぞかせてくれる。またゆっくり再訪し、文人墨客が星雲状に渦巻いた本郷の場所性とロマンに身を置いてみたい。

9月7日、私は79歳の誕生日を迎えた。恒例の和田地区大運動会が開催され、のべ2000人余の住民が参加する。コミュニティが健在である証しだと受け止め、毎年来賓として参席する。ちょうど1か月前に播いたそば畑が満開になった。共生プロジェクトの原剛氏他、数名が東京から訪れ、そばの花見と撮影をおこなった。また1か月後にみのった実を収穫し、粉に挽いて、新そば祭りが楽しみである。

9月9日、上山市の友人菅野健吉氏の告別式が称念寺で営まれ、参列をした。菅野さんはぶどうづくりの名人で、『葡萄《ぶどう》うれし哀し』という著書で第16回真壁仁・野の文化賞を受賞した。「地下水」の同人で、上山市芸文協会長も務めた。上山農高時代、佐藤藤三郎、木村迪夫君と三羽烏と呼ばれ、「雑木林」という詩誌で片鱗を表していた。誠実で人間味豊かな精農家として人望を集め、ぶどう団地を都市開発から守る運動の先頭に立った経歴を持つ。最近では、木村迪夫氏の世界を描くドキュメント『無音の叫び声』の製作支援会の席でご一緒したばかりなので、予期せぬ訃報に衝撃を受けた。告別式では、昔、ぶどうのジベ処理の作業に、双方の家族で〝結〟のように手伝い合ったことが思い出され、胸をおさえていた。忌中法要も済んで、牧野の漆山輝彦、啓子夫妻にご自宅を案内していただき、名産の紅干柿の工房を拝見、よく手入れされた庭園を愛でながら、人生の峠路に思いを馳せた。

9月13日、立大ボランティアセンターのフィールドワークの最終日、恒例の講演と対話を終え、午後は提携センターの現地交流会に臨んだ。首都圏の消費者グループだけでなく、神戸鈴蘭台の津村さん、向さんも参加され、圃場巡回と大交流会で相互理解と親睦を深めた。2日目の和田地区巡回の折には、わが家の庭先で冷やした西瓜を食べていただくのが定番となっている。

9月18日、毎日新聞本社で青鬼サロンが開かれた。講座のテーマは「提携の広がりとニューローカリズム」である。従来の提携ネットワークにとどまらず、共生プロジェクトから置賜自給圏構想に至る開かれたローカリズムの彼方に自立と共生の道筋が見えてくる。

稲刈りを控え、皮膚科に懸念

残暑の続く中で秋のお彼岸を迎え、稲刈りが始まった。畦草刈りを済ませた夕方、ベルトの当たる首元に違和感を覚え、皮膚科の金子誠先生に受診したところ、豆粒大のほくろは精密検査の必要があるとこのことだった。置賜総合病院にご紹介いただき、形成外科と皮膚科の診療と検査を受けた。生検の結果、山大医学部附属病院での更なる精密検査と入院加療が必要だと診断された。

その通院の最中に、長年かかりつけの医師としてお世話になってきた金子医院院長金子郁子先生が急逝された。わが家の遠縁に当たり、高校も1年先輩の間柄なので、そのショックと喪失感は大きかった。10月6日、告別式で遺影に向き合っていることが現実ではなく、幻想のように思えた。超多忙な診療活動の中で、豊かな趣味を持ち、日本舞踊の名取であることを知った。愛農普及会の金光玲子さんと同期生で、高畠有機農研と提携の絆を結んで下さったのも郁子先生だった。

高畑勲監督の講演と『かぐや姫の物語』

10月12日からの秋のひろすけ祭に合わせ、共生プロジェクトの高畠ツアーを組んだ。ひろすけ会の渾身のイベント高畑勲監督の記念講演と、新作『かぐや姫の物語』の上映が企画されていたからである。13日、会場の文化ホールまほらは700余名の入館者で埋まった。胸中に不安を抱えた私の主催者あいさつは、どこか迫力を欠いていたにちがいない。しかし、同時代を生きぬいて、世界にその存在感を発信してきた高畑監督の講演は、情熱が漲《みなぎ》り聴く人をぐいぐい惹き付けてやまない。とりわけ少年期に太平洋戦争の波濤を浴び、疎開生活を体験したくだりになると、反戦の思いが昂じ、今日の状況を串刺しにする。ロマンあふれるアニメーション作家の根底に、真善美を否定する戦争の不条理を許さない魂の叫びがあることを、改めて知らされた。

続いて、最新作『かぐや姫の物語』の上映に移った。スタジオジブリが8年の歳月と数十億円の製作費を投じて完成したとされる、2時間20分の超大作である。その内容について語る力は私にはない。単なる古典文学の復刻版ではない。生いたっていく美少女と都びとの目線と関わり。そのドラマ性の面白さに引き込まれるうち、天界からの迎えの時が迫る。超人的な運命の力で、宇宙空間へと飛翔する結末は、宮沢賢治の四次元の世界や、現代の宇宙探査の進展を連想させる。幻想と現実の交錯する世界に遊んだのち、見終わって、「鳥、虫、けもの、草、木、花」が共生する理想の園の生命感が、ジワジワと溢れてくる。躍動するいのちの響き合いを聞いた。

ひろすけ会の大イベントの打ち上げに、上和田のたねやまつたけ館で高畑勲ご夫妻を囲む交流会を開催した。折しも松茸の季節で、その風味を堪能しながら懇親を深めることができたのは幸せだった。地元の会員だけでなく、共生プロジェクトの東京のみなさんにとっても、得がたい機会になったにちがいない。

昨夜まで台風19号が迫り雨模様だったが、14日は幸い好天に恵まれた。監督ご夫妻をりんご園にご案内し、紅玉他、中生種が熟期にかかっていたので、摘み採って食べていただいた【写真51】【写真52】。三女の大庭さえ子夫妻と娘のあんりが来ていたの

写真51　高畑勲監督ご夫妻と、りんご園にて

写真52　杭かけされている稲をご覧になる高畑夫妻

で、果樹園、杭かけの稲の見聞から、自宅でのお茶まで同席させていただき、格別な色紙をいただいた。夢のような場面であった。お昼は、町内の〝伊澤〟で手打ちの青おにそばを賞味され、津田辰夫幹事長に赤湯駅に送っていただき、帰京された。

天気が上がると、天日乾燥の稲の脱穀作業が待っていた。併行して、紅玉、出羽ふじなど中生りんごの摘み取りと、個人発送を急がなければならない。そうした中で、置賜総合病院での検査結果が出て、山形大学附属病院での受診と入院に向けての日程がさだめられていった。

11月2日、山形大学学長仙道富士郎氏の叙勲祝賀会が、山形国際ホテルで開催された。160余名の参列者の多くは、医学部長時代の教え子で、現役の医師がほとんどだった。加えて学長に関わりの深かった教授や、県の要職にあった方々が少数おられたが、私のような一介の老農は例外であった。しかも、現学長結城章夫氏に続き、祝辞を述べる大役を担うことになった。汗顔の至りだったが、これまでのご縁に対する感謝と受章の慶びの思いを表すだけで精一杯だった。その席で、三宅高子元県教育委員長にお目にかかり、親しく話を交わすことができたのはうれしかった。同時代を生きたドラマが甦るひとときであった。

11月に入り、町の公的行事には入院の予定を秘めて可能な限り参席した。3日の合同式典と、町民憲章推進大会。4日、第25回ひろすけ童話賞贈呈式。9日、高畠中学校上棟式。9日、一樂思想を語る会。15日、ひろすけ童話、童謡祭、など切れ目なく続く。

その間に、名古屋在住の従妹山岸民子さんの訃報が入った。長年難病とたたかってきたが、4日に他界されたとの知らせがご主人の山岸赳夫氏（弁護士）から届いた。洗礼名を持つクリスチャンで、心根の美しい人だった。数年前、母の葬儀にはるばる馳せ参じて下さった姿を思い浮かべながら弔文をしたためた。8日、農民運動と村づくりの先達、添川正司氏が急逝され、10日、若い頃からの親しい先輩の高橋善美代氏が他界された。無常の風に吹かれて、身辺が俄に淋しく孤独感に耐える日々が続いた。

12日、置賜総合支庁農業技術普及課（元普及センター）に、山形95号の玄米を持参し、成分や食味の分析をやっていただいた。

14日、山大病院で各種の検査を受け、入院までの準備が整った。もう、ふじりんごの収穫の季節である。低温と雨が続き、作業は思うようにはかどらない。

11月24日、さんさんで共生プロジェクトの新そば祭りが開かれた。併せて礒貝日月さん、美希さん夫妻の結婚祝いを兼ね、私があいさつと結婚式の報告をした。自給農園のそば粉を鈴木征治氏が練達の技法《わざ》で手打ちした十割そばに、皆舌鼓を打った。

山大医学部附属病院に入院〜先端医療に命運を託す

私は、少し早退して、2月に予定されている公益財団法人上廣倫理財団「上廣フォーラム」のレジュメを書き上げた。翌朝送信し、午前中に山大附属病院に入院した。8Fの個室に入室でき、診察と検査、そして手術前の措置が開始された。ただ、見張りリンパ節《センチネル》の所在が確認できず、急遽局所麻酔で手術を受けた。名医山田先生の執刀で患部の摘出、皮膚の移植と縫合は順調におこなわれ、短時間で終了した。家族や兄弟は、ホッと一安心して帰宅した。ただ、私自身は術後の処置や加療にしばらく耐えなければならない。大学病院は、センチネルリンパ節を探せぬまま退院などはできないとして、12月11日に再検査をおこない、耳鼻科も含め5か所を確認した。翌日、全身麻酔で再手術がおこなわれ、生検用のリンパ節の摘出と、左脇下のパジェット病の切除がおこなわれた。手術は無意識の中で済んだが、帰室後、全身に器具が装着され、身動きできぬまま翌朝まで汗びっしょりで、凄絶なたたかいに耐えねばならなかった。その果てしない時間の長さは、回生のための非日常の試練というべきか。その日は、終日家族の介助と介護を受けた。翌日は、遠く広島から廿日出郁夫さんがお見舞いに来訪された。すでに1回目の術後から、親戚や友人のお見舞いが相次ぎ、多くのご厚情が身にしみた。主任の鈴木民夫教授のリードの下で、主治医の紺野先生、山田先生、中野先生と、看護師のみなさんの懇切丁寧な加療によって、私は病いに克つことができた。また、県庁に勤務している長女里香子と息子の孝浩が、帰途に毎日立ち寄り、身辺の世話をしてくれて、有形無形の支えになった。おかげで、師走も押し迫った12月23日、無事退院することができた。もう雪が積もり、マイナス10℃を割り込む日が続いた。家族揃って越年できたのはうれしかった。年内に、まず入院に際して適切なご助言をいただいた仙道富士郎先生と、最初に病状を指摘下さった金子誠先生に、報告とお礼の手紙を書いた。

2015年（平成27年）

回生への誘《いざな》い

2015年が明けたが、町恒例の新春初顔合わせ会をはじめ、公的行事や地域の諸活動を全て欠礼し、もっぱら静養につとめることにした。ただ1月9日、山大病院でセンチネルリンパ節の生検の結果が判るというので、里香子とキヨ同伴で受診した。主治医の紺野先生から、5か所のリンパ節は全部白で、全く転移は認められないとの説明を受け、胸をなでおろした。またひとつの峠を越したのである。

ただ、その後は毎月の外来での診察と、インターフェロンの注射が処置され、いまも続いている。高度医療によって快癒できた病だが、一方で免疫力を高める自助努力をしなければと肝に銘じている。とりわけ食生活においては、これまで以上に気を配り、またストレスを解消する術《すべ》も大事だと思っている。

数え年傘寿を越え、加えて大病を患って、残された時間がそんなに多くないことを実感するようになった。そこで、懸案だった自分史のレジュメの準備に、正月過ぎから着手した。物心ついてからの記憶と、祖父などからの聞き覚え、そして時系列を追ってメモリーからの抜き書きを始めた。ほぼ2か月かけて、ポイントの項目を書き終えたが、レポート用紙3冊にぎっしり詰まる分量になった。

将来就農を志す孫の航希（次男）が、東京農大に合格した。ただ、彼は大都市の喧騒は苦手で、地方の静かな環境の方がいいとして、山形大学農学部も受験した。3月7日、幸運にも合格の知らせが入った。一世代置いて、孫に有機農業を継いでもらえる望みが生まれたわけである。体調を整え、再起しなければと思う。

私の祖母の実家で、元高畠町農協組合長の時代に、高畠町有機農研を支援育成した遠藤侃氏の長男祐司氏が急逝した。県職員として農業土木の分野でインフラの充実に貢献し、また県職労の専従としても活躍した。退職後は健康管理のウォーキング姿をよく見かけたが、60年代初めの若さで他界されたのはショックだった。中川信行さんとともに、地域づくりに力を発揮してもらいたいと願っていただけに、痛惜に耐えない。

丸山信亮元教育長がご他界

春のお彼岸も過ぎた3月27日、丸山信亮先生の訃報が飛び込んできた。私が町教育委員長の職責を担った時代、教育長として二人三脚で苦楽をともにした戦友である。退任後は、オールドボーイズで小さな旅を楽しみつつ、充実した晩年を過ごされた。また、水彩画の絵筆をとり、めきめきと腕を上げ、数々の秀作、大作を描き続けた。何よりも土を耕し、作物を育てる営みを愛好し、自家菜園は玄人はだしの見事な出来栄えである。時沢小学校初代校長時代に実践した学校農園での米づくりは、「耕す教育」の先駆けとして、やがて高畠の教育のバックボーンを成した。

3月30日の告別式には、永い道程をふり返り、誠実温厚なお人柄を偲び、弔辞を捧げた。私自身未だ体調が整わず、不安が残る場面だったが、万感の思いを込めて哀惜のことばを申し上げた。あれからはや3年が経つ。

4月に入り、春の鼓動が高まるにつれて、私は少しずつ動き始めた。まず体調が整わず順延になっていた上廣倫理財団の講座に赴くことである。「わが師、先人を語る」というテーマに沿って、私は表題を〝わが人生の内なる師、宮沢賢治と浜田広介〟とした。世代も、活躍した舞台もちがうふたりの天才的文学者を、一介の百姓に過ぎぬ自分が、勝手に師と呼ぶのはあまりにおこがましい。けれど若い頃から、その作品と生き方に啓発され、内なる精神の土壌を耕してきた私にとって、人生の師と呼ぶより他を知らない。

わが人生の内なる師〜上廣倫理財団講座

4月11日、千代田区三番町の上廣倫理財団の中ホールを埋めた入館者を前に、丸山登事務局長から、気鋭のごあいさつと過分なご紹介をいただいた。NHKが取材する中、私は体調の懸念を忘れ、90分間一気に語り終えることができた。多くの友人、知人に混じり、早大に学ぶ孫の悠一郎も聞いてくれた。終わって、丸山登氏の講評と、フロアーからの佐藤徹郎氏（ダイヤモンド社）の感想が心にしみた。話の内容については、NHKラジオ「文化講演会」の番組で1時間に集約して全国放送され、予期せぬ反応を呼んだ。さらに年末には、上廣倫理財団の今年の8つの講座の記録集が弘文堂より出版され、全国の公立図書館に贈られた。

10年後の地域社会の担い手を育てる〜トヨタ財団

話は前後するが、上廣講座の前日、トヨタ財団の助成団体認証式が都内でおこなわれ、対象団体の「たかはた共生プロジェクト」の共同代表原剛氏や事務局の吉川成美さん、議員日月さんとともに出席した。国内助成の実践研究のテーマは「10年後の持続可能な地域社会の担い手の育成」に置き、中学生、高校生の学習活動を具体的に支援することである。生徒の研究テーマの設定や、映像などで記録、表現する方法について、映画監督の船橋氏や早稲田環境塾の吉川成美氏（県立広島大）に2年間ご指導をいただいた。その成果は、中高ともに確かなカタチで表れた。とりわけ、三中から高畠中学へと舞台を移して取り組まれた学校農園は、遠藤正真校長と渡部宗雄さんの熱心な指導のおかげで、生徒の主体的な力を育み、進路選択の要素にもなった。ある生徒は、置賜農高に進学し、将来は農業を継ぎたいと明言した。

７月下旬、栃木県農業会議研修会（22日）と農政ジャーナリストの会研究会（29日）の講演に赴いた。行友弥氏が幹事長を務める農政ジャーナリストの会には知人も多く、結びの応答は熱気を帯びた。翌日は、たかはた共生プロジェクトの事業計画の打ち合わせをおこない、帰宅した。

８月９日、４年に１度の町議会議員の選挙がおこなわれた。予期せぬことには、文化に造詣の深い友人武田正徳氏が苦杯を舐め、ショックを受けた。文化の香りが高い町づくりを謳うたかはたにとって、大きな損失であろう。

未だ残暑が厳しい8月下旬、早大細金ゼミと、埼玉大本城昇教授とゼミ生が訪れた。撫心庵の窓から重く垂れ込めた稲穂を眺めながら懇談した。その後、たかはた文庫にご案内した。翌日から、全国農業新聞の連載記事「農人伝」（10回）の取材に、榊田みどりさんが訪れた。農の現場で苦闘してきたヒューマンドキュメントである。2日間の取材を通して、波乱にみちた生きざまを捉え、しかし楽しい読み物にしたい、と明るく語った。

30日、「置賜自給圏推進機構総会」が、長井市タスパークホテルで開催された。雨の中、1時間余の道のりを、自家用車で駆けつけた。記念講演は、元カルビー社長松尾雅彦氏である。昨年暮れの入院中に、松尾氏の著書『スマート・テロワール～農村消滅論からの大転換～』を読んでいただけに、直に話を聞けたのは幸運だった。数々のヒントを頂いた。

そうした折、熊本県宇城市松橋町の松村成刀氏の訃報が入った。松村さんは、早くから有機農業にいそしみながら、〝グリーンハート〟という法人を立ち上げ、安全な農水産物の流通を手がけ、大きな実績を残してきた。私が九州に出向くときには必ずお会いし、交誼を深めてきた。とりわけ、オールドボーイズの九州ツアーの折には、小ノ上さんとともに、自家用車で各地をご案内いただき、忘れがたい処遇に預かった。温かい包容力のある人であった。あの懐かしい人柄を偲び、和子夫人宛に弔文をしたため、お香を供えた。はるかな知友との別れは辛い。

三中学校農園の野菜を直販～青鬼サロン

9月1日、毎日新聞本社メディアカフェでの青鬼サロンに出かけた。高畠出身で、北里大学教授川井陽一氏の講演とトークが組まれ【写真53】、併せて三中学校農園で育てた野菜の即売がおこなわれた。トヨタ財団助成事業のひとつとして、修学旅行と新聞社の参観が企画されていた。生徒の手になる10種類余の夏野菜は、市民の共感を得て、わずか20分で完売した。その後、皇居ロの階段ロビーに並んだ2年生全員が、元気一杯3曲を合唱し、感動をもたらした。

午後、川井陽一氏の講演は、神奈川総合高校の教諭として、ふるさと高畠町への修学旅行を農家民泊を主体にしたカタチで実現し、「耕す教育」の意味を説くものだった。それを受けて、原剛氏と私も加わった鼎談は、フロアーからの発言も呼んで面白かった。

その日は都内に泊まり、翌朝、貸切バスで浜松市春野町に向かった。埼玉県小川町の金子友子さんの肝いりで、入念な準備を経て実現した「ラブファーマーズ・カンファレンス」に参加するためである。「有機農業の明日を語る会」の現地研修という位置づけなので、金子美登さん、鶴巻義夫さんも同行した。ゲストに加藤登紀子さんも登場するプログラムは、大勢の参加者を呼び込んだ。

写真53 毎日新聞社・青鬼サロンにて、川井氏（左）、原氏（右）と筆者

ただ、会場の施設のある春野地区は、天竜川を遡った大変な山奥で、それにどしゃ降りの雨に難渋した。それでも、ユースホステルのような宿舎とメイン会場の体育館は、地域住民の協力も相まって、活気に溢れていた。日程が進むなかで、加藤登紀子さんのトークは、抜群に魅力的だった。房総鴨川で自然王国を営み、日常的に土に親しんでいるだけに、体験に裏打ちされた話は説得力があった。私たちも、それぞれの持ち場で役割を果たしたが、まだ体調が万全でない身には負荷がかかった。ただ、意欲をもって取り組む若い世代のみなさんと直に交流し、抱負を聞くと、元気が湧いた。

2日目のディスカッションを終え、日程半ばで、鶴巻さんと私は浜松駅まで送っていただき、新幹線で帰途についた。今日からの提携センター現地交流会のことも気がかりだったが、ぐったりと眠り通しだったようだ。身の程を知らなければと痛感した。

9月7日、私は80歳の誕生日を迎えた。例年だと残暑厳しい頃なのに、今年は雨の日が続く。台風18号が接近し、風強く、10日には洪水警報が出た。幸いりんごの落果はわずかで済んだ。12日、立大ボランティアセンターのフィールドワークの最終日、恒例の講演と懇談に3時間を過ごした。参加学生は毎年変わるけれど、高畠の自然風土と農的体験を通して、生き方を問い直す姿は変わらない。

9月17日、NHKアーカイブス「それでも大地に生きる」の取材班（10名）が来町した。山下惣一氏がはるばる佐賀から駆けつけ、寺田ディレクター、森田美由紀アナウンサーとともに、田んぼやりんご園で印象を語った。いまから24年前の93年大冷害に遭遇し、コメの緊急輸入が実施された年、半年間の取材を経て放送されたNHKスペシャル「それでも大地に生きる」を掘り起こし、今日の事情を補完して再放送しようという企画である。北海道出身で、農業に造詣の深い森田アナのポイントを捉えた運びで、内容の濃い番組になった。放送後、いくつものコメントが寄せられた。

10月初め、台風21号崩れの低気圧で強風が吹き、収穫まぎわの中生りんごが落果した。防風ネットを張り、支柱を立てたおかげで、幸い致命傷にはならなかった。

複合汚染その後、そして未来〜有吉玉青《たまお》さんを迎えて

10月10日、11日、有吉玉青さんをゲストに迎えて、青鬼サロン（高畠会場）が開かれた【写真54】。

初日は晴天に恵まれ、まず私のりんご園にご案内し、母上の有吉佐和子さんと同じように紅玉を摘みとり、丸かじりしていただいた。その後、考古資料館や石切場などをご案内し、幸新館で吉川成美さんと一緒に夕食をともにした。

2日目は、高畠高校生のCMの発表のあと、ひろすけ会と共催のリレートーク〝複合汚染その後、そして未来〟に、原剛氏、船橋監督、星とともに登壇し、得がたい花を添えていただいた。入館者に深い印象を刻んで、雨の日の青鬼サロンは閉幕した。その後、わが家で休息のお茶で歓談し、夕刻からたねや まつたけ館で、「有吉玉青さんを囲む交流会」に参席された。季節の松茸の香りを味わいながら、若き作家との懇談の宴は盛り上がった。ここ高畠の人びとと、有吉さんが、二代にわたってご縁がつながっていることを真に喜びたい。

写真54 青鬼サロンin たかはた

『無音の叫び声』～木村迪夫《みちお》の精神世界

青鬼サロンの延長の所で、13日は山形市民会館で『無音の叫び声』の先行上映会に出向いた。木村迪夫さんの詩と生きざまを描いた原村政樹監督の渾身の長編ドキュメントは、前評判を呼んで、1000人を超える入館者で溢れ、固唾《かたず》を呑んで映画に没入した。私自身、製作実行委員会委員長として、初めての先行上映会の成否は、今後の上映活動の成り行きを占う試金石であった。すでに試写は観ているけれど、1000人の呼吸と一体化して、木村迪夫の世界に飛び込むと いまさらのようにその凄さに圧倒される。歴史の不条理と非情さに苦吟しながら、たくましく自立し、反戦の叫びを詩に刻み、村づくりの先頭に立つ。その実像が、田中泯の詩朗読と室井滋のナレーションによって鮮やかに浮かび上がる。

終わって、木村さんを中心に、原村監督と田中泯氏の阿吽《あうん》のトークは、傾聴に値するものであった。県内外から、数え切れない人びとの協賛金を元手に、関係者のボランティア活動によって成し遂げた大事業とその文化力が、危機の時代に投げかけるインパクトは大きい。

11月1日、高畠三中が半世紀余の学び舎の幕を閉じ、閉校式典が挙行された。来春から4つの中学校が統合し、高畠中学校が開校する予定である。私の3人の娘たちと、3人の孫たちが学び巣立った三中には、ひときわ愛着があり、PTAや教委としても足しげく通った思い入れと足跡がある。地域のシンボルの灯が消えるのは、いかにも寂しい限りだ。それだけに地域住民が主体となって、手づくりで実現した閉校記念行事には、５００名もの住民と教職員ＯＢが集まり、思い出を温めた。

11月前半までは好天が続き、稲の脱穀、収納、籾摺り作業、そしてりんごの摘み採りなども順調にはかどった。孫の航希も、山大農学部一年次の教養課程は山形市の小白河キャンパスなので、土、日曜には必ず帰宅して、稲作とりんごの栽培は、春から秋まで手伝った。田んぼは、苗代の種播きに始まり、堆肥散布、春耕、田植え、中耕除草、稲刈り、脱穀まで、りんごは受粉、摘果、袋かけ、除袋、収穫、搬入までを経験した。力仕事は戦力になった。ただ、農学部の専攻課程になると、キャンパスは庄内の鶴岡市なので、片道３時間を要し、簡単には帰宅できない。食農環境マネジメント科コースに学び、あと1年半で就農できる予定である。それまで、祖父母の私たちが、健康に留意してつないでいかなければと思っている。就農後も、実務的な技術や生活面の対応、地域との関わりなども、しっかり伝える必要がある。

11月からＮＨＫ山形局の青木ディレクターが取材に入っていた特別番組「戦後70年の山形」が、12月4日夜放送になった。様々な分野の変遷史のなかで、わが家の有機稲作も、その小さな存在感を示した。今日の銘柄米の源流を成す〝亀の尾〟を育種した庄内町の農家阿部亀治翁の子孫や、期待の酒米〝雪女神〟（山形酒１０４）などもクローズアップされた。

師走に入り、友人、知人の訃報が相次いだ。前浜田広介記念館館長安田志朗氏、土の会会員で、マタギの伝統を継ぐ椿勉氏、元山大工学部教授石鍋孝夫氏、親友で元ＮＨＫアナの杉山徹氏夫人万里子さんなどの悲報が身につまされる年末だった。来年は良い年になって欲しいと願い、農業共済新聞の元旦号の一面を飾る詩〝続・永劫の田んぼ〟を書いた。

続・永劫の田んぼ

はるか縄文の記憶をたぐると
ここ北の湖盆《カルデラ》は一面の葦原だった、
ある日、山裾の天水田に
渡来稲の葉がそよぎ、
風立つとき、飴色の穂がゆれる

摘みとつた穀粒のうまさに
小躍りした民草《たみくさ》は
広い葦原の一隅から田を拓き
川辺には邑《ムラ》をつくり
やがてみずほの国に変えていく

「イネとは命の根也」
近世の辞書が刻したいのちの糧
米を育む母胎の豊穣の絵図、
その風景が、今よう百姓《ひゃくせい》の懐に
奇跡のように帰ってきた
厚い緑の絨毯の上に
平家蛍が舞う農舞台に見入り
ぼくは傘寿の美酒に酔う

ふと、われに返ると
縄文の系譜を紡ぐ村にも
しぶきを上げて津波が迫る、
その凶暴な市場の化身は

弓なりの列島を
一気に呑み尽す気配だ、

けれど、百年の危機に身を曝し
諸々と流されはしない、
べっ甲色の米粒を待つ人と共に
ぼくらはどつこい生きている。

見れば、銀原を染める初日は
数え切れない汗の氷滴に映え
明日への道を照らしている。
あの地平は、緑の星の生命《いのち》のるつぼ
ひびき合う谺が聞こえるではないか

めぐりくる春も、また
ゆたかな雪溶け水で
いとしい稲を育てよう、
子や孫たちに引き継ぐ田んぼは
ぼくらの永劫の文化遺産だ。

2016年（平成28年）

夢の「たかはたシードル」誕生

新しい年は、町の新春初顔合わせ会で鏡開きをする役目から始まった。身も心も健康な日常への第一歩である。さっそく、懸案だった広島平和公園と安芸の宮島、そして津和野の旅のチケットを手配した。正月からの大雪で、氷点下の日々が続いたが、もう家に閉じこもってばかりはおれない。2月初め、共生プロジェクトの事業で、りんごワイン（シードル）の醸造に着手した。中川信行さん、高橋稔さんと一緒に、原料のりんごを赤湯の金渓ワインの工場に運んだ。どういう作品が生まれるか楽しみである。

青鬼サロンin立教大学〜栗原氏「まなざしの転換」を説く

2月26日、青鬼サロンin立教大学が開催された。立大で農業経済の講師を担っていた吉川成美氏のお骨折りで、共生プロジェクトと立大が共催する集いが実現した。それ故、吉岡総長のあいさつから青鬼サロンは開幕した。圧巻だったのは栗原彬先生（立大名誉教授）の基調講演である。戦後70年の市民運動の歴史をふまえて、人間らしい社会変革のための〝まなざしの転換〟を説く。静かな語り口の奥に、たぎる情熱を込めた栗原氏の論調は、この集会の主調低音となった。その内容は、『ひとびとの精神史』９巻（岩波書店）のプロローグに詳しい。それを受けての鼎談（原剛氏、西田邦昭氏、星）も、それぞれの切り口から、今後の課題を提起した。

翌27日には、東京農大で開かれた提携センター作付会議に出席した【写真55】。昨年欠席しただけに、永年提携の絆を結ぶ皆さんとの再会はうれしい。テーブルを務さんの啓翁桜が飾った。

写真55　2016年度作付会議

広島、津和野、宮島の情景

弥生３月、春の使者のような陽差しを背に、妻と一緒に広島に向かった。一昨年の暮れ、山大病院に入院中の私を見舞って下さった廿日出郁夫さんのプランに基づいて、夫人とともに全旅程をご案内いただけるという安心の旅である。竹原市に住む廿日出さんは、アヲハタジャムの創業者の子息で、社の部長を担っていた。山形県大石田町に工場を持ち、桃の缶詰やミートソースを製造していた。当時早大の学生だった次男の津海雄君の短期研修で、農体験と援農を積んでいただいたご縁がある。誠実で聡明な津海雄君は、その後東京農大大学院を修了し、ベトナムの女性と結婚し、途上国の開発支援に汗を流している。

３月６日朝、高畠を発ち、新幹線を乗り継いで、午後１時半には広島に着いた。あいにくの雨だったが、廿日出さんご夫妻は自家用車で出迎えて下さった。もう柳の芽が萌え始める中を、まず平和記念公園の原爆資料館（広島平和記念資料館）に入った【写真56】。ボランティアガイドの説明を受けながら、被爆直後の凄まじい焼土の写真や、数々の遺品を目の当たりにして、足が立ち竦んでしまった。一瞬にして、10万人もの尊い生命を奪った原爆の恐ろしさと非人道性を、改めて骨身に刻んだ。その後、雨の中を歩いて慰霊塔に参拝し、原爆ドームを仰いだ。けれど、塞がれた胸を抱えて観る広島の街並みは、戦後70年を経てみごとに新生を遂げ、広島市民球場からは喚声が響いた。私たちは、廿日出さんの愛車に乗せていただき、降りしきる雨をついて中国山地を越えて、島根県津和野に向かった。憧れのゆかしい街並みに着いたのは、ぼんぼり風の街灯が点る夕刻であった。「よしのや」という純和風の旅館が今宵の宿である。廊下には畳が敷いてあり、部屋も寛ぎの空間を醸し出す。

写真56　平和記念資料館前にて

翌7日は、街なかを散策し、鯉川の錦鯉を眺め、稲荷神社の長い石段を登り、境内から望む津和野は絶景であった。下って、安野光雅美術館で懐かしい絵の世界に溶け込み、画集を求めて短い津和野の旅は終わった。そして快晴の中国路を広島へと引き返した。途中、ゆうきの里として知られる弥栄村を通り、そのたたずまいを目に納めた。廿日出さんのみごとなドライブで、もうお昼過ぎには宮島の渡船場に着いた。昼食のお好み焼きの味は絶品だった。午後、一度は訪れたいと思っていた日本三景の安芸の宮島へ、フェリーで上陸した。名所の赤い大鳥居が引き潮で全景を現し、砂浜を歩いて近づくことができた。厳島神社の能舞台に立ち、さらに進んで本殿に参詣すると、１０００年の時空を超えて平家の栄華が伝わってくる。門前町で外国人が目立つのは、世界遺産のもたらす人の波であろうか。土産物の店で賞味した焼きたてのもみじ饅頭は、名物の名に恥じない。

この旅路の大きなめあての宮島に赴くことができ、充足感を伴って旅程は進行し、続いて竹原市のホテル賀茂川荘に投宿した。３日目は、安芸の小京都を自認する美しい竹原市街地を歩き、ＮＨＫ朝のテレビドラマ『マッサン』の蔵元、竹鶴酒造を訪ねた。社長夫妻も在宅で、早い時間だったが快く応対して下さった。街なかの公園には、マッサンとエリーの銅像が建って、観光スポットになっていた。次に、東洋一の製造ラインを持つというアヲハタジャム工場を見学した。忠海地区の瀬戸内に面した広大な敷地に、生産、検査、研究、展示、流通、厚生施設まで、清潔な白亜の棟が立ち並ぶ。とりわけ最新のシステムで、高品質の商品を生み出す合理性と、消費者の味覚と安全性を何より大事にする姿勢に感銘を受けた。

その後、再び廿日出さんの車でしまなみ海道をひた走り、生口島のレモンや、瀬戸町の平山郁夫美術館にご案内いただいた。出生地の美しい環境に立地する壮大なスケールの平山美術館には、シルクロードの大作をはじめ、不朽の名画がぎっしりと展示されており、ぜひ再訪して心ゆくまで鑑賞したいものだと思った。

旅の終わりに、尾道市で坂の上から林芙美子の小説の舞台を望むことは叶わなかった。けれど、廿日出さんとともに駆け足で垣間見た心象風景は、わが内なる土壌に鮮やかに刻まれ、新たな芽をふくにちがいない。

帰宅して間もなく、元気をいただいた私は、かた雪の上からりんごの剪定にとりかかった。孫の航希が山大農学部の食農環境マネジメント学コースに進むことが決まったことも、元気の源となった。彼が就農するまで、無理せず自然体でつないでいかなければならない。

けれどこの冬、わが身辺で大事な方の訃報が相次いだ。鳥取市在住の従妹《いとこ》中山奈里子さん、明治大名誉教授滝沢昭義氏、ひろすけ会前会長岩木信孝氏、地元川北の重鎮高橋藤雄氏、土の会代表で同級生の山内宷一氏、置賜の教育と文化振興をけん引した高森務氏などである。なかでも高森氏は１０７歳、高橋藤雄氏は１００歳を超えるまで、かくしゃくとして家族や地域社会に貢献した。期して鑑としたい人生である。

高畠中学校開校に臨む

4月10日、新装成った高畠中学校の開校式典と、第一回入学式が挙行された。巨費を投じて造営した統合中学校の校舎と、グラウンド他の体育施設は、県内でも目を見張るほど立派だ。加えて数台のスクールバスが配備され、通学の便を図る。初代校長に就任した遠藤正真先生が60数名の教職員の先頭に立ち、地域に根ざした教育の推進に期待が集まる。

4月14日夜、熊本地方に震度7の巨大地震が発生した。熊本市東部から益城町にかけて、想像を超える大災害に見舞われ、しかも激震は治まらず、極限の不安が続く。テレビの映像からでも、名城熊本城の変わり果てた姿や、崩壊した家屋の峡で茫然自失する人びとの実像が迫ってきて、3・11の悲劇を想起させる。しかも激震は3日も続き、16日には南阿蘇村の東海大学の寄宿舎を押し潰し、学生の尊い生命を奪った。これまで何度も訪れた美しいカルデラ盆地と人びとの暮らしが、自然の猛威によって破壊される様は、想像に忍びない。大分も含め、被災された友人、知人の顔が浮かび、眠れない日が続いた。そして、人間存在の小ささをかみしめていた。

りんごの花の下、シードルを試飲

その頃、まほろばの里は桜花満開で、苗代の種播きの準備にかかっていた。また折を見て、りんごシナノゴールドの接木をおこない、明日への夢を紡いでいた。5月連休にちょうどりんごの花が咲き、佐藤充男カメラマンが2日かけて撮影に取り組んだ。毎日新聞の〝新日本の風景〟の一コマを飾るためである。ちょうど風が止み、ふじの受粉が終わった園地で、たかはた共生プロジェクトのりんごの花見がおこなわれ、中川さんの樹の下で、初めてシードルの試飲をした。実にまろやかな風味と芳香で、予期した以上の出来ばえだという評価を得た。夜はかたくりの会で、秘蔵のカルヴァドスも交えて、賑やかな交流会に、時を忘れるほどであった。

田植えの最中だったが、5月21日、ひろすけ会総会に出席し、体調の都合で会長を退任し、近清剛氏に引き継いでいただくことになった。ひとつ重い肩の荷を降ろして、少しくゆとりのある時間を手にしたいという願いが叶えられたわけである。ただ、米沢市の老人施設に入所している妹の恵子と、山形市の病院に入院している弟寛昭のことが気がかりで、いつも心の底に憂いが絶えない日々である。毎朝仏前に香を供えながら、両親の遺影に長子としての至らなさを詫びている。

5月27日、オバマ大統領が、現職の米大統領として初めて広島を訪問し、慰霊塔に花輪を捧げた。短い原爆資料館の参観の中で、何を汲みとったであろうか。核廃絶の理想の灯を掲げたオバマ氏が、現実の世界戦略の中でどこまで前進できたのかは、やがて歴史が証してくれるだろう。

5月末日、同級生の杉山徹氏と遠藤賢太郎氏が来訪し、鴨放飼の田んぼやりんご園を参観した【写真57】。遠藤賢（雅号）画伯は、秋にりんご樹の絵を描いてくれると約束してくれた。楽しみである。

そのりんごの摘果や袋かけが順調に進んだ6月下旬、広島の廿日出さんから、思いもかけぬ知らせが入った。ご自身が食道腫瘍で入院し、間もなく手術の予定だというのである。春3月、あんなにタフなドライブで、広島、津和野、宮島とご案内いただき、ともに楽しんだその人が、いま病床に臥《が》しておられるとは、信じがたいことである。でも、持ち前の生命力と、先端医療の力で危機をのり超え、元気に再会できると信じている。

写真 57 自宅を訪れてくれた杉山徹氏と

オルターの新たな挑戦

7月初め、オルター大阪が主催する1ベクレル連合大会に参加するため、中川信行さんと一緒に出かけた。奈良、和歌山との県境に近い千早赤阪村に新たな拠点を構え広範な事業活動を展開する、西川栄郎代表と若いスタッフの行動力に、まず目を見張った。大規模な流通センターと60台の配送車がフル回転し、徹底した検査機能を以って、新鮮で安全な食物を消費者市民に提供する。株式会社の事業体と、NPOで健康福祉活動を推進する部門が連結して、200名の社員、職員が力を合わせる様は壮観である。ダイナミックな新しいスタイルの消費者運動を目の当たりにして、私は度肝を抜かれる思いがした。

3日午前中、大阪城公園そばの公営施設で、オルター大阪40周年記念大会が開催され、そこで講演を担った。私は、徳島暮らしを良くする会からの足跡をたどり、西川夫妻との信頼関係の中で活路を拓いてきた筋道について語った。そして今日、大きな社会力を発揮し、閉塞した時代状況を打開するオルターの推進力に期待を託した。

午後は、チェルノブイリから30年、福島から5年目の節目に、放射能汚染とどう向き合うかを問うシンポジウムが、大ホールで始まった。ウクライナからも4名の関係者が参加し、いまも後遺症を引きずる子どもたちの救済について語った。日本子孫基金の小若順一氏の支援活動が有効な力となり、光明をもたらしている姿も印象的だった。続いて、東日本各地の取り組みが報告され、茨城の魚住道郎氏の実践が注目を集めた。高畠の中川さんからセシウム線量1ベクレル未満に抑え込んだ具体例が報告され、信頼感を高めた。いずれにせよ、人類社会が原発とどう向き合うかという大きな課題を投げかけて、集会は閉幕した。

終わって中川さんと別れ、宿舎に向かうワゴン車に乗車する際、私の不注意で頭部に怪我をするハプニングで心配をかけた。夜は、西川さんから健康指導を受けて休んだ。

翌日は、朝から真夏日を思わせる中、改めて、稼働する流通センターを参観し、西川厚子さんとお嬢さんに大阪駅まで送っていただいた。別れて新大阪駅の待合室で休んでいるとき、ふと気分が悪くなり、意識がもうろうとしてきた。周りの人が気づいて駅員に連絡をとっていただき、しばらく休息させてもらった。明らかに熱中症の症状だと自覚したが、医療手当ても受けずに徐々に回復した。ただ、東京駅での乗り換えが心配なので、孫の悠一郎に連絡をし、ホームで荷物を持ってもらった。何かとつまずきの多い大阪ゆきだったが、高齢の身の限界を知らされた場面となった。

ヘイケボタルの翔ぶ有機42年目の金沢の田んぼは、除草に鴨も入れず、幼虫の生息環境を守るべく、手で雑草を取ってきた。ところが、周りの田んぼが牧草やそば畑に変わり、はたして蛍が飛んでくれるか心配だった。発生時期の7月10日過ぎ、毎夕足を運ぶうち、ヘイケボタルの青い光が増え始め、舞い飛ぶようになった。小躍りしながら帰宅し、缶ビールのさわやかな味を楽しんだ。夏の夜のロマンである。

13日、高畠高校の「いのち耕す体験」の生徒を3名受け入れた。同行の五十嵐先生とともに、真鴨除草、りんご園に案内し、豆畑の草取りに汗を流していただいた。昼前に1時間ほどレクチャーし、理解の手助けをした。

早大法学部4年の悠一郎はもう就活の年で、国家公務員試験を一次二次とクリアし、省庁面接に臨んだ。農水省の二次面接まで進んだが、初年度は叶わなかった。8月、お盆過ぎに台風7号、9号、10号がたて続けに発生し、上陸の予報が出た。りんご園に防風ネットを張り、枝に支柱を立てた。とりわけ10号は直撃コースの予報円で、大量落果が懸念されたが、幸い直前に進行方向がそれて、難を免がれた。けれども、岩手県岩泉町や北海道十勝地方などに集中豪雨と洪水の大災害をもたらし、気象異変の恐ろしさを目の当たりにした。農産物のダメージは計り知れない。

9月7日、私は81歳の誕生日を迎えた。山あり谷ありの道程を身辺で支えてくれた家族が、うれしい宴を催してくれた。

10日、立大ボランティアセンターのフィールドワークの最終日に、締めくくりの講演をした。内容は、星寛治の自分史である。高畠の地域史や、私の文化活動なども織り込んだ。立大交流30年の歴史の中で、自分の生きざまを語る機会が与えられたのはうれしい。

りんごの袋はがしを終え、稲刈りたけなわの9月下旬、湘南高校の川井陽一校長先生とOBの方々15名が来町された。まほろばの里の風物を、じっくりと見聞したいという主旨である。事前にゆうきの里さんさんのスタッフと相談し、お母さん方に旬の郷土料理を作っていただくなど、ありきたりでない対応をしたいと考えていた。到着した28日はあいにくの雨だったが、1時からミニ講演をし、晴れ間をぬってわが家のりんご園にご案内した。紅玉など中生種が色づいていたので、摘んで丸かじりしていただいた。夕刻からさんさんでの交流会は大いに盛り上がり、翌朝は上和田の原風景を目に納めた。

ふじの古木の油絵が完成

10月上旬、台風18号が日本海から山形県に上陸した。温帯低気圧に変わったものの、強風で中生りんごが落果した。拾い集めて選別し、津南高原農産に届けて、ジュースに加工していただいた。中旬からは、紅玉、出羽ふじ、涼香の季節、紅将軍、シナノスイートなどを収穫、収納、出荷した。ふじが色づき染める頃、遠藤賢画伯が約束通りりんご樹の素描にとりかかり、1か月の間に数回も山形市から通って、ついに完成した。樹齢55年の古木が鈴なりの実を着けた力作である。わが家の宝物である。10月下旬、我孫子市在住の同級生渡部啓二さんが先導する年金友の会のメンバーが、連れだって訪れた。まだ中生種を残しておいたので、摘み取って食べていただいた。参加者の経歴は様々だが、女性の退職校長など食に造詣深い方の反応は確かだった。一行は、3日目の朝、会津経由で帰られたが、啓二さんは二本松市岳《だけ》温泉光雲閣で開催する中学校時代の同級会に一緒に赴いた。傘寿を過ぎて、最後の同級会と位置づけ、また恩師の平皓先生の叙勲祝賀の主旨も込めたので、35名の懐かしい顔ぶれが揃い、感動の舞台となった。

11月5日、第15回一樂思想を語る会がさんさんで開催された。中川信行実行委員長になって、初めて実行委員会を構成しての語る会なので、日有研のリーダーや地元JAの幹部や県議など、参加者も多かった。懇談では、自分に引き寄せた主体的な発言が多く、回を追って密度の濃い内容になってきたと思える【写真58】。翌朝、コテージに泊まった日有研の平さん、白神さん、大井さんが来訪し、りんご園をご覧になり、ふじりんごの個人発送の注文をいただいた。午後は、吉川成美さん、礒貝さんと共生プロジェクトの打ち合わせをおこなった。

りんご名月、むつなどの摘み取りが済むと、いよいよ晩生のふじの収穫である。尾瀬長蔵小屋ゆかりの皆さんが援農に訪れ、積年の誼《よしみ》を温めた。初冬の短日をほぼ一週間かけて、ふじの収穫を終えた頃、青鬼サロンを新そば祭りと併せておこなうことで、東京から7名の会員が訪れた。その日のために、一番良い実を着けた木を残しておいた。蜜入りの完熟した果実を摘み採り、袋に詰めてお持ち帰りいただき、畑のセレモニーを終えた。新そば祭りは、鈴木征治名人に腕をふるっていただき、22名が舌鼓を打った。

写真58 第15回 一樂思想を語る会

自分史編纂に向けて

翌日、吉川成美さんと自分史構成の打ち合わせをおこない、清水弘文堂書房から上梓していただく予定の編集をお願いした。年が明けたら本腰を入れて執筆に取りかからなければならない。

その前に、今年の有機米はカメムシの被害粒が多く、色彩選別をしなければ消費者に届けることができない。提携センター米担当の渡部務さんのご配慮で、興農舎で色選をかけ、運搬から包装、発送まで全て実施していただいた。非力な老農の米が、務さんのご助力のおかげで、提携する市民の台所に届けられるのである。

師走半ば、第10回国際有機農業映画祭が、武蔵大学を会場に開催された。実行委員長の農業ジャーナリスト・大野和興氏から、記念シンポジウムをやるのでぜひパネラーを担って欲しい、という要請を受けていた。武蔵大学は初めてだが、閑静な環境に広いキャンパスを有し、自由な学風を持つ学園だと知った。短い打ち合わせの後、すぐにトークと討論に入った。テーマは「有機農業運動がめざしたもの、めざすもの」である。パネラーは、栃木県で民間稲作研究所を主宰する稲葉光圀氏と、佐野市の若手農家関塚学氏と、私である。稲葉さんの放射能に克つ方法論と、ブータンでの技術支援などは関心のあるところだ。また、関塚さんの衣食住、エネルギーまで自前でつくるたくましさと豊かさに舌を巻いた。私は、真壁仁氏の薫陶を受け、社会的認識を拓き、青年団運動から有機農業へ、そして地域づくりと都市市民との共生をめざす実践について述べた。そして3・11後の苦難と価値の大転換から、若い担い手が次々と誕生し、生命共同体の推進軸になろうとしている。幸福度という新たな物差しを以って、自己実現と社会的実現をめざす彼方に、有機農業の未来が見えると結んだ。

翌19日、恵比寿のブルターニュ料理のレストランで、〝たかはたシードル〟の披露パーティを開いた。有吉玉青さんをはじめ、たかはたゆかりの皆さんが50余名も参席して下さった。ふしぎなご縁で、オーナーでシェフの安部直樹さんは高畠の出身で、腕を振るってフレンチの絶品を提供してくれた。肝心のたかはたシードルの風味は、格別に美味しいという高い評価を受けた。本場ブルターニュのシードルは青りんごを醸した発泡酒で、質的なちがいを感じた。

暮れも迫った25日、川西町の篤農家、元教育委員長の大木善吉氏の告別式が営まれた。米づくりの神様として一世を風靡した大人《たいじん》を偲び、永いご交誼に感謝を捧げた。

2017年（平成29年）

新春の大雪にたじろぐ

2017年、新春の行事が済み、稼ぎ初《ぞ》めの日から降り出した雪は、間断なく10日間も降り続いた。しかも水分を含んだ重たい雪で、みるみる腰までの深さになった。樹冠を被い尽くしたりんご樹の除雪に行った妻と息子の孝浩が、やっとたどり着いた園地に入って愕然とした。湿った雪の重みに耐え切れず、太枝がバリバリ裂けて無残な姿を晒していた。自分史の執筆にかかっていた私も、急遽カンジキを穿《は》いてりんご園に向かったが、もう完全に手遅れで、ふじの古木は壊滅の状態だった。必死に上枝の雪を払い、埋まった下枝を掘り上げても、成り枝は3分の1も残らず、幹から丸ごと伐採する他ない樹も現れた。この雪害は、平野部の屋代地区なども同様で、かつてないダメージにたじろいだ。とりわけわが家のふじは、樹齢55年の古木で、人間でいえば100歳ほどに相当する。しかもこれまで幾度も台風や豪雪に見舞われ、裂傷の跡をとどめている。そこに追い打ちをかけられた感じだ。ただ、あとから移植した中生種の若木は、柔軟性があり、被害の程度は軽かった。いずれにせよ、虚をつかれたような雪害に、今年の出端をくじかれてしまった。

また、納屋の屋根に設置した太陽光発電のパネルに積もった雪が凍りつき、高山工務店のプロの手で排雪してもらった。

ようやく晴れ間が出たので、2年目のシードル用のりんごを、中川さん、稔さんと一緒に金渓ワインの佐藤工場に運んだ。昨年の倍量の生産をめざしたプロジェクトの展開である。

2月半ば、共生塾連続講座に行友弥氏を迎えた。行友さんは、毎日新聞記者から転身し、全中総合研究所の研究員として活躍している。農政ジャーナリストの会事務局長を担い、幅広い知見と洞察力で、的確な提言を続ける。

25日、孫の潤哉（三男）が、東京学芸大の入試に挑んだ。すでに文教大と中央大の合格通知は届いていたが、高校の数学の教師をめざしている彼は、学芸大が本命である。3月下旬、晴れて合格証が届いた。中・高とバスケの部活に熱中し、教職に着いても指導者として続けたいという。

親たちにも県職の異動があり、孝浩は企画振興部市町村課地域振興主幹、里香子は環境エネルギー部被災者支援相談室長の内示があった。両親は年度末に上京し、大学に近い小金井市にアパートを借り、必要な家財道具を調えた。

3月の共生塾連続講座は、明大副学長柳沢教授をお迎えし、社会的連帯経済の現代的意味と具体的実践について、示唆に富んだ講演を頂いた。協同組合が世界遺産に認定される時代に、JAを岩盤と決めつけ、解体を目論むわが国の施策は、世界史の潮流に逆行しているのではないか。柳沢氏の論調を伺いつつ唇をかんだ。

この冬、変動の激しい気象のせいか、高齢の方々が相次いで他界された。その中で菊地良一氏の母上、菊地チヨさんは、104歳の天寿を全うされて、稀にみる幸せな生涯を閉じられた。菊地家のからだに良い食卓と、温かい家族の介護、そして来客やかたくりの会でのコミュニケーションなど、頭脳の若さを保つ環境に恵まれ、孤独とは無縁であった。

人生の師・坂本慶一先生逝く

4月、春の息吹が脈打つ季節、わが人生の師・坂本慶一先生の訃報に接した。90歳を超えて、なお〝農の世界像〟を描こうと思索を深めておられた先生が、インフルエンザで入院中、肺炎を併発し、薬石効なく帰らぬ人となられたと、嘉寿子夫人からのお手紙で知った。教会で葬儀を上げ、洗礼名も授かって、天空の彼方から遺族や学弟を見護っておられるであろう。私は胸をおさえ、4年間農学原論のゼミ生だった里香子と連名で弔文をしたためた。若い頃、「転換軸としての農の視座」と題する気鋭の論文によって覚醒し、永いご交誼の中で「新しい田園文化社会」を描く哲理を全身で吸収し、近年では「農の世界の意味」(高等国際研究所)の中で、宮沢賢治につなげて評価いただいた軌跡が甦ってきた。

雪が消えた園地の惨状は放置できず、須藤八寿雄さんにお願いして、チェーンソーで細断し、片付けることができた。そして、広く空いてしまった所に新しく苗木を植えるべく、南陽市の菊地園芸を訪ねた。そして、優良着色系のふじを20本購入し、すぐに新植した。16世紀の宗教改革者マルティン・ルターの「もし明日世界が滅びるとしても、今日わたしはリンゴの木を植える」という言葉を思い浮かべ、身近には2年後に就農する孫の航希のために、妻とふたりで苗木を植えた。

4月半ば、川西町フレンドリープラザで開催された遅筆堂文庫・生活者大学校に参席し、山下惣一氏の講演を聴いた。昨秋、直腸癌の手術を受けて半年ほどなのに、元気そのもので、ユーモア溢れる話の中で今日の不条理を突き、私たちを魅了した。井上ひさし氏の吉里吉里忌とつなげての催しとあって、700席の館内は満席で、私は通路に腰かけて聞き入った。休憩時に外に出て、旧交を温めた。

もう苗代の播種にかかっていたが、上和田有機米生産組合では、立教大学を定年退官された西田邦昭副総長、松井明子事務長、それに教務の京角紀子課長の感謝の会が開かれた。立大と高畠町の交流の原点から30年に及ぶ軌跡をたどり、とりわけ深い思い入れを以って、フィールドワークの充実と学生の人間形成に寄与された先生方への感謝と惜別の念はつよく、上和田のみなさんからは熱いメッセージが寄せられた。そして、これからも絆をつないで欲しいとの願いがつよく出された。

急性中耳炎の激症で入院

5月、いよいよ春耕の作業が始まった。家族に加え、弟の憲三君や茨城の大庭君も大きな戦力として、堆肥散布や有機肥料、ミネラル資材の施肥に精を出してくれた。私も施肥の済んだ田んぼから、トラクターで耕耘にとりかかった。天気に恵まれ、連休中に春耕を終えた日の夜、突如左の耳に激痛が走り、一睡もできずに耐えていた。早朝、ようやく痛みが和らいだので、起床して鏡を見たら、左耳から出血し、胸元まで染めていた。これは只ごとではないと判断し、日曜日だったが里香子に置賜総合病院救急外来に連れていってもらった。幸い、当直に耳鼻科の桜井先生が居られ、すぐに診察していただいた結果、急性中耳炎の激発で、即入院ということになった。全く予期せぬ病いで、それから連日検査と加療の闘病生活が続いた。炎症を治める抗生剤を投与し、物理療法なども併せ、症状は改善されたが、CTやMRIの検査では中耳に腫瘍ができている懸念も払拭できず、10月に山大医学部附属病院に転院の運びとなった。主治医の桜井先生の説明を聞きながら、私は衝撃を受けた。16日朝、里香子と妻が転院の準備をして迎えにきたとき、「東洋のアルカディアの風景も、これで見納めか」とつぶやいて、山形に向かった。ほぼ1時間で山大病院に着き、昼前に入院の手続きを終えた。耳鼻咽喉科は5F西病棟で、幸い個室に入室することができた。主治医の千田先生の診察を受け、さっそく各種の検査が始まった。終日点滴を受け、集中的な検査と治療が続いた。採血、心電図、内科受診、造影剤注入のCT、MRI、心臓エコー、聴力検査などがたて続けに実施され、5月30日に生検のための手術が決まった。心臓に不安があるため、心筋シンチ検査もおこない、全身麻酔に耐えられるかどうか確かめた。

手術当日、家族が来院、事前の準備を整え、手術室に入った。ストレスのせいか血圧が170もあった。12時40分、全身麻酔で手術が開始された。意識が覚醒し、執刀医の伊藤先生の「大丈夫ですよ」との一言が認識できて、安堵感がせり上げてきた。部屋に戻ると、体に管やモニターが装着されていたが、会話は自由にできた。家族への説明では、鼓膜を半分開いたら、中の膿がドッと出てきて、中は空っぽだった。異物は見当たらず、生検の組織を取り出す必要もなく、そのまま鼓膜を元に戻したということだった。検査手術とはいえ、最善の結果を得たわけである。その後の経過は順調で、病棟のスタッフの看護と、毎日職場の帰りに立ち寄る娘の気配りのおかげで、療養を全うすることができた。その間、加療の合間を惜しんで、私は自分史の原稿用紙に向かった。内科の受診や聴力検査の結果も異常なく、6月3日、無事に退院することができた。

ただ、1か月もあまり動かない生活が続いたので、足腰の筋肉が退化し、ふらつくような状態からなかなか回復できなかった。ほぼ1か月自宅で養生し、車の運転や軽い農作業もできるようになった。その間、渡部務さんが、冷蔵庫に保管していた玄米を全量運んで興農舎で色選にかけ、自宅の作業場で荷造りして提携先に発送して下さった。その温かいご支援のおかげで、病み上がりの私の有機米は、消費者の台所に届けられたのである。

贈答用のさくらんぼの手配を済ませた6月下旬、無理のないペースでりんごの袋かけに取り組んだ。生育の早い紅玉、出羽ふじ、涼香の季節、紅将軍、シナノスイートの順で進めていく。月末に、山大病院の外来で受診し、主治医の伊藤先生からクリアの言葉をいただき、置総病院に通院でよいということになった。

九州北部大洪水

真夏日が続く7月上旬、九州北部地方を未曾有の集中豪雨が襲った。友人の小ノ上喜三さんの朝倉市杷木松末《まつえ》地区は、一日で750ミリという記録的豪雨に見舞われ、大洪水が発生した。土砂と流木の堆積により集落全体が壊滅的な災害を被った状況を、ニュースが連日報じた。かねて幾度も訪問した5ヘクタールの富有柿の果樹園や、家屋敷、冷蔵庫などの施設はどうなったんだろうか。そして何より家族の安否が気がかりである。3日目にようやく小ノ上さんと電話が通じた。隣の浮羽市の妹さん宅に避難されており、やがてアパートを探すつもりだという。そして、元の松末の集落での復興は絶望的なので、もう一か所の5ヘクタールの柿園に通って、再起をめざすとのことであった。40余年の歳月を費やしてつくり上げたみごとな果樹園と、整えられた屋敷、そしてムラの人間関係も失って、ゼロから出直すという心情の切なさは、いかばかりだろうか。けれど三女のお嬢さんが農業を継ぎ、経営の未来を託すビジョンを描いてきただけに、どうしても再起せねばという強い意志が、小ノ上さんを駆り立てているのであろう。遠くから、その前進を祈るばかりだ。何もできないので、とりあえずお米を送った。そして、3年も九州の旅で格別なお世話になったオールドボーイズでも、ささやかな気持ちをお届けした。

近年は、地球温暖化のもたらす桁はずれの自然災害が、いたる所でひん発するようになった。加えて人類社会は、エゴむき出しの抗争に明け暮れている。根源的な価値の転換と、パラダイムの改革こそ急務であろう。

7月18日、共生プロジェクトの総会を開き、私は共同代表を退任した。後任に中川信行氏が就任し、副代表の渡部五郎氏、事務局長の佐藤治一氏を軸に、新しい組織体制ができ上がった。併せて、恵比寿のブルターニュ料理レストランのオーナー安部さんを招き、旬の食材で本格的なフレンチの実演と試食会を催した。多くは初めて見る料理のみごとさと美味しさに舌を巻き、大満足であった。そして田舎の片隅で、本場のフレンチをいただける幸せを味わったことであった。

7月下旬、真鴨を水揚げする時期になった。今年の鴨は殊のほかすばしこく、捕えるのが容易でない。興農舎のプロのスタッフに助勢を頼んだが、半日悪戦苦闘しても半数を揚げるのがやっとだった。残りは、ネットの外に逃げた鴨を2羽、3羽と捕える他はない。

たまたま務さんを訪ねた折、創意工夫の捕獲ボックスを見せてもらった。来年は務さんに学んで水揚げの苦労を打開したい。

8月1日、悠一郎が県職採用試験の面接に臨んだ。すでに一次、二次はクリアしているが、肝心の面接の成否がカギになるようだ。お盆明けの18日、うれしい合格の知らせが届いた。故郷に帰って、新時代のふるさと創生のために貢献して欲しいと願っている。

お盆には、新潟市の今井誠、多恵子夫妻がしばらくぶりで訪れた。先祖の供養と、米沢の三友堂病院に軽い脳梗塞で入院している妹遠藤恵子と、山形の病院にアルツハイマーで入院している弟寛昭を見舞うためである。苦労つづきで高齢者になった兄弟を、妹の多恵子はいつも慮り、温かい支援を惜しまない。

8月26日、ひろすけ講座で「浜田広介の文学と生涯について」講演を担った。改めてその作品世界に分け入って、その美学と精神性に魂を奪われた。病み上がりの身で90分を集中できたのは幸せだった。けれど、高齢の身のほどを知り、多数の人前で恥をさらすことは終わりにしたいと思ったことであった。

9月7日、私は82歳の誕生日を迎えた。子どもや孫たちが、心からの祝杯を揚げてくれた。その折に、有吉玉青さんから誕生日を祝う電話が入った。よく記憶にとどめ、お祝いのメッセージを下さったことに感激をした。

9日、立大ボランティアセンターのフィールドワークの最終日、恒例で私が締めくくりの講演をした。今回のテーマは、「星寛治の詩の世界」なので、少なからず不安があった。学生がいま学んでいる学部は様々だし、しかも1、2年生がほとんどである。ほんとうに私の詩が入っていけるかどうかわからない。たとえば私の3人の孫たちに詩の話をしたことは一度もないし、彼らが関心を寄せせたためしはない。けれどいまさらとり下げるわけにはいかないので、3冊の詩集から10篇ほど選んでプリントしてもらった。そして、その作品が生まれた情景にふれながら、朗読をした。それも、20代に書いた恥ずかしい詩から始まり、時代背景と生きざまを凝縮した作品を、時系列を追って読んだ。5日間の馴れない援農と夜の交流などで、疲れが出て、居眠りする学生も出るのかなと思いきや、みな真摯にくい入るように聞いてくれた。終わって、全員が感想を述べてくれたが、事前に詩集を読んだときにはよくわからなかった所が、いま理解できた気がするという声が多かった。それは、生身の朗読の力というより、農業体験を通して自分の内部に取り込んだ感性が、ごく自然に表出してくれた反応であろう。私の詩そのものが、観念の遊戯ではなく、身体《からだ》で書いたものだからである。その中に仮想が混じる抒情詩でも、通底するのは土といのちの脈打ちであり、生身のリアリズムだと自負している。私にとって、有機農業と詩は同義語である。土にいのちを吹き込み、作物を育てる営みは、そのまま内なる土壌に創造の芽を育む行為だと考えてきた。

立大の学生が帰京すると、提携センターの現地交流会に消費者の皆さんが来訪された。快晴に恵まれ、まず私たち生産者全員の圃場巡回から日程は始まった。田んぼや果樹園の出来秋を、生消一緒に確かめる検見《けんみ》を、もう何十年も続けてきた。ただ今年は、近年にない日照不足の影響で、稲のみのりが一週間位遅れており、稲刈りも9月下旬からになりそうだが、構成要素の粒数は十分で、平年作を上廻りそうな感触である。巡回の途中、わが家の庭先のブナの樹の下で、冷やしておいた西瓜を食べていただいた。例年の癒しの一コマである。和田、高畠、糠野目地区と巡って、さわやかな汗は太陽館の温泉で流し、夕刻からは恒例の大交流会である。奥さん方の手になる旬の料理を囲み、シードルで乾杯を掲げ、地酒を交わし歓談がはずむ。そして、生消全員のあいさつとメッセージが通い合う。永年にわたる提携の絆と信頼は全幅である。ただ高齢化の波は双方に及び、事情で参加できない方の消息に胸が痛んだりする。私の体調も慮って下さったみなさんと、元気な姿でお会いできたことは幸せであった。

翌日は、神戸から遠路駆けつけて下さった元鈴蘭台食品公害セミナーの代表津村富代さんを我が家にお迎えし、じっくりとその後の消息を確かめ合い、これからのあり方について語り合った。昨年セミナーは解散したのだが、会員の自主判断で個別のつながりは続いている。

同級生の慶事を祝う

9月15日、高校時代の同級生遠藤賢太郎氏（山大名誉教授）の藍綬褒章受章祝賀会と、高野譲氏の『独吟歌仙』出版記念会が、併せて開催された。興福会（吉沢章仁郎会長）が母体となって実行委員会をつくり、同級生に呼びかけて実現した。遠くは大阪から馳せ参じてくれた遠藤昌雄氏とは、60年ぶりの再会であった。私は、杉山徹氏（元ＮＨＫアナ）から参加の知らせを受けていたので、じっくり懇談できるのを楽しみにしていた。傘寿の峠を越すと、みなそれぞれに健康不安を抱えたり、家族の事情があったりだが、その中で青春前期の誼《よしみ》を大事にし、相集う姿はまぶしく温かい。

翌日、杉山さんをお迎えに米沢第一ホテルに参上すると、彼は部屋の中で足が動かせず、水を飲むことさえできずにいた。ただ、意識は明晰で、救急車を呼んで欲しいという。すぐにホテルと相談し、米沢市立病院の救急外来に搬送された。受診と検査の結果は脱水症状という診断で、点滴注入によって治癒できる見通しがついた。親友の非常時に気をもんだ私だが、少しホッとして、２時間付き添った。その間、杉山さんと万里子夫人（昨年他界）のプライベートな物語をじっくり聴いた。さらには、ＮＨＫの『あすの村づくり』などの番組に若い私を引き出してくれた桝本隆ディレクター他の懐かしい消息を伺った。少しく失礼な言い草だが、私にとって得がたい時間となった。点滴を終え、杉山さんは立って歩ける状態になってホテルに戻った。しばらく休んだ後に、自力で米沢駅から新幹線で帰宅された。夜、川崎の自宅から元気な電話がかかってきた。旅馴れた人の気力を感じた場面だった。

その頃、超大型の台風18号が西南地方（沖縄、奄美）に接近し、猛威を振るっていた。九州に上陸し、日本列島を縦断する予報円で、まさに直撃コースに当たる不安が高まった。何よりもりんごの落果が心配で、防風ネットを張り、枝に支柱を立てる作業を急いだ。激しい風雨を伴った18号は、大分県や高知県に大洪水の災害をもたらし、中国、近畿を横断し日本海に抜け、一気に北上してきた。18日早朝、酒田沖を通過し、大雨・暴風警報が発せられた。明け方、軽トラが吹き飛ばされそうな嵐の中、果樹園にたどり着き、状況を確かめた。予期したほどの落果はなく、胸を撫で下ろした。地球温暖化がもたらす気象異変の頻度と規模は、年ごとにその激しさを増し、記録的とか史上空前とかの形容詞が付くようになった。天候を相手に生命生産を営む農林漁業においては、従来の物差しでは測れぬ困難を伴うようになったわけである。

秋分の日、孝浩の生母小山田キヨノさんの訃報が入り、３人の孫たちも急遽帰宅し、河北町に弔問に伺った。27日の告別式には私も参列し、ご冥福を祈念した。孫やひ孫の成長に望みを託して、よく面倒をみてくれた米寿の生涯は、安寧で幸せだったにちがいない。

フランス人間国宝展

秋晴れの月末、石井幸子さんの招待で「フランス人間国宝展」に赴いた【写真59】。10年ほど前に、石井さんの念入りな企画、準備、案内で、パリ、バルビゾン、プロヴァンスの旅に同行した有本さん、遠藤さんご夫妻も一緒である。会場の東京国立博物館には、石井さんとたかはた共生プロジェクトの吉川さん夫妻もお待ちで、合流して参観の運びとなった。同館では「奈良興福寺・運慶展」も開催されていて、たくさんの人出である。各分野でフランス最高の称号を持つ15名の匠たちが来日し、珠玉の作品の解説やイベントの役目を果たして、先日帰国されたばかりだという。その招致と運営に重責

写真 59　フランス人間国宝展にて

を担った石井さんの案内で、館内10室に展示構成された名品をじっくり鑑賞した。陶器、ガラス、べっ甲細工、金銀細工、傘、扇、折り布、銅板彫刻などが、所狭しと並ぶ。ただ眺めて通り過ぎるだけでは解らない由緒や真価を、ポイントを把えた石井さんの解説で、理解を深めることができた。フランスの風土に根ざしたオリジナリティの中に、意外に日本の美術工芸の投影を見たのはうれしかった。

夢のような参観を終えて、屋外のラウンジで、お茶と地ビールなどを嗜みながら歓談をした。遠藤さん夫妻と有本さんは、迎えにきた息子や娘の家庭に向かい、私は常磐線の快速に乗り、龍ケ崎市に赴いた。しばらくぶりで三女の大庭家に泊めてもらった。夕べには、次女の家族も合流し、賑やかな宴となった。

翌朝、孫娘のあんり（中1）の案内で、閑静な住宅地松葉地区を散策した。緑豊かな森に囲まれた環境の中で、孫たちものびのびと育って欲しい。

10月1日、快晴の常総団地を佐貫駅まで送ってもらい、早々に帰途に着いた。遅れている稲刈りを急がなければならない。併せてりんごの除袋も待ったなしである。

4割超の減反下で、わが家の有機稲作は90アールほどだが、全てバインダー刈りで、稲束を杭かけ天日乾燥する。途中、妻の通院や、永く親交を結んだ岩木信孝大僧正の本葬に臨席するなどで、10日間かかって稲刈りを終えた。天候不順で登熟は大幅に遅れたが、手応えは十分だと受け止めた。ただ、りんごの作柄は、正月の豪雪害に致命傷を受けたふじの古木が早期落葉を起こし、除袋しながら思い切り摘果をした。少しでも樹の負担を少なくして上枝の果実を護るためである。雨の日に、初めてりんごだよりを書いた。出発から受難続きの軌跡は、苦渋の思いが滲むトーンになった。10月半ばからは、紅玉を皮切りに、比較的被害の少なかった若木の中生種、紅将軍、涼香の季節、出羽ふじなどの摘み採りを進めた。22日、抜き打ち的な衆議院選挙がおこなわれ、在学中のふたりの孫たちも初めて期日前投票をおこなった。その結果は周知の通りで、いまは何を語る気力もない。ただ、農協新聞からのたっての要請で、「農の現場から、選挙結果を読む」と題し、ホームページに所感を述べた。これまで長く教育行政に携わってきた立場から、対外的な政治に関する論調は控えてきたので、初めて辛口の文章を書いた。戦後72年、営々と積み上げてきた民主主義が、音を立てて崩れていく様に、老いの一徹が耐え切れなかったからである。

10月に入ってからも、超大型の台風が相次いで日本列島を襲い、各地に激甚な災禍をもたらした。杭かけの稲は、例年2週間ほど穂を乾かし、その後かけ替えをして1週間位わらを乾かし、脱穀する。ところがこの秋は、雨ふりと日照不足で乾く暇《いとま》がなく、11月上旬になってやっと稲こきを終えた。こんなことは、就農して63年の間で初めてである。しかも無理して脱穀した籾は水分が高く、全量須藤さんの所で低温乾燥にかけ、籾摺りをしていただいた。そしてようやく18日に孝浩、悠一郎の親子で半日かけて専用の冷蔵庫に搬入収納を終えた。積み上げた30kgの米袋が、今年のみのりの総量である。改めて確認すると、10アール当たり平均9俵の玄米が天地《あめつち》の恵みとして贈られたことになる。温暖化が昂じ、気象異変がひん発する環境の中で、掌にもたらされたべっ甲色の米粒は、生きている土の力だとつくづく見とれてしまう。その宝物の新米のごはんをかみしめるのが楽しみだ。そして、提携する消費者のみなさんに届け、よろこびを共有していただきたいと願っている。

一方、中性種のりんごは、11月半ばまでかかって摘み採りを終えた。ご注文いただいた方への荷造り、発送をほぼ済ませ、津南高原農産の鶴巻義夫氏に毎年お願いするジュース用のりんごの箱詰めにかかった。早くも初雪が舞う季節になったので、20日過ぎから本命のふじの収穫を急がなければならない。

11月9日、10日、土の会の秋のツアーで岳温泉光雲閣に出かけた。幹事長の青柳和夫さんの胃を全摘手術後の全快祝いと、恒例の芋煮会を兼ねて、紅葉の吾妻路へと向かった。まず開通5日目の米沢・大笹生（福島）間の高速道に乗り、開通したばかりの栗子トンネルをくぐった。東北一だという全長およそ9㎞はさすがに長いという実感と、日本の建設技術の卓越性が身に迫った。地上に出てフルーツラインを走ると、沿線は収穫直前のふじりんごが枝もたわわに熟れていた。里山の紅葉の彼方に、吾妻嶺や安達太良の山巓《さんてん》は新雪に輝いていた。家を発って1時間半、定宿のホテルに着くと、温かく親しい出迎えを受け、陽だまりの故郷に帰ったような思いにかられる。

土の会は、昭和50年に私の処女詩集『滅びない土』の出版を記念して、中学校の同級生有志が集って出発したサークルだが、最盛期には15名の会員を擁していた。けれど、傘寿を越したいまは半減してしまい、今度のツアーの参加者は7名だけであった。それでも、不死鳥のような青柳さんの元気さを伴って、心を晒し合う歓談と温泉のぬくもり、そして旬の懐石料理と美酒は、疲れのたまった心身を癒してくれて十分だった。

翌日は、小春日和に恵まれ、あづま運動公園にほど近く、信夫の台地に25000㎡のスペースを有する純日本庭園、浄楽園を参観した。京都金閣寺の名園の手入れと保全に関わる篤志家兄弟が、室町時代の趣きを再現すべく10余年の歳月をかけて造営した松と石と花木の庭園は、所々に紅葉をちりばめて、散策の足を止めさせる。しかも、大庭園の中央には、満々と水を湛えた池があり、数多くの渡り鳥、鴨やおしどりなどが羽を休めていた。その風情を眺めながら、あずまやでいただく抹茶の味は格別だった。梅や桜、石楠花《しゃくなげ》、水蓮の咲く季節ごとに訪れたい思いにかられる。

土の会のツアーから帰り、加工用りんご（中生種）の荷造りにかかった。津南高原農産の鶴巻さんにお願いして、果汁100％のジュースを製造してもらうためである。とりわけ中生種は数品種のリンゴがブレンドされるので、風味がまろやかになる。

11月11日、孫の悠一郎（長男）が、東京興譲館寮から引越して、帰宅した。早大法学部を9月に卒業し、山形県庁に就職が決まっての帰京である。ただ、新年の1月中旬から、アイルランドに短期の語学留学を予定しており、その旅費を稼ぐため、叔父の小山田孝一氏が役員を務める設計測量会社（山形市）へアルバイトに毎日通い始めた。その合間をぬって、土曜、日曜には、農作業を手伝ってくれる。須藤さんの精米センターから玄米の袋を160袋、父親とともにわが家の冷蔵庫に搬入したり、摘み採ったふじりんごのコンテナを軽トラで納屋に運んだり、大活躍だった。

ふじりんごは、収穫にかかってみると、予期したよりも小玉が多く、極度の異常気象と日照不足の下では、十分な育ちができなかったのだろう。それでも食べてみると果肉がかたく、果汁も豊富で、食味は良い。少しほっとしたところだ。けれど、成り枝によって味にバラつきがあり、不本意な作品となった。収量も昨年の3割ほどで、しかも半分近くが加工用の感じである。63年の農暦の中でも稀にみる受難続きの年ゆえ、相応の成果に甘んずる他はない。ただ、ほどほどの天の恵みでも、全国各地にわが果実を首を長くして待って下さる友人や顧客のみなさんが居られる限り、私の仕事は終わらない。もう落葉した木に向かい、雪害を少なくするために、混み合う枝の粗剪定を始める自分がいた。私にとってりんごづくりは、趣味の園芸というよりは、生きがいそのものなのである。

一昨年から、たかはた共生プロジェクトが事業主体となり、夢のシードル（りんごワイン）を世に出したが、今年は「かぐや姫の詩」の自然酒を錦爛酒造で醸《かも》していただく予定である。中川さんと宗雄さんの山形95号をベースに、稔さん、五郎さんと私の有機米を加えて、寒中の仕込みがおこなわれる。夢の第２弾といえよう。

師走半ば、孫の悠一郎の就職を祝う会を、米沢市のレストラン・ヴェルデで開いた。家族だけの内輪の宴だが、３人の孫たちの進学祝いも催した馴染みの店である。次代への希望をつなぐ仕草で、厳しかった1年を締めくくれたのはうれしい。

来年は、わが人生訓の「果てしない／野道をゆっくりゆっくり歩こうよ／足跡など消えてもいいよ」という生き様に徹したいものである。

2018年（平成30年）

河北文化賞授賞式

2018年が明けた。娘の里香子の世話になり、400枚の賀状を交わす喜びが待っていた。年頭から寒波が入り、とりわけ小正月の頃は、マイナス10～16℃を割り込む低温にふるえた。松を降ろし、餅団子と舟煎餅をみずきの枝に飾った1月17日、私は河北文化賞の受賞のために、仙台市に向かった。数年前から、町長のご推挙で選考の対象に挙がっていたとのことだったが、第67回を重ねる本年、懸案が実現した。受賞理由のひとつは、永年、仲間と共に試行錯誤で研究、実践してきた有機農業の取り組みであり、もうひとつは、青年運動や社会教育活動の延長で、町教育行政に四半世紀関わり、83年から16年間教育委員長を担った。その間、学校農園を活かした「耕す教育」や、都市と農村の交流に力を注いだ。傍ら、表現活動を以て、農のよろこびや、新しい田園文化社会の創造を提起してきたことも評価された。多くの皆さんとの連帯の力で、諸々の課題を打開できたことを、肝に銘じている。

仙台国際ホテルでの授賞式には、高畠町教委の丸山信也教育長、商工観光課八巻課長補佐に同行していただいた。わが家では、娘の里香子に身辺の世話をしてもらった。とりわけ丸山教育長には、過分な祝辞とご報告をいただいた。また、主催者の一人、河北新報の鈴木素雄専務と歓談し、交流会に馳せ参じて下さった元東北放送プロデューサーの佐々木実氏にお会いし、旧交を温めたのはうれしかった。

悠一郎の留学と着任

大寒の1月20日、孫の悠一郎が語学学校での短期留学のために、アイルランドに向かった。翌日、無事到着したとの報せがあり、ホッとした。初老の夫婦の自宅に民泊させていただき、徒歩で通学するとのことである。

いまは、地方公務員でも、頻繁に訪れる外国人に対応するには純正の英語力が必須だという動機づけがあるのだが、他に隣国イギリスの事情を垣間見るのも有意義であろう。

今年は、昨年のような豪雪になって欲しくないと願っていたが、1月下旬から2月上旬にかけて大雪となり、りんご樹の除雪に毎日出かける羽目となった。高齢夫婦の力ではやはり追いつけず、2年連続で太枝が折れ、大被害を蒙った。しかも、立春が過ぎてから厳しい寒さが居座り、骨身にこたえる日々である。

そうした中に、孫の悠一郎がアイルランドから帰国し、ひとしきり土産話に花が咲いた。

1月24日、東京農大での提携センター作付会議に、私は体調が整わず、欠席した。来年からは、孫の航希（次男）が参加して欲しいと願っている。ただ、月末には、共生プロジェクトの薬師さん、吉川成美さん、議員さんが来町され、これからの事業計画と運営についてじっくり話し合った。併せて、私の自分史の編集について、そのイメージと手順についてご助言をいただき、一歩前進できそうだ。

弥生3月に入ると、陽差しが柔らかくなり、雪原を踏んでもぬからなかったので、りんごの剪定にとりかかった。ふじの古木の損傷はひどいが、中生種の若木は弾力があり、雪に克ってくれたようだ。気を取り直し、再起せねばと思う。

間もなく議員さんから初校のゲラが届いたので、5日間ほど集中して校正を進めた。

3月20日、県職員の内示があり、新採の悠一郎は、最上総合支庁の勤務となった。農業振興課の6次産業担当ということである。最上地域は、新庄市を中心に全ての町村が特産物をブランド化し、6次産業による個性的な地域づくりを推進しているところとして知られている。現場から多くのものを学んで欲しい。

春のお彼岸過ぎ、渡部栄氏の訃報が入った。栄さんは永年町職員として活躍し、和田地区公民館勤務の際には和田懇話会の創設を促し、ゆうきの里づくりの土台を固めた。町企画課長など要職を歴任、退職後は「ゆうきの里さんさん」のチーフマネージャーを務め、都市と農村の交流に力を注いだ。その延長で、町議会議員として町づくりに情熱を注いでいた。そのさなかに病に臥し、山大病院での高度医療の甲斐もなく、帰らぬ人となった。27日、告別式が営まれ、誇りを持って全力で生きぬいた栄さんの人生を偲んだ。

月末に、岳温泉光雲閣で土の会総会が催され、翌日、猪苗代湖畔に建つ野口英世記念館と世界のガラス館を参観し、さらに上和田そばのルーツ山都町のそば伝承館で本場の風味を堪能して、帰宅した。

もう、新しい年の稲作が始動し、塩水選に着手した。翌4月1日、務さん宅で中川さんと一緒に種籾の温湯消毒（60℃、10分）を済ませ、自宅で冷水に浸漬を始めた。

すっかり春めいた晴明に、陸前高田市の立大サテライトスクール生（りくカフェのメンバー）15名が来訪した。西田副総長が現役の時代から復興支援のために取り組んできた事業が進展し、その一環としての高畠交流と研修である。そうした関わりで吉岡総長も来町し、ご講演を頂いた。上和田有機米生産組合と立教大学との30年に及ぶ連携が、３・11後の地域創成に向けて、新たなつながりを生みつつあった。

金沢と能登をめぐる旅

毎年、津南高原農産の鶴巻社長にお願いしてきた加工用ふじの発送を、新潟運輸の10トン車をチャーターして実施した。これで、17年産りんごの出荷は完了したことになる。

肩の荷を下ろした翌7日、私は懸案だった金沢と能登をめぐる旅に、妻と一緒に出かけた。北陸新幹線が開通し、大宮から金沢まで2時間で直行できる利便性に乗ったツアーである。初日は、和倉温泉加賀屋に泊まり、海辺の部屋から七尾湾の暮れ泥む風景を眺め、絶品の海鮮料理を味わった。至福のひとときである。全国ホテルランキングで20年近く首位を独走する加賀屋は、施設や調度品だけでなく、接客、サービスもこまやかである。

2日目は、観光タクシーをチャーターして、能登、輪島へと向かった。人気力士遠藤の故郷穴水町を通り、まず輪島の朝市を参観した。名産輪島塗の箸を、何組か土産に買った。ＮＨＫ朝ドラ『まれ』の舞台になった街や庁舎も美しい。能登は桜の季節で、お目当ての千枚田にたどり着いた折には、満開の風景を遠望できた。奥能登の、半島の突端に、耕して天に昇る千枚田を保存するために、数え切れない人々の善意と支援の輪があったことを胸に刻んだ。

金沢への帰途、博学なドライバーの案内で、北前船の寄港の街や、松本清張のドラマの舞台などに立ち寄った。夕食は老舗の料亭金城楼で、加賀の会席膳をゆっくり堪能した。

3日目は、名所兼六園や金沢城を参観し、午後帰途に着いた。日頃働きづくめの妻に、歓びの時空を贈ることができたのは嬉しい。

帰宅直後、高畑勲監督の訃報に接し、衝撃を受けた。4年前の秋、高畠町文化ホールまほらで渾身の記念講演をいただき、翌日は奥様と共にわが家のりんご園や、杭掛けの稲田をご覧になったお元気な姿が瞼に浮かび、信じられない思いだった。けれど、ご逝去がまぎれもない事実だと知り、すぐに胸を押さえて弔文をしたためた。のち、5月15日、三鷹の森ジブリ美術館で、高畑勲監督を偲ぶお別れの会が営まれ、参席した。屋外では、1500名の方々が別れを惜しみ、手を合わせた。

4月半ば、家族がインフルエンザに感染し、しばらく苦吟した。その折に、吉川成美さんから、折戸えとなさんの訃報が入った。東大大学院で博士論文を書き上げ、これから世界に発信しようという時に、何ということだろう。小川町の金子さんご夫妻から事情を伺い、悲しみが潮のように寄せてきた。ここ置賜では、樹齢1000年の古典桜が満開で、苗代の準備にとりかかる季節だというのに。

5月1日、思いもかけぬオルターの副代表西川厚子さんの訃報が入った。一昨年、徳島暮らしを良くする会からの40年を墨して、記念集会を催し、併せてチェルノブイリから30年、福島から5年の節目に、1ベクレル連合のフォーラムを開催した折には、西川栄郎代表を支え、運営の中軸だった。あの元気な厚子夫人が急逝されたとは、信じ難い知らせだった。6月30日、大阪の南港サンセットホールで営まれたお別れの会に、中川さん、治一さん、渡部美佐子さんと一緒に参列し、心から感謝を捧げ、ご冥福を祈念した。暑い初夏の、忘れ得ぬ場面である。

5月の連休に、例年通り春耕に取りかかった。家族総出で、堆肥散布、有機肥料とミネラルの施肥、トラクターによる耕耘、そして中旬からは2回の代掻きで仕上げ、27日、28日に田植えした。プール式の苗代で育てた中苗も順調である。品種は、かぐや姫の詩（山形95号）が8割、コシヒカリ2割の作付けである。補植を済ませ、真鴨放飼のネットと電柵張りに4日ほど費やした。空からの天敵を防ぐつり糸張りも欠かせない。6月4日、興農舎から購入した真鴨の雛《ひな》60羽を、3区割に分けて放飼した。イタチ、ハクビシン、狐の対策も、それぞれの生態を意識して実施した。

ただ、ヘイケボタルの翔ぶ金沢の田んぼは、2回の中耕除草と手取り除草にこだわった。その有機栽培44年の田んぼに猪の侵入が懸念され、防護柵を設置した。周りが草地やソバ畑に変わった環境で、米づくりの難しさを痛感する年となった。

一方、りんごは例年になく開花が早く、4月末日と5月1日にふじの授粉をした。2年続けて雪害に遭い、生き残った枝の実止まりを期待する他はない。紅玉他の中生種は、野生のミツバチがぶんぶん飛んで交配してくれるので、授粉はしない。それでも晴天に恵まれて、実止まりは十分だった。稲作と併行して、幼果の摘果も急がなければならない。その間に、山大病院での受診や、弟寛昭の面会も入る。高齢の身辺の必然だと自覚しつつ、高度医療の恩恵に感謝する昨今である。そうした折、従兄弟の鏡進氏の訃報が入った。若い頃、夢を語り合った間柄なので、切なかった。

6月半ばから、連日、鴨の集団脱走に悩まされた。どうしてネットを越えられるのか判らなかったが、集団の知恵とパワーで脱出する経路をつきとめた。その都度、隣接する田んぼの渡部秀夫さんには、迷惑をかけた。

7月は猛暑が続き、川水も枯れ始めたので、井戸水の揚水を開始した。少しでも田面を冷やす効果も考えてのことである。下旬には、鴨の水揚げの準備にかかった。先立って、務さんの捕獲ボックスを活用した水揚げを研修し、春耕の折に大庭君に製作してもらったボックスを設置し、一気に40羽も収容した。

35℃を超すうだるような暑さの中で迎えた高房神社の祭りの夕べ、久しぶりの慈雨に恵まれた。台風12号の余波だという。鴨ネットを撤去、収納し、真鴨除草の効果を確認した。一方、金沢の田んぼは猪防護柵に電源を入れ、泥浴びの侵入を防いだ。

8月5日、航希の在学中に一度訪ねることを約束していた山大農学部のキャンパスと宿舎の視察に赴いた。新庄在住の悠一郎の車で最上川辺りを西進中、突如猛烈な集中豪雨に見舞われ、戸沢村から庄内町にかけて、立ち往生の態であった。空前の洪水禍が発生し、国道47号線とＪＲ陸羽西線は、その後しばらく不通となった。

辛うじて庄内平野にたどり着くと、そこは別天地のように晴れていた。鶴岡市に立地する山大農学部に直行し、航希の学舎を目に納めた。教授陣は京大出の方が多く、北前船のルートに沿って北進してきた人脈なのか、ヒューマンな個性派が目立つ。岩鼻通明教授は文化地理学と宗教民俗学を専攻し、研究の成果を岩波新書『出羽三山〜山岳信仰の歴史を歩く〜』に集大成し、注目を浴びている。今年度での退官が惜しまれる。また、江頭宏昌教授は在来野菜の研究と発掘に力を注ぎ、アル・ケッチァーノの奥田シェフと共働で特産化を目指している。食を通した地域活性化に、大きな役割を担っている姿は頼もしい。

また、航希が3年間お世話になったアパート翔新形を垣間見て、今宵の宿あつみ温泉へと向かった。その頃、日本海の海浜は紺碧だった。だが翌日、朝日山系への集中豪雨が濁流となって、河口の海を茶褐色に染めるなど夢想だにしなかった。娘の里香子が予約し、招待してくれた温泉旅館〝たちばなや〟は、実にきれいで快適な宿だった。孫2人と祖父母は、久しぶりに水入らずで心身を癒すことができた。翌朝、名物の朝市を見ようと外に出て驚いた。傍を流れる川が増水し、濁流が渦巻いている。対岸へ橋を渡るのに目眩がするような激しさである。朝市は、以前に訪れたような賑わいはなく、数店舗が海産物などを商っていた。少し土産を買って宿に戻り、朝食の海の幸を味わい、2日目の庄内研修に向かった。まず、致道博物館に赴き、旧庄内藩酒井家18代当主夫人酒井天美さんの丁重な歓待を受けた。折しも庄内の恩人西郷南洲（隆盛）の特別展が開催中で、じっくり参観し、最近改修オープンした警察署の4階テラスに出て、令夫人に下から撮影していただいた。鶴岡公園内の藤沢周平記念館は休館日なので、予約していたすず音で昼食をとり、唯一通れる月山道を経由して、家路を急いだ。対向のトラックの勢いに呑まれそうになりながら、必死に自家用車を運転する悠一郎は、さぞ疲れたであろう。

私は、お盆前に眼に異変を覚え、町内の上領眼科クリニックを受診したところ、白内障他の疾病で、治療を要するとのことであった。内科のかかりつけの金子医院、泌尿器科（前立腺）の斉藤医院（米沢市）の他に、眼科の上領クリニックが加わった。高齢の身の悲しさである。

うら盆の墓参やお盆礼、お中元の諸事を終え、再び猛暑の中での農作業に入った。畦草刈りや、台風に備えての防風ネット張り、りんご樹の支柱立てなどである。秋野菜を播く畑の耕耘は、小型のオンボロトラクターで行う。そうした中、突如腰痛を発症、動けなくなった。週2回、渡辺整骨院に通い、針治療やテルミー療法（数種の薬草の温灸）を受け、ほぼ10日かかって快方に向かった。

9月5日、四国から近畿地方に記録的な暴風の災禍をもたらした台風21号が、東日本に接近し、庄内沖を通過した。風速20mを超える強風に煽られ、中生りんごが落果した。

その翌日、北海道に震度7の大地震が勃発し、厚真町に空前の地滑りを引き起こし、全道停電をもたらした。息つく暇ない災害列島に、私たちは暮らしているのだ。

9月7日、私は83歳の誕生日を迎えた。家族で祝杯を挙げてくれて、十分に幸せである。翌8日、立大ボランティアセンターの振り返りに、ほぼ3時間お付き合いをした。

午後は、提携センター恒例の現地交流会で、高畠駅で消費者の皆さんの到着を待った。この度は、青鬼クラブの原剛先生ご夫妻も参加された。その場に、稲穂の会の安藤康子さん（鈴蘭台食品公害セミナーの創始者）の訃報が入った。その悲しみを振り払うように、参加者はそれぞれの車に分乗して、稲や果樹の巡回見分にかかった。とりわけ、稲の作柄は、実にきれいなみのりで、やや茎数や粒数は少なめでも、平均作近くを期待した。それが、収穫後7分作（3割減）になろうとは、夢想だにしなかった。わが家の田んぼを案内した後、庭先で冷蔵庫に保管していた西瓜を食べていただいた。これも、ささやかな永年の慣わしである。

圃場を一巡して、太陽館の温泉で汗を流し、夕べは、さんさんでの大交流会である。女性部の皆さんの、旬の郷土料理がテーブルを飾り、シードルや地酒で乾杯し、良い作柄と、お互いの健康を慶び合った。さらに、全員のメッセージを交換し、宴は深夜に及んだ。翌9日は、原先生と礼子夫人、吉川さん、石井さんも加わり、たかはた共生プロジェクトの課題について話し合い、当面の具体策も見えてきた。翌10日、ご他界された安藤康子さんのご霊前に弔文をしたため、祈りを込めてお届けした。神戸市の教会で厳かな葬儀が営まれ、洗礼名を頂いて昇天したとの報に接した。

9月中旬、りんごの袋はがしと田んぼのヒエ抜きを済ませ、下旬には紅玉、涼香の季節、紅将軍、出羽ふじなど、中生種の摘み採りにかかった。その間、インド農民の研修が入り、高畠中学校図書館での講義の後、紅玉の摘み採りを体験してもらった。その直後、台風24号が列島縦断の直撃コースで迫り、10月1日未明、会津から米沢に向かってきた。高畠は、すっぽりと台風の目に入ったらしく、ほとんど無風状態で過ぎ、仙台湾へと去っていった。けれど、後の吹き返しがひどく、中生種がかなり落果した。

台風一過、2日から稲刈り開始である。今年は、晩生のコシヒカリの方が早くみのったので、家の近くの田んぼから刈り取りにかかった。バインダーで刈った稲束を、全て杭掛け天日乾燥する。続いてかぐや姫の詩(山形95号)を、順次刈り取っていく。穂イモチ病も皆無で、きれいな黄金の稲束である。立った稲穂の本数も、そんなに落ちていない。所沢生活村から杭掛けの援農をいただいた日、6日かけて稲刈りを済ませた。家族の他に、弟の憲三と大浦冨栄さんの練達のわざのおかげである。

杭掛けした稲は、2週間ほど穂を乾かし、掛け替えて1週間藁を乾かしてから、ハーベスターで脱穀する。10月下旬、晴天に恵まれ、3日間で稲こきを終えた。60アール分の籾袋は、隣の須藤さんの施設に運び、低温乾燥と籾摺り調整していただいた。残りは自宅で調整し、玄米にして農用冷蔵庫に収納した。その段階で、予想以上に収量が少なく、10アール7俵がやっとだとわかった。須藤さんに委託した分も、同じく反収7分作に終わった訳である。あんなに美しい稲田は、幻視の風景だったのか。その原因を仲間と検討すると、空梅雨で茎数が十分確保できず、その後も少雨と猛暑で、穂数と籾数が減少したようだ。務さんのように、用水に事欠かないところでも、あるいは私の井戸水揚水の田でも、天から雨が降らないと、望ましい生育ができないことが判明した。自然の摂理は揺るがない。けれど、掌の玄米はべっ甲色に輝き、炊いてもすこぶる美味しい。また、カメムシの被害粒もほとんどなく、色選も不要である。いわば上質の穀粒を、天から贈られた訳である。

2年続けて国内食料自給率38%の現状に、強い危機感を抱いた関係者が、農協新聞に特集を組んだ。11月20日、日本橋人形町の農協協会の事務所で、山下惣一氏と私、それにコーディネートする大金義昭氏（文芸アナリスト）の鼎談を組んだ。テーマは、「現代の老農に聞く〜食といのちの未来〜」である。ほぼ3時間収録し、新春号に上下2回に分けて掲載するという。前半は、1950年代半ばから60数年間、百姓として生き抜いてきた軌跡をたどり、近代化とは何であったかを問い直した。後半は、今日の攻めの農政と大規模化の不条理を突き、小農と家族経営の持続性を確認した。結びに、JAは地域の守護神としての役割に立ち、自治体と共に新たな地域創造を先導して欲しいという期待を込めた。そして、住民が主権者として行動の時だとし、都市市民とも共生して、この国の食と農を守っていこうと結んだ。自在に本音を出し合い、少しはテーマに迫る内容になった気がする。いわば、老農の遺言であろうか。

師走半ば、仙台市の菊地一誠氏の訃報が入った。みやぎ生協の良心、菊地徳子さんのご主人である。東大を出て、大手企業で活躍し、退職後は2人の子息と息女、そして孫の成長を包む幸せに充ちていた。中でも、お嬢さんの箏曲の公演をしっかり支え、高畠や米沢で演奏の際には、細やかな気配りを見せていた。あのお元気な姿が目に浮かぶ。不慮の事故に遭い、長く入院加療の歳月を、徳子夫人は一日も欠かさず介助されてきたと伺った。ご冥福を、心から祈念するばかりである。

12月20日、提携センターの収穫感謝祭が、「花みずき」で開かれた。所長の中川さんから、今年の生産活動の総括と、来年への抱負が述べられ、各自の課題をかみしめた。その席に、錦爛酒造入魂の大吟醸「かぐや姫の詩」がお披露目され、極上の風味を嗜んだ。ハレの日を寿ぐ銘酒として、得がたい存在となろう。波乱と苦難にみちた年ではあったが、もうひとつ私にとってうれしい出来事があった。

夏、フランスに滞在中の石井幸子さんから航空便が届いた。バルビゾンを再訪して、ミレー美術館の新しい館長さんに、友人のフランソワーズさんが仏訳してくれた拙詩「晩鐘、その原風景について」を渡して読んでいただいたところ、いたく感激され、必ず展示のスペースを確保しましょうと約束されたという。帰国後、詩集「種を播く人」や私のプロフィールを、改めて送っていただいた。それが正夢なのかどうか、いつの日か確かめたいものである。

２０１９年が明けた。４月末で平成の時代が終わり、新しい元号が定まる。その節目に臨んで、何よりも災害や、争いのない平穏な時代になるよう願うばかりである。公私にわたる正月行事を何とかこなし、松が降りた。

1月20日、第34回青猪忌と、真壁仁・野の文化賞の贈呈式が、山形国際ホテルで開催された。そこで私には、「真壁仁を語る」として、20分のミニ講演を担う役目が与えられていた。正月から準備をし、改めてわが師の人生と詩の世界を紐解き、真壁山脈と呼ばれる膨大な山河に分け入った。それは、限りなく奥深く、非力な私には、ほんの一端を視野に納めるのに精一杯だった。思えば、「地下水」の同人として、宮沢賢治と並ぶ稀有なる人の膝元で、30年もの歳月、薫陶を受けた幸せを、改めてかみしめたのである。

原稿を書いて臨んだ私のメッセージが、天界の師や、参会の皆さんの胸元に、どれだけ届いたかはわからない。ただ、真壁さんが鬼籍に入った齢《よわい》をはるかに超えた身で、内なる遺産の片鱗も具現できずにいることを恥じ入るばかりである。そして、「地域の窓から世界を見る」という視座だけは失わず、自然体で生きたいと願っている。

２０１９年睦月

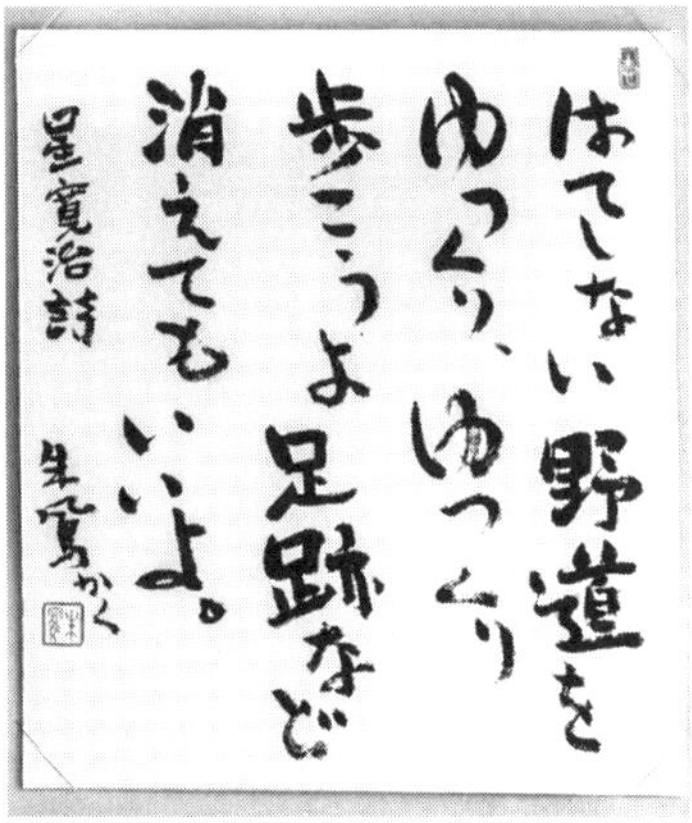

（写真：佐藤充男）

結び　これからの課題と展望

それでも、りんごの木を植える

地球温暖化のもたらす気象異変で、これまで経験したことがないような自然災害がひん発するようになった。東日本大震災、鬼怒川の氾濫による常総水害、熊本地震、台風禍の岩手北海道洪水、九州北部の集中豪雨など、近年たて続けに起きた未曾有の激甚災害は、これまでの通念をはるかに超越している。人為の集積の果てに起こる自然災害に直面し、その渦中で人間存在の小ささをかみしめ、途方に暮れる。

列島を襲った大災害に比べれば、この初春の大雪と、わがりんご樹の裂傷は、まだ小さい被害かも知れぬが、半世紀の歳月を風雪に耐え、苦楽をともにしてきたふじの古木が、あえなく潰される様は見るに忍びない。おそらく成り枝は3分の1ほどしか残るまい。雪が消えて、それは正夢であることが歴然とした。樹が根こそぎ駄目になって、空いてしまった所に、すぐに新しい苗木を植えなければと思い立ち、南陽市の菊地園芸に赴いた。そして、優良着色系ふじの苗木を20本ほど求めて帰った。その翌々日、地面に植穴を掘り、ボカシとタフライトを施し、妻とふたりで苗木を植えた。水をやり、柔らかい盛土を踏みしめながら、私は中世の宗教改革者マルティン・ルターの言葉を思い浮かべていた。「もし明日世界が滅びようとも、今日わたしはりんごの木を植える」という名言である。開高健氏は『漂えど沈まず』の中で、「何があろうといたずらに慌てず騒がず、今日自分にできることを粛々とするだけだという意味が込められている」と説く。手負いの農夫に勇気を与えることばである。苗は活着し、もう新葉が伸びている。

けれど、地球を覆う暗雲は、重く垂れ込めたままだ。自由の女神の膝元に、あたかも異物のように誕生したトランプ政権は、京都議定書を源流とするパリ協定から離脱し、生産力第一主義に回帰した。次々と襲いかかる超大型のハリケーンと温暖化の因果関係に目をつぶり、また北極、南極の氷が急激に溶けていく現象が、化石燃料に依存する産業社会の生産構造に起因していることに頬かむりしている。

一方、北朝鮮の金正恩体制が、核ミサイルの開発に血道を上げ、人類社会の重大な脅威を成している。原水爆の極限の破壊力を実感できず、観念の世界に踊る未熟な権力者によって世界が滅亡する構図は、想像したくもない。

そうしたグローバルな危機に際して、手をこまねいて、頭をかかえるだけでいいのだろうか。無辜《むこ》の市民の力を結び合って、声を上げ、行動を起こす時ではないか。

地球のバランスを壊していく温暖化の流れを、一気に塞き止めることは難しい。けれど、二酸化炭素を極力出さない生産活動や生活様式に切り換えることは可能である。りんごの樹の光合成活動を促進し、太陽光発電でエネルギーを自給する小さな営みでも、累積すれば貯水池の役目を果たすだろう。

写真60　りんご園にて、妻キヨ（左）と筆者
（写真：佐藤充男）

また、車社会の吐き出す排気ガスの総量を、電気自動車の普及によって大幅に削減できるはずだ。そうした誰もがわかっているあたりまえの事を、傍観せずに一歩踏み込んで、小さな実践者に変身することこそカギだと思える。

成長神話から醒める

経済成長なくして社会発展も、生活・福祉の充実もあり得ないとする論調と政策が、この国の主流を成している。けれど、63年に及ぶ農の営みからの虫の目と、併せて地球を視野に入れた鳥の目を結ぶとき、全くちがう絵図が見えてくる。ほんとうの豊かさと幸せは、物の豊かさと便利さによってのみもたらされるのではなくて、簡素に心豊かに生きることで手にするものだと判ってきた。

フランスの経済哲学者セルジュ・ラトゥーシュによって提唱され、西欧社会に広がりつつある「脱成長」の思潮は、経済成長なき社会発展の可能性を示唆している。高度に発達した産業社会が、資源、環境、食料、人間疎外などの面で壁にぶつかり、また、核の脅威にさらされる場面で、現代文明と社会構造の根本的な転換が指向されつつあった。多国籍企業に支配される市場原理一辺倒のグローバリズムの波涛を浴びて、貧富の格差が拡大し、人権が侵害され、はては生存権さえおびやかされる。テロの脅威も収まるところを知らない。そうした人類史的な危機から脱出し、激烈な競争社会から、他者への思いやりに充ちた共生社会への筋道を拓く脱成長の思潮こそ、私たちに大きな希望をもたらすものである。

わが国では、西川潤氏（早大名誉教授）の『グローバル化を超えて～脱成長期日本の選択～』に、大いに勇気づけられ、啓発された。

新たな指標としての共生主義

近年、中山間の私の地域で、耕作放棄の田畑が増え、急激に風景が変わりつつある。少子高齢化が予期せぬ早さで進み、農業の担い手が伴わない状況を示している。だがその背景には、国策として農業の成長産業化をうたい、大規模経営体を形成すべく農地の再編を推進する事情がある。財界の意を体した〝現代の囲い込み運動《エンクロージャー》〟が展開されつつある。戦後の農地解放と自作農主義を転換し、農地バンクに集積した田畑を大規模な経営体に委託し、国内生産の80％を委ねるという。企業や外資の参入も認めるとなれば、やがて村ごと買い占められる公算も無しとはいえない。

現政権が、財界の意向を丸呑みするように、農協組織を岩盤と称し、そこに風穴を開けると宣言し、まずJA全中を社団法人化した。次の標的は、全農の株式会社化だといわれる。系統の総合農協も部門ごとに分けて、村づくりを担う機能を弱めるかに見える。

けれどこうした政策は、国連（ユネスコ）が協同組合を無形世界遺産に指定した歴史の潮流に逆行している。かつて農協界の天皇と呼ばれた一楽照雄氏が、50年先を洞察しつつ、自立と互助を説き、協同組合経営研究所を設立し、公正な社会の実現をめざした高邁な理念とは、何という隔たりであろうか。一楽思想は今日、世界的関心を呼び、TEIKEIは共通語となって、CSAやAMAPの背骨を成している。さらに広域的な社会的連帯経済をめざす活動家や研究家から、その核心部分に一楽イズムが位置づけられ、光を放ちつつある。

しかしながら国際社会の政治、経済、生活は、多国籍企業に支配されるグローバリズムの激流に洗われて、地域格差が拡大し、人権と生存権が脅かされる状況が募りつつある。それを座視せぬ市民や弱者が連帯し、新たなローカリズムによって対抗文化を築こうとする動きが出てきた。その際立ったひとつが共生主義の胎動である。フランスのマルク・アンベール氏（レンヌ大学）や、西川潤氏（早大名誉教授）が主導する流れである。脱成長の彼方に、どういう社会像を描き、具現化に向けてどのような一歩を踏み込むのかを論述した「共生主義宣言」がコモンズから上梓された。気象変動や原発事故などの人類史的危機をのり超えるために、文明とパラダイムの転換が不可欠だという認識に立ち、そのシナリオを提示した。西川氏によれば、「共生主義とは、人間が人間同士、また人間と自然の関係について、互いにケアし、協同で暮らしていくための作法である」としている。成長幻想から醒めて、人類共同体に属するという感情と社会の絆を養い、社会格差の是正、環境と資源の保全、生活条件の改善などが出発点になると述べる。さらに社会経済の要素だけでなく、文化的・倫理的側面に留意している所に特質がある。

マルク・アンベール氏は、日仏会館館長時代に雨宮裕子夫人とともに各地を訪ね、先行する実践に接し、ほんとうの豊かさについて思考を深めた。そして、見返りを求めない行為や他者との関わりの中に、それは存在するとした。いわば、贈与や互酬の通い合いである。共生主義の社会は平和を貫く社会であるとし、一人ひとりが自分をとりまく自然環境と他者への配慮を忘れない生き方を貫いていけば、共助の暮らしが根を張り、人類共同体の明日が見えてくるという。たとえば、具体的事例として、ブルターニュ地方で展開する「ひろこのバニエ」からAMAPへ、さらに一樂イズムに裏打ちされた共生社会への筋道が拓けてくる、と説く。夫妻の実践哲学に学ぶ面は多い。

本書で最も共鳴感覚を覚えたのは、勝俣誠氏の「現代世界における〝農の営み〟の根拠」である。従来の産業としての位置づけを超えて、現代社会のあり様を農から見直そうとする視点である。勝俣氏はまず、農の営みの持つ自由の意味にふれる。生身の人間が自然の摂理に従って生命の糧を育む。市場性とは無縁で、お金からの自由があるとする。次に、他の指図からの自由を挙げる。そこから生まれる社会のルールは、競争ではなく分かち合う協力であるとする。さらに等身大の技術によって生産手段の自由を確保する。そこには伝統的技法や先人の知恵の継承によって、世代間のコミュニケーションが息づく。経済的価値よりも文化的価値が重視される人間像、社会像が見えてくる。「農の営みとは、経済的人間に還元されえない、自由で未知の想像力にあふれたアートと詩が、人間を基本的に定義する、共生世界への道を展望する入り口にほかならない」とする勝俣氏の結びに共感する。

「地域に息づく共生運動」の事例として、吉川成美氏（県立広島大）が〝たかはた共生プロジェクト〟の理念と活動を詳述している。生消提携から一歩出て、都市と農村の垣根を超えた生命共同体の生成をめざす運動を描く。環境日本学の構築を志向する「早稲田環境塾」と、１９９０年に共生の地域づくりをめざして発足した「たかはた共生塾」が、親密な交流の中で価値観を共有し、やがて一体的なコミュニティを形成しようという気運が高まった。都市市民も、恒常的に田園の幸せを享受し、また非常時には、地域住民が場所と衣食住を準備する。いわば相互に生存条件を確保しようという新たな市民運動のスタイルである。ただ、理念、基本構想、組織、事業計画、実践の大枠ができるまでにはほぼ3年の時間を費やし、2013年に「たかはた共生プロジェクト」はスタートした。吉川論文にあるように、すでに「青鬼クラブ」が先行的な実践に踏み出し、有機米の新たな提携のカタチをつくりつつあった。東日本大震災が引き金になった福島原発の過酷事故が撒き散らした放射能汚染と、検定のデータを超越する風評被害の峡で、40年積み上げた高畠の有機農業が苦境に立ち、有機米の注文も半減するという現実に直面していた。そうした状況を座視することはできないとして、早稲田環境塾の原剛氏、竹内謙氏を核として、ほんとうの友だち作戦が立ち上がった。ひろすけ童話の名作『泣いた赤鬼』の精神とネーミングを汲む新たな提携のカタチである。佐川急便の支援を受けて、天日乾燥の有機米を会員に宅配するシステムである。いわゆる共同購入型の提携よりも垣根を低くし、個別のニーズに対応する自在性がある。インターネット新聞を発行している竹内氏は、一気に300人ほどまで会員を拡大したいと構想されていたが、意識的な市民の多くは、すでにいくつかの絆を抱えている。それを解消して高畠の青鬼米を食べるということは難しい。1年ほどかけて、45戸(事業所を含む)ほどに落ち着いた。関係性の強い会員ほど、しっかりと暮らしの中に組み込んでいただけるのはありがたい。

2014年、「たかはた共生プロジェクト」は、青鬼クラブを包括する形で発足した。そこでは、有機農産物の提携にとどまらず、文化交流、人間交流に太い軸足を据え、毎日新聞社1Fメディアカフェ(モッタイナイステーション)で、毎月「青鬼サロン」を開催した。固有のテーマを設定し、内外からふさわしい講師を招き、参加者と活発なトークをおこない、併せて高畠の地産品の即売もおこなった。浜田広介関連の本やグッズなども毎月展示し、愛と善意の文学と町づくりについてアピールした。

圧巻だったのは、9月のサロンの折に、高畠三中2年生が修学旅行で毎日新聞社を訪問し、学校農園で育てた十数種類、200kgの野菜を20分で完売した場面である。後片付けののち、皇居ロの階段で3曲を大合唱し、感動を分かち合った。

高畠町小中学校全校で、1977（昭和52）年から取り組んできた「耕す教育」を表現するこの度のイベントを実現できた背景には、トヨタ財団の助成を受けて、10年後の持続可能な地域づくりの担い手の育成というめあてを持ったことがある。

翌年の青鬼サロンは、高畠会場で、ひろすけ会と連携し、「複合汚染その後、そして未来」というテーマで、有吉玉青さんをゲストに迎え、リレートークを開催した。東京からも多くの参加者があり、サロンと併せ、たねやまつたけ館で秋の味覚を楽しみながら親しく交流をした。

その後、たかはた共生プロジェクトは、文化事業を中心にしながら社会的な事業にも一歩踏み込もうという気運が高まり、シードル（りんごワイン）の依託醸造に取り組んだ。すでに実績のある金渓ワインの佐藤ぶどう酒工場において、中川信行さん、高橋稔さんと、私の完熟りんごを原料として、夢のシードル450本が誕生した。りんごの花見の宴で初めて試飲し、まろやかな味覚と豊かなフレーバー（芳香）を堪能した。百武ひろ子先生（県立広島大）デザインのロマンにみちたラベルは、プロジェクトの理想をみごとに表現し、前途に励ましを与えてくれる。12月19日、恵比寿のレストラン・ブルターニュで開いた〝たかはたシードル披露パーティ〟には、早大関係をはじめ数十名の参席のもと、本場のフレンチと併せて大好評を博した【写真61】。それに力を得て、2年目は900本を製造し、愛飲を待っている。

夢の第2弾として、今年の「かぐや姫の詩」の無農薬米で、「錦爛」の後藤康太郎社長の蔵元で、自然酒を醸造していただく予定である。渡部宗雄さんと中川信行さん、高橋稔さん、渡部五郎さん、それに私の5名の有機米をブレンドし、大吟醸、自然酒の誕生を心待ちにしている。ハレの日を寿ぐ銘酒にしたい。

幸福度という物差し

東日本大震災の被災地をブータンの若き国王夫妻が見舞われたことで、環境立国をうたうヒマラヤの小国に、一気に関心が高まった。その核心にあるのは、国民総幸福量（GNH）を国是とする国づくりである。九州ほどの面積に人口80万人が住む小さな国が今日脚光を浴びるのは、GNPを追いかける世界の中で、幸福度という新たな物差し・価値観）を提示している所にある。すでに1970年代、先代国王（4代目）によって、国民総幸福量（GNH）を基本とした国づくりが推進されていた。その柱は、持続可能な公正な社会、環境の保全と活用、文化の保護と再生、良い統治などだが、さらに非暴力・中立を貫く平和主義がある。その根源には、ダライ・ラマなどの非殺生の仏教哲学があり、さらにガンジーの宗教を超える自立と平和思想の命脈があるとされる。今日、人類社会が競って経済成長を求め、資源を食い潰し、社会的危機を増幅させている状

写真61　たかはたシードル披露パーティ
（写真：佐藤充男）

況にあって、倫理性の高い未来国家をめざすブータンに学ぶことは多い。

近年、わが国においても、田園回帰の流れを汲んで、農水省農林水産政策研究所が、農業、農村の新たな機能、価値の研究に着手した。これまでの多面的機能の評価に加え、「主観的幸福度」という物差しを当て、田園の幸せを享受する生き方に光を投げかけている。自然環境の豊かさや、住民相互の支え合い、伝統文化の継承、世代間交流など、コミュニケーション機能の親密さはよく取り上げられてきたが、もうひとつ、農業者の方が非農業者よりも長寿であるというデータは、客観的幸福度を示す大きな要素であろう。生涯現役で仕事にいそしむ健康寿命こそ、人間に与えられた最大の恵みである。川崎賢太郎氏によれば、「健康だから農業」ではなく「農業だから健康」という因果関係を示唆している。現に私の集落には、90歳を過ぎてもかくしゃくとして農にいそしみ、その作品を直売所や朝市などで顧客に手渡すよろこびを享受する人が、何人かいる。

一樂思想を世界へ

『暗夜に種を播く如く』と題する一樂照雄氏の評伝が上梓されたのは、1996（平成17年）、氏の三回忌を卜《ぼく》してのことであった。折にふれてそのぼう大な軌跡と思想を繙くと、その度に心が洗われ、視界が開けてくる。農協界の天皇と呼ばれた一樂氏が、協同組合運動のあるべき姿を求めて協同組合経営研究所を立ち上げ、有機農業運動の推進に情熱を注がれる場面で、高畠との出会いが生まれた。1973年（昭和48）、高畠町有機農業研究会の発足を促し、その実践課題を提示された。さらに、和田民俗資料館の造営に臨み、農協や行政に働きかけて、有機農業道場と都市と農村交流の拠点を創出されたのである。

その前庭に、一樂先生を顕彰する記念碑が建っている。地場の自然石にはめ込んだ御影石に、氏の揮毫による筆跡で、「子どもに自然を／老人に仕事を」という文言が彫ってある。側面の由緒は、私が文を綴り、戸谷委代さんの達筆を刻んだ。その記念碑建立を卜《ぼく》して、平成13年から一樂忌を催し、その後「一樂思想を語る会」と改め、この秋16回目を迎える。一樂氏と何らかの絆を結ばれた方々や、その理念に関心を抱く学究や市民が、紅葉のまほろばの里に各地から訪れる。そして、基調講演の後、参加者全員の熱いトークが交わされる。その余韻を宿しながら、地域のお母さんの手に成る旬の料理を楽しみ、地酒やワインの盃を交わす。昨年から中川信行代表の元で実行委員会を構成し、日有研や高畠町、ＪＡ山形おきたまも主催者に加わり、輪を広げている。

この折に、改めて一樂思想の真髄をかみしめたいと思い、著作を読み直した。根底を貫くのは「自立と互助」であり、その表現形式は協同組合運動による共生社会の実現である。そこでは、構成員（組合員）の利益や福祉向上だけにとどまらず、公正な社会の創造にこそ力を尽くさなければならないとする。

また、人間は本来自然そのものであるから、自然を克服するという近代化の幻想から脱して、生態学的に共生し、環境適応をとげながら永続を図らなければならないと説く。

そこからは、必然的に科学農法を超えて、人と自然にやさしい有機農業の道が見えてくる。

１９７１年、日本有機農業研究会の結成趣意書は、一樂さんご自身が書き上げたものだが、半世紀近く経った今日でも色褪せることがない。そして、現場の不条理をのり超え、未来を引き寄せる筋道を提示する。

そして、実践を積む過程の中で、生産者と消費者との関係性を「提携10か条」にまとめ上げ、第4回日有研全国大会（1978）に提起した。その内容は、生消提携における脱商品化をめざしたもので、すぐれて倫理的で、国内だけでなく海外でも、CSAやAMAPなどの行動規範となっている。

農業のあり方も、自給自立を基軸に、家族農業によって地域農業を維持発展させ、さらに国内自給の向上をめざし、多面的機能や健康な村づくりなど社会的な役割を果たす。近年、国連が掲げた「国際協同組合年」「国際家族農業年」「国際土壌年」と続く道標《みちしるべ》は、人類史の方向性を指向する。その筋道は、まさに一樂照雄氏が50年も前に提起した論理そのものである。今日、国内外の大学や研究者の中から、一樂思想に対する関心が高まり、各地の具体的な実践事例に学ぼうとする機運が起こっている。この機に、世界に向けて提携の普及を図るべきと思う。

けれど、日本の政策は農協を岩盤と決め付け、風穴を開け崩すべき対象としている。すでに農協法を改め、全中を社団法人化し、さらに全農を株式会社化しようとしている。また、地域総合農協を部門ごとに分離し、コミュニケーション機能を弱める方向に動いているようだ。その対抗軸として、一樂思想を砦に協同組合の基本理念に立ち返り、自立と互助の地域創造のために、自主改革の道へ踏み出さねばならない。その正念場に立っている。

農の世界の意味

ふり返ると、春まだ浅い4月初め、わが人生の師と仰ぐ坂本慶一先生の訃報に接した。1925年、青森県に生まれ、宮沢賢治に惹かれ、盛岡高等農林で学び、さらに京都大学に進み、農学原論を専攻した。77年秋、私の最初のエッセイ集『鍬の詩《うた》』がNHKラジオ「私の本棚」で全編朗読されたのを聞かれた坂本教授が、翌78年正月、京大に招いて下さった。以来、公私にわたる永いご交誼をいただいてきた。さらにふしぎなご縁で、長女の里香子が、4年間「農学原論」ゼミで坂本哲学の薫陶に浴する幸せを得て帰郷した。先生は京大退官後、福井県立大学初代学長として、人材の育成に尽くされた。その間、高畠町には何度も来訪され、稀有なご講演をいただいた。

2000年、けいはんな学研都市に立地する国際高等研究所の招聘教授(フェロー)として在任中に、「農のよろこび」をテーマにセミナーを開催された。農の中に、能動的な意思である創造や自由と深く関わる所から、よろこびや幸福は生まれると説く。翌2001年、その高等研選書で『農の世界の意味』と題する論集が上梓された。前半で、西欧中世からの農の哲理をたどりながら、日本における農のよろこびの水脈を汲もうとする。たとえば那須皓、柳田国男、宮沢賢治に通底する系譜である。それにつなげて、星寛治の「生」の総合としての有機農業のよろこび、を示し、破格のまぶし過ぎる表現で結んでいる。人間の「生」は、生命(いのち)、生活(くらし)、人生(生き方)の三つの領域からなり、星は仲間とともにその総合と具現化をめざして生きてきたと綴る。わが人生の師から、望外の言の葉を頂いて、涙が止まらなかった。

坂本慶一先生は、92年の生涯を深く充填し、全うされ、キリスト教の洗礼名を戴いて天空の星となって、私たちに光を投げかける。いつかお訪ねした宇治市広岡谷の樹々に包まれたご自宅が、鮮やかに甦えってくる。

「雨ニモ負ケズ」の未来性

利他の精神を背骨として、38年の生涯を生き通した宮沢賢治が、最晩年手帳に刻んだ「雨ニモ負ケズ」の詩が、やがて国民的に愛誦され、魂の拠り所となった。谷川徹三氏は、この詩の本質を賢者の文学と捉えているが、「ヒデリノトキハ、ナミダヲナガシ、サムサノナツハオロオロアルキ、ミンナニデクノボートヨバレ」ることに自ら安んじている賢者だとする。「しかも彼のあらゆる行動は、未来の円現への指示をまがうかたなく示していた。」（『群像 日本の作家12 宮沢賢治』小学館）と述べている。飢餓《けがち》の風土の宿命を背負い、苦闘する農民に寄り添い、稲作の技術指導に奔走した賢治は、自らも自然と同化する感性を持っていた。病床でも作柄を案じ、「雨ニモ負ケズ」を刻んだ年も、偏東風《やませ》の吹く冷害年だった。羅須地人協会の住まいをイメージさせる小さな萱ぶきの小屋に住み、一日に玄米4合と、味噌と少しの野菜を食する簡素生活を理想とした。けれど真壁仁氏は、「賢治の願望には、富裕者の良心の表白『下降志向』があり、農村恐慌に喘ぎ、娘身売りする東北農民の窮状から脱出したい願いとは相容れなかった」とする。

けれど、「雨ニモ負ケズ」から80有余年を経た今日、人類社会が自然破壊の果てに実現した近代化と、産業社会の豊かさは、すでに持続性を失い行きづまっている。地球環境や資源エネルギー、核の脅威などを視野に入れると、これまでのような飽食と使い捨てのくらしは許されない。好むと好まざるとにかかわらず、賢治の示した簡素で心豊かなライフスタイルを選択する他はないのではないか。そこに「雨ニモ負ケズ」の未来性が脈打っている。さらに、賢治の利他の精神は、東日本大震災の空前の災禍に喘ぐ人びとに差し伸べられた支援の手や、若者たちのボランティア活動などに象徴的に表現され、受け継がれている。一方で、この地上では依然としてテロや紛争も絶えず、先の見えない混沌《カオス》の中に生きている。けれど、そうした暗がりを脱り出て、賢治の願った慈悲と利他のこころが、世の主流を成す時代が、必ず訪れると信じている。

（上廣倫理財団編『わが師・先人を語る2』より）

若い担い手の誕生

私の地元、和田地区を中心に、地域ぐるみで展開する上和田有機米生産組合の会員農家に、相次いで若い担い手が誕生している。20代から30代の若者が、すでに15名集い合って青年部を構成し、意欲的な活動を展開している。全て有機農家の子弟たちで、単なる田園回帰とは異なる動機づけを持つ。福島原発大事故によって都市からのＩ《アイ》ターンが止まり、風評被害が収まらず、有機米の注文が半減する苦境に立たされた。徹底した生産努力と精密な検査データを示しても受注は挽回できず、組合は止むなく有機米の自主減反をおこなった。併せて消費地や顧客に実情を訴え、懸命に販路の打開に奔走した。そうして少しずつ信頼と新たな流通も創出しつつある。その前向きな挑戦を、家族や地域の先達の背に見ていた若者たちが、背水の志を以って、就農を選択した。学卒と同時に、あるいは就職先を辞めて、有機農業に生きようとする。その流れは、いま在学中の学生や、一旦ＪＡや他産業で働く人材や、近い将来必ず就農するという若者も含め、数年後30数名になる見通しだ。酪農や果樹園芸に打ち込み、手づくり加工に夢を馳せる若者もいる。農の自在性や、文化的価値にめざめた新世代の誕生といえよう。

上和田有機米青年部は、立教大学をはじめ、次々とフィールドワークに来訪する学生たちとの交流にも熱心だ。時として大学や先進地にも赴き、同世代同士の研鑽に励む。立大の学食には、上和田有機米が年間３００俵も提供され、ごはんが美味しいという評判だ。農的体験を一過性のものにとどめず、その延長に都市の若者の食と健康を支える機能を果たす。いわば生命共同体の大きな循環系を成している。併せて、食卓の豊かな風味を通して、たかはたの風景を呼び起こし、感性を養ってくれよう。

わが家でもこの春、山大農学部を終えて孫（次男）の航希が就農する。その節には、上和田有機米の青年部に加入し、仲間同士の切磋琢磨を通して成長してもらいたい。生産面だけでなしに、提携を基本とした流通や、生活文化、地域づくりなど、先達の築いた土台の上に新たな創造を重ね、充実した人生を探究して欲しいと願っている。

また、家族や地域社会における世代間交流も大事にし、ストックされてきたくらしの知恵や伝承に、深く学ぶ姿勢が肝要であろう。

成熟社会の新たな潮流

折節に、ほんとうの豊かさとは何だろうか、と考え続けてきた。傘寿を超えたこの年齢になって、それはいのちの曼荼羅《まんだら》の中で、生命の磁場に生きることだと気がついた。自然と人間の融合、同化を通して、いのちの糧を育てるよろこび、その天恵のみのりを収穫するよろこび、その宝を他と分かち合うよろこびを、存分にかみしめることである。経済価値以前の実存的価値といえよう。

自然との同化から生まれる利他のこころは、つながりの文化を回復し、ヒューマニズムの大河に注がれていく。若い頃愛読したロマン・ロランの魂の奔流が、ふしぎにも晩年になって脈打ってくるのを覚える。ＤＮＡに由来するいのちの縦糸と、社会の関わりが結ぶ横糸が織りなす生地が、私の人生の総体にちがいない。物心ついてからこの地に土着し、数え切れない方々と交流の輪をつなぎ、地域の窓から世界を視てきた。その着地点が、今日の立ち位置である。

あくまでたかはたを拠り所として、小さな共生社会から新しい田園文化社会を描く。そのイメージを正夢にするには、老農の限界がにじむけれど、終わりの日まで望みを抱きつづけたい。

虫の目と鳥の目と、複眼的思考を持ちたいと願いつつ、生きざまは地べたを這う虫のごとくであった。ただ、ひと度上空に飛び、鳥の目で眺望すると、絶えず揺り戻しがあり、逆流が渦巻きながら、歴史の本流は確実に物質文明から生命文明へと流れつつある。そのパラダイムの転換に向けて、小さな水先案内人になろうと、ひそかに考え続けてきた。

たかはたの場所性《トポス》を活かし、住民自治の力を以って内発的発展をめざす。キーワードは、環境、健康、そして文化であり、価値を共有する生命共同体の沃野を拓こうと努力する。そのイメージは、都市と農村の垣根を越えた共生の構図に発展する。たかはた共生プロジェクトは、その具現化のための小さな実践母体である。生命共同体と呼ぶにふさわしい内実を、世代をつないで生成していきたい。

いのちの連鎖に希望を託し、未完の自分史の筆を置こうと思う。

あとがき

満開のりんごの花に、野生のミツバチが群れ翔んでいます。新たな農暦の躍動の最中に、懸案の自分史が上梓できたよろこびをかみしめております。

私の長いドキュメントに寄り添っていただき感謝に堪えません。北の大地に息つく一介の農民が、その時々のステージで、精一杯生きてきた足跡は、言い換えれば、数知れぬ人々と関わり、絆を結んで生かされてきた軌跡そのものだといえましょう。

思えば、忙しすぎる日常ではあっても、常民の暮らしと営みには、充実感がみなぎっていました。根底に生命を育てるよろこびがあったからでしょう。非力ながら、能力を全開し、いのちの磁場に没頭し、農の世界の豊穣を体感することができました。

その小さな自分史を、格別な肝いりで形として表していただいた議員日月さんをはじめ清水弘文堂書房の皆様に、心から感謝を表します。本の装丁についても、過分な装いを以て誕生できたことを慶びといたします。併せて、出発点から私の意を汲んで、編集に関わって下さった吉川成美さんの的確なご助言に感謝いたします。

さらに、写真については、プロの写真家佐藤充男さんの得がたい作品と、友人の有本仙央さんの秀作で飾っていただきました。

さらに、由緒あるアサヒ・エコ・ブックスのシリーズに加えていただく幸運にも浴しました。厚く謝意を表します。

結びの「これからの課題と展望」については、やや独りよがりの発想もあると思えますが、65年の農暦と、社会的な実体験を通して、次代への遺言の意味を込めて綴りました。種々の垣根を超えて、価値を共有する人々と共に、いのちの磁場を創出することに核心を据えました。いわば、躍動する生命共同体の多彩な創造です。そのしなやかなネットワークの彼方に、新たな地平が見えてくるようです。

地球温暖化がもたらす激烈な気象異変と、人類史を逆流させる愚行の峡で、私たちはどう活路を拓くのか不退転の対応を迫られていると思えてなりません。成熟社会に生きる私たちが、「幸せとは何か」という物差しを以て、簡素に、心ゆたかに生きる世界こそ、混沌の果ての到達点だと信じます。

価値を共有する読者のみなさまと、いのちの磁場を共にできたことを、限りないよろこびといたします。

２０１９年 春

星　寛治

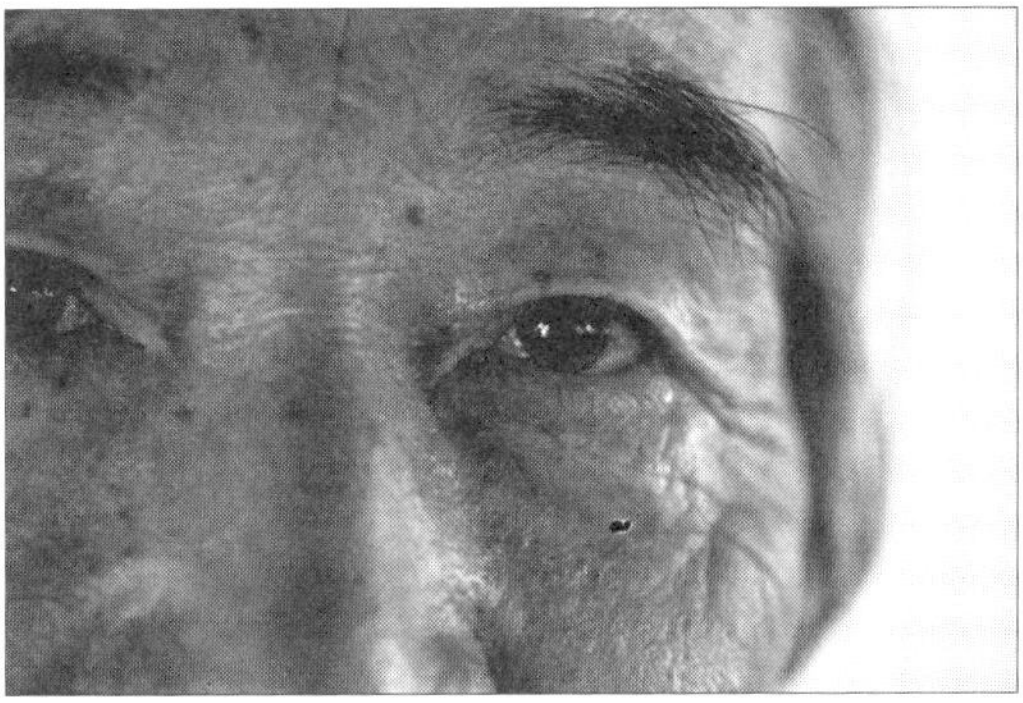

星 寛治（ほし・かんじ）
1935(昭和10)年９月７日生まれ。山形県高畠町在住。

カバー／プロフィール写真：佐藤充男

清水弘文堂書房の本の注文方法

電　話　03・3770・1922
FAX　03・6680・8464
Eメール　mail@shimizukobundo.com
※いずれも送料300円注文主負担

電話・FAX・Eメール以外で清水弘文堂書房の本をご注文いただく場合には、もよりの本屋さんにご注文いただくか、本の定価（消費税込み）に送料300円を足した金額を郵便為替でお振り込みください。
為替口座　00260・3・59939　清水弘文堂書房
確認後、一週間以内に郵送にてお送りいたします（郵便為替でご注文いただく場合には、振り込み用紙に本の題名必記）。

ASAHI ECO BOOKS 39
自分史《じぶんし》 いのちの磁場《じじょう》に生《い》きる 北《きた》の農民自伝《のうみんじでん》

発　行　二〇一九年六月一七日
著　者　星　寛治
発行者　小路明善
発行所　アサヒグループホールディングス株式会社
住　所　東京都墨田区吾妻橋一・二三・一
電話番号　〇三・五六〇八・五一一一
編集発売　株式会社清水弘文堂書房
発売者　礒貝日月
住　所　東京都目黒区大橋一・三・七・二〇七
電話番号　〇三・三七七〇・一九二二
FAX　〇三・六六八〇・八四六四
Eメール　mail@shimizukobundo.com
ウェブ　http://shimizukobundo.com/
印刷所　モリモト印刷株式会社

□乱丁・落丁本はおとりかえいたします□

 ISBN978-4-87950-631-3 C0061